수중드론이라 불리는

자율 무인 잠수정

우종식 · 김준영 · 문재운 · 서주노
성우제 · 유선철 · 전봉환 · 최형식 지음

머리말

물속 세상은 어떤 세상일까?

우리가 숨쉬며 살아가는 이 세상은 공기가 있어 익숙하고 편하다. 하지만 물속 10 미터 세상은 아주 딴판이다. 우선 숨을 쉴 수 없을 뿐만 아니라 휴대폰 등 전파통신이 불가능하고 햇빛은 물론 레이저 등 특수 광선조차도 수 십 미터 이내에서 사라져 버린다. 그래서 깊은 물속은 깜깜이 세상이다.

특히 물의 깊이가 5천 미터, 1만 미터이면 어떤 생물들이 어떻게 살고 있을까? 우리 인간들이 오랜 세월동안 매일 밤 달을 바라보면서 토끼들이 절구질을 하고 있는 모습을 그려볼 수 있었던 것도 눈에 보이는 달이 있기에 가능하였겠지만 깊은 바다 속 암흑세계는 일반인들이 그 현장을 가본 적도 거의 없을 뿐만 아니라 그 세상의 모습을 전해준 영상물도 아직까지는 매우 제한적이다. 그래서 인간이 하늘을 날고 싶었던 욕망만큼이나 깊은 바다 속에 대한 궁금증과 동경이 컸기에 1869년에는 '해저 2만리'라는 소설까지 등장하여 마음껏 상상여행을 하지 않았던가? 그런데 신기하게도 우리가 상상하면 인간들은 그 상상에 이끌려 지속적으로 노력을 경주하게 되고 마침내 그 상상이 현실 속에 나타나는 체험을 하곤 한다. 이러한 프로세스는 오늘날에도 해양을 연구하는 국가연구기관들이나 관련 산업체 주도로 반복되고 있고, 이 이질적 물리적 공간에 몰입하는 과학자들도 점점 늘고 있다.

21세기로 들어서면서 인공지능(AI), 사물인터넷(IoT), 로봇기술, 드론, 자율주행차, 가상현실(VR) 등으로 대변되는 4차 산업혁명이 태동되어 빠르게 확산되고 있다. 최근에는 육·해·공 각 영역의 무인화와 무인협력체계까지 연구개발이 시작되었다. 하지만 항공, 육상, 선박 순으로 자율화, 무인화가 진행되고 있지만 지구 표면의 70%를 차지하고 평균 수심이 3,800 미터나 되는 수중 공간의 탐사에 대한 일반 국민들의 인식과 관심은 여전히 부족하다는 느낌을 떨칠 수가 없다.

약 30년 전부터 우리나라에도 이러한 학문적, 산업적, 군사적 목적을 달성하기 위해 학자들의 활동이 시작되었고 적지 않은 노력과 성과들이 함께 했음에도 불구하고 대다수의 국민들이 관심을 가질 수 있는 홍보 매체나 활동이 부족한 상태이다. 이러한 생각에 공감하는 학자들 몇몇이 모여 수중 세계를 국민들에게 알리는 활동을 하기로 뜻을 모아 이 책자를 준비하게 되었다.

이 책자는 청소년부터 일반인들이 함께 부담 없이 읽을 수 있는 수중세계에 대한 '국민 교양서적'이다. 인터넷에도 많은 정보들이 산재하지만 이 책자 집필에 동참하신 다양한 수중분야의 전문가들의 학문적, 경험적 사실들을 수중탐사라는 주제 안에서 끈과 매듭으로 엮어보았다. 이 분들의 소박한 바램이 소통되어 일반 국민, 특별히 청소년들이 새로운 세계에 대한 관심과 꿈을 만들어 내어, 아직도 섬나라 같은 우리 대한민국을 둘러싸고 있는 해양의 이해와 활용에 나서는 개척자들로 거듭나기를 희망한다.

2020년 여름

집필진 일동

차례

1장

수중세계와 로봇

1.1 수중로봇(UUV)의 정의

1.2 수중드론 자율무인잠수정(AUV)

1.3 물속의 환경

1960년대에 로봇이라 하면 공상 과학 영화 속의 로봇을 말하거나 공장 자동화에 사용되는 산업용 매니퓰레이터를 지칭하였다. 최근에는 통신과 인공지능 기술의 발달로 서비스로봇 기술이 급격히 발전하면서 로봇은 이미 우리 생활 깊숙이 들어 왔고 주변에서 어렵지 않게 만날 수 있다. 통상 로봇은 제조로봇(Industrial Robot)과 서비스로봇(Service Robot)으로 나누어지고 서비스로봇은 다시 전문/상업용 서비스로봇(Professional Service Robot)과 가정/개인용 서비스로봇(Personal Service Robot)으로 나누어진다. 이 기준에 따르면 수중로봇은 전문 서비스로봇으로 분류될 수 있다. 즉, 수중로봇은 인간의 활동에 제약이 큰 물속에서 인간을 대신하여 일을 함으로써 인간에게 필요한 서비스를 제공해 주는 로봇이다. 수중로봇은 육상에서 작동하는 로봇과 달리 수중이라는 특수한 환경에서 작동하므로 수중이라는 운용 환경의 특징에 따라 육상의 로봇과는 차별화하여 정의하고 또 주요 요소 기술로 분류한다.

드론(Drone)은 4차 산업혁명 시대가 열림을 알리는 상징적 발명품으로 21세기 들어서면서 많은 사람들의 관심을 끌고 있다. 하지만 이 발명품은 반세기 이전에 군사적 목적으로 이미 고안되었으며 오늘날에는 일반인들을 위한 유용한 상업적 도구로 인식되고 있다. 하늘과 우주가 드론이 자유롭게 다닐 수 있는 큰 공간이라면 인간들이 쉽게 다닐 수 없는 또 하나의 공간인 바다에도 드론처럼 자유롭게 다닐 수 있는 발명품이 있다. 그 이름은 수중드론이라 할 수 있는 자율무인잠수정(Autonomous Underwater Vehicle, AUV)인데 다양한 수중로봇의 일종이다.

1.1 수중로봇(UUV)의 정의

수중로봇이란 말 그대로 물속에서 임무를 수행하는 로봇이다. 따라서 물이라는 환경의 특성이 공기 중에서 움직이는 일반 로봇들과는 차별화되는 수중로봇의 특징을 결정짓는다.

미국 해군의 UUV(Unmanned Underwater Vehicle) Master Plan에서는 UUV를 다음과 같이 정의하고 있다.

> “완전 자율 또는 최소한의 감시 통제로 운용되고 광섬유와 같은 데이터 링크 외에는 테더 케이블 없이 운용되며 스스로 추진하는 잠수정”

보다 넓은 범의로 수중로봇을 정의한다면, 물속 환경에서 자율 또는 원격 제어에 의해 주어진 임무를 수행하는 로봇으로 정의할 수 있겠다.

이러한 수중로봇의 활동 무대는 수족관이나 수영장에서부터 호수나 강, 그리고 바다까지 확장된다. 수중로봇은 그 자율화 정도에 따라 원격무인잠수정(Remotely Operated Vehicle, ROV)과 자율무인잠수정(Autonomous Underwater Vehicle, AUV)으로 나눌 수 있는데, 원격 제어되는 잠수정의 경우 대부분 실시간 통신을 위한 테더 케이블을 가지고 있으므로 테더 케이블의 유무에 따라 AUV와 ROV를 구분하기도 한다. 전원과 통신 수단을 제공하는 굵은 케이블을 사용하는 ROV에 비해 AUV는 주로 초음파 통신을 하며 광섬유 케이블을 이용하여 데이터 통신을 하기도 한다. 그림 1-1에 일반적인 수중로봇의 분류를 그림으로 나타내었다. 미 해군의 UUV에 대한 정의는 AUV의 정의에 가깝다고 볼 수 있다. 즉, AUV는 완전 자율 또는 최소한의 감시통제로 자항하며 주어진 임무를 수행하는 잠수정으로 정의할 수 있다.

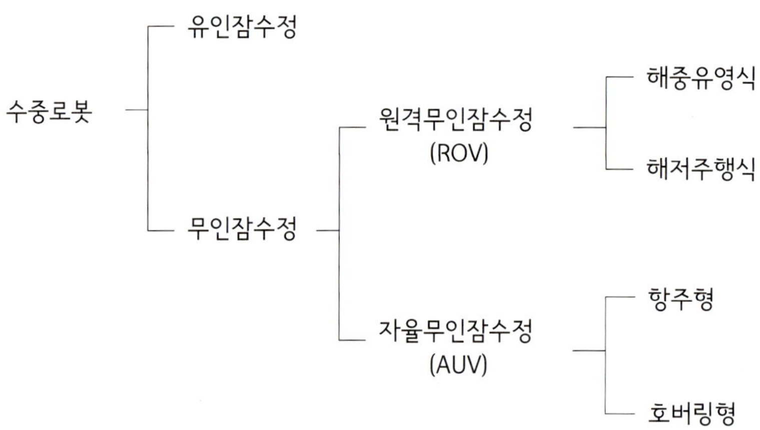

그림 1-1 수중로봇의 분류

AUV는 다시 그 기능에 따라 항주형과 호버링(Hovering)형으로 나눌 수 있다. 항주 형 AUV는 날렵한 어뢰 모양의 선체 형상을 가지고 비교적 장거리, 넓은 영역을 조사하는 목적으로 사용되며, 호버링형 AUV는 비교적 좁은 범위 내에 있는 지형이나 구조물을 정밀 관찰하는 목적으로 사용된다. ROV는 단순 카메라 ROV에서 경 작업용과 중 작업용에 이르기까지 다양한 종류가 있으며 그 크기도 수 kg 정도의 소형에서 수 톤에 이르는 대형 ROV까지 다양하다. 수중로봇은 그 운용 수심에 따라 천해용과 심해용으로 분류하기도 하며 응용 분야에 따라 산업용, 군사용, 과학 조사용으로 나누기도 한다.

1.2 수중드론 자율무인잠수정(AUV)

1.2.1 AUV의 개요

수중로봇 중에서 가장 대표적인 것은 자율무인잠수정(AUV)이며, 최근 물속에서 날아다니는 드론과 같아서 수중드론이라고도 지칭하고 있다. 사람에 의해 유선(테더 케이블)으로 원격 조종되는 ROV와는 달리, 무선으로 수중에서 원하는 목적대로 임무를 자율적으로 수행할 수 있으므로 자율무인잠수정(AUV)이라고 한다.

수중이라는 열악한 환경에서 자율적으로 임무를 수행하기 위한 AUV는 기계적 및 전기적인 장치 외에도 많은 첨단 장비를 장착하고 있는데, 그림 1-2는 가장 대표적 상용 모델인 REMUS AUV를 보여주고 있다.

그림 1-2 REMUS 100

AUV는 저항을 줄이기 위한 유선형의 동체를 갖고 있는 게 보편적이며, 자체에 에너지원인 배터리와 추진 장치인 모터와 프로펠러를 장착하고 있다. 관성항법(Inertial Navigation System, INS) 등의 방식으로 자율적으로 항해하며, 이를 위해 DVL(Doppler Velocity Log), AHRS(Attitude and Heading Reference System), USBL(Ultra-Short Base Line) 등의 항법 센서와 장애물 탐지를 위한 소나 센서를 탑재하고 있다. 또한 이를 운용하기 위한 제어시스템과 컴퓨터를 탑재하고 있다.

AUV는 원하는 임무를 수행하기 위해 운항을 위한 경로를 계획하고, 항법 장치들이 이 경로를 따라 정확히 운항하도록 AUV의 수중 위치를 측정하고, 임무 도중 장애물을 만나게 되었을 경우 자율적으로 장애물을 회피하면서 임무를 수행하며, 응급상황에서는 수상으로 부상하도록 제어시스템이 전체적인 운항을 제어하도록 구성되어 있다.

이와 같이 AUV는 물속에 진수하여 임무를 수행하고 복귀할 때까지의 모든 과정이 자율적으로 수행되므로 하드웨어 기술뿐만 아니라, 이를 운용하는 소프트웨어 프로그래밍 기술 또한 매우 중요하다.

표 1-1 AUV 활용분야

구 분	주요 활용분야
해양탐사 및 수중관측 분야	▪ 해저 자원 탐사 ▪ 정밀 해저지형도 작성 ▪ 해저 생태환경 및 지화학 연구 ▪ 해저 정밀 중력·자력 분포도 작성 ▪ 연안해역 관측, 어장감시, 오염감시, 적조 예보 ▪ 댐·하천의 수질 관리 및 수중 환경오염 조사 - 수층·영역별 온도 분포도, 메탄용해도, 산소용존도, 수질오염도, CTD (염분·수온·수심) 분포도 작성
해양방위산업 분야	▪ 작전해역 및 주요 항만의 해저 정찰·수색 - 해저 정찰, 지형도 관측, 침몰 금속·자성체 정밀탐지 ▪ 수층·영역별 온도 분포도 관측 자율운항 무인잠수정 ▪ 항만감시 네트워크의 이동형 노드 시스템 ▪ 수중 자율운항 무인전투체계 ▪ 기뢰형 능동어뢰 시스템 ▪ 잠수함 운용 지능형 자율무인잠수정 무기체계

2000년대에 들어와서는 과학기술용, 군사용 및 상업용의 수요가 급증하여 세계 각국이 연구개발에 박차를 가하고 있다.

1.2.2 자율의 정의

AUV는 사람이 조종하는 것이 아닌, 스스로 주변 환경을 인식하고 판단하여 제어함으로써 주어진 임무를 완수하는 잠수정을 말한다. 그러므로 자율기술은 AUV의 핵심기술이다.

자율이라는 말의 언어적 정의는 임무를 계획하고 수행하는 과정에서 일어날 수 있는 모든 상황을 자체적으로 인식하고 판단하여 목표대로 임무를 완료할 수 있는 기능을 의미하며, 환경이 열악한 수중에서 운용되는 AUV는 임무계획, 임무에 따른 이동경로 계획, 장애물 인지 및 회피, 경로추종, 자가진단, 임무 재 계획 및 안전한 귀환 등이 자율적으로 이루어져야 한다.

1.3 물속의 환경

1968년 크리스마스에 미국의 우주비행사인 윌리엄 엔더스가 아폴로 8호에서 달 지평선을 넘어 지구전체가 보이는 컬러사진을 최초로 찍었다. 그리고 그 사진이 발표되었을 때, 인류는 코발트색의 빛나는 보석 같은 온전한 지구행성의 아름다운 모습에 매료되었다. 이후로 이루어진 많은 우주탐험을 통해서 이제는 익숙해진 파란색의 지구의 모습은 지구 표면의 대부분이 바다로 이루어져 있기 때문이다.

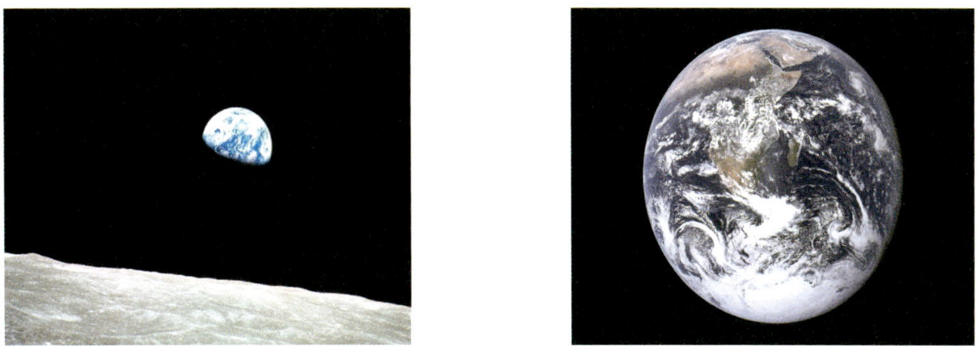

(a) 아폴로 8호에서 본 지구돋이 모습(Earthrise) (b) 아폴로 17호에서 찍은 지구모습(Blue Marble)

그림 1-3 우주에서 본 지구모습

1.3.1 대양의 크기

지구상에서 바다가 차지하는 면적은 3억 6,190만 km^2로, 지구의 총 면적 5억 1,008만 km^2의 70.9%에 해당한다. 이처럼 광대한 바다는 크게 태평양, 대서양, 인도양, 남극해(또는 남대양), 북극해 등 오대양으로 구분된다. 이 가운데 가장 넓은 면적을 갖는 태평양은 표면적이 약 1억 6,900만 km^2에 달하며, 대서양이 약 8,500만 km^2, 인도양이 약 7,100만 km^2, 남극해가 약 2,200만 km^2, 그리고 북극해가 약 1,600만 km^2이다. 우리나라 남북한을 합한 한반도 전체 면적이 약 22만 km^2인 점을 생각해 보면, 지구상의 전체 바다 면적은 한반도의 약 1,650배에 해당하는 엄청난 크기이다.

최근 자료에 따르면 바다의 평균수심은 3,688 m로 보고되고 있으며, 태평양이 3,970 m, 인도양 3,741 m, 대서양 3,646 m, 남극해 3,270 m, 북극해 1,205 m 순이다. 대양별 가장 깊은 곳을 살펴보면, 태평양의 경우 괌(Guam) 부근의 마리아나 해구(Mariana Trench)에서 11,034 m로 가장 깊으며, 대서양은 푸에르토리코 해구(Puerto Rico Trench)에서 8,486 m, 인도양은 인도네시아 자바 섬 남쪽의 자바 해구(Java Trench)에서 7,906 m, 남극해는 남대서양과 남극대륙 사이에 있는 사우스샌드위치 해구(South Sandwich Trench)에서 7,075 m, 북극해는 북극점 부근에 있는 유라시아 분지(Eurasian Basin)에서 5,567 m이다. 마리아나 해구에서도 가장 깊은 곳은 세계 최초로 해양탐사에 나서서 마리아나 해구의 깊이를 측정한 영국의 탐사선 챌린저호(H.M.S. Challenger)의 이름을 따서 챌린저딥(The Challenger Deep)으로 불리고 있다.

표 1-2 오대양의 크기

	표면적 (km^2)	% 바다면적	부피 (km^3)	% 바다부피	평균수심 (m)	최대수심 (m)
태평양	168,723,000	46.6	669,880,000	50.1	3,970	11,034*
대서양	85,133,000	23.5	310,410,900	23.3	3,646	8,486
인도양	70,560,000	19.5	264,000,000	19.8	3,741	7,906
남극해 (남대양)	21,960,000	6.1	71,800,000	5.4	3,270	7,075
북극해	15,558,000	4.3	18,750,000	1.4	1,205	5,567
합계	**361,900,000**	**100.0**	**1,335,000,000**	**100.0**	**3,688**	
추정오차	0.1%		1.0%			

* NOAA, Ocean Exploration Facts / How deep is the ocean?

대양의 크기와 관련된 자료를 찾다 보면 수치자료들이 동일하지 않고 차이가 나는 것을 쉽게 발견할 수 있다. 이런 현상은 전체 대양에 대한 측량이 아직 완전히 이루어지지 않았기 때문이다. 대양의 크기를 측정하기 위해서는 위성측정 자료를 바탕으로 이를 실제 과학적 탐사를 통해 측정한 고해상의 음향측심자료(Echosounding Data)로 보정한 자료를 사용하고 있다. 그러나 안타깝게도 대양의 대부분은 아직도 미지의 세계로 남아있으며, 지금까지 얻어진 음향측심자료는 전체 바다의 10%도 채 되지 않는다. 따라서 평균수심 자료는 아직은 추정치이며 앞으로 탐사를 통해 보다 넓은 지역에서 많은 측심자료 데이터베이스가 구축되면 보다 정확한 대양의 모습을 그릴 수 있을 것이다. 오늘날 우리가 가지고 있는 해저지형도의 해상도는 우주탐사를 통해 만든 달과 화성의 표면을 보여주는 지형도의 해상도에 비해 고작 1/15밖에 되지 않는 것으로서 우리가 바다에 대해 얼마나 모르고 있는지 잘 알려주고 있다.

1.3.2 해저환경의 구분

해양 및 해저의 환경을 구분하는 데는 지질학적인 관점에서 보는 부분과 생태환경에 따라 나누어지는 부분들이 있다. 지질학적인 구분은 주로 수심과 형태에 따른 구분으로 대륙붕은 바다가 시작되는 부분에서부터 비교적 완만한 경사로 이어지는 대륙의 연장으로 그 경계는 해저면의 경사가 급격하게 가팔라지기 시작하는 대륙붕단까지로 일반적으로 수심 200 m를 경계로 한다. 대륙붕단을 경계로 외양 쪽으로 가파르게 경사진 대륙사면이 발달하고 있으며, 이는 다시 경사가 거의 없는 심해저평원으로 이어진다.

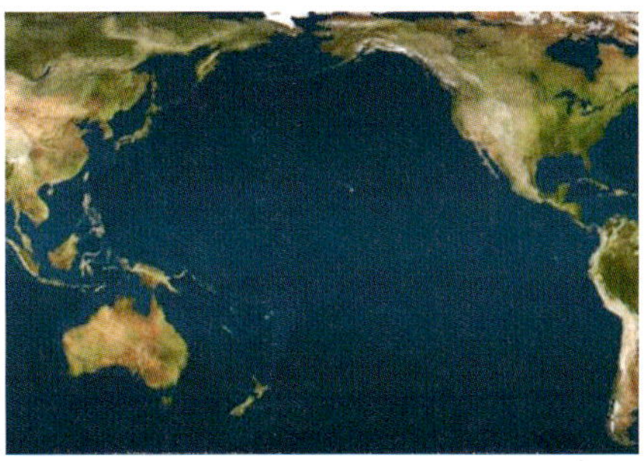

(a) 바닷물로 채워진 대양의 모습

(b) 바닷물을 제거한 후의 해저면 모습

그림 1-4 해저에도 육지처럼 산, 산맥, 평원 등 다양한 지형이 있다.

생태환경에 따른 구분은 다시 몇 가지로 나누어지는데, 수심에 따라 만조 시의 해안선과 간조 시의 해안선 사이를 지칭하는 조간대, 대륙붕 지역을 일컫는 연안대, 그리고 그 외연의 깊은 바다를 지칭하는 대양대로 구분된다. 빛의 통과 여부에 따른 것으로는 표층 빛의 1%까지 투과되는 영역을 유광층으로 구분하며 맑은 해양에서는 깊이가 200 m에 달하기도 한다. 이는 다시 충분한 빛이 투과되어 광합성을 할 수 있는 영역인 진광대와 그보다 아래로 빛의 양이 충분하지 못하여 광합성은 할 수 없지만 동물의 시각 반응을 겨우 일으킬 정도의 빛이 있는 약광층으로 구분된다. 또 유광층과 대비되는 영역으로 빛이 도달하지 않는 수층을 무광층이라 한다. 생물의 서식환경에 따른 구분으로는 해저의 바닥을 일컫는 저생대와 생물들이 헤엄쳐서 활동할 수 있는 해수 층을 지칭하는 표영역으로 나눌 수 있다.

지난 2014년 우리나라 국민들을 애통하게 했던 세월호 참사에서 많은 사람들이 구조활동과 인양작업을 보면서 느낄 수 있었던 것은 세월호가 침몰된 곳의 수심이 겨우 20층 아파트 높이인 50 m밖에 되지 않는 데도 사람이 접근하거나 작업을 하는 게 매우 어렵고 힘들다는 것이다. 그러면 대양의 바닥과 같은 심해지역은 어떨지 살펴보면, 일반적으로 수심이 10 m 깊어질 때마다 압력은 1기압씩 증가하는 것을 감안하면 바다의 평균수심 지역에서의 압력은 370기압에 이르며, 가장 깊은 마리아나 해구의 챌린저 딥에서의 압력은 무려 1,100기압이나 될 것이다. 이는 엄지손톱 크기의 면적 위에 약 1톤의 자동차 한 대가 누르는 것과 같은 압력이다.

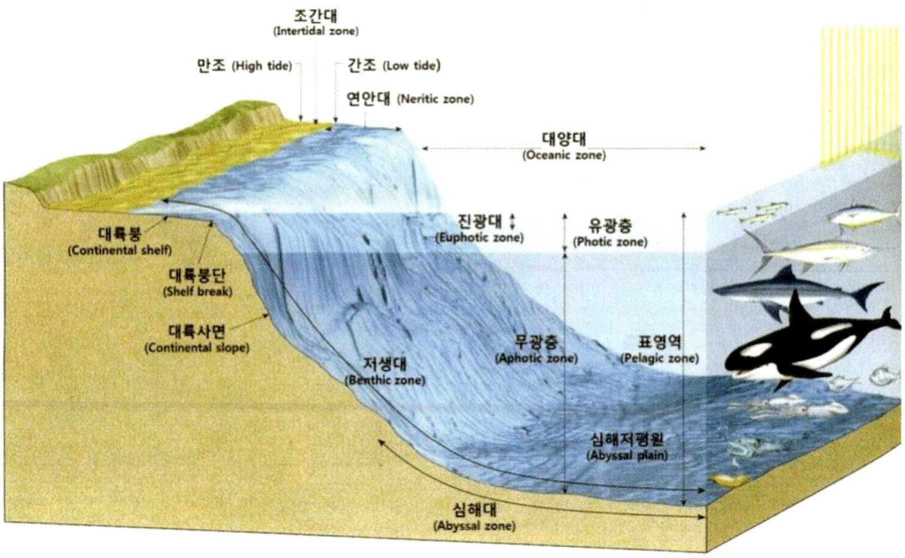

그림 1-5 해저환경의 주요구분

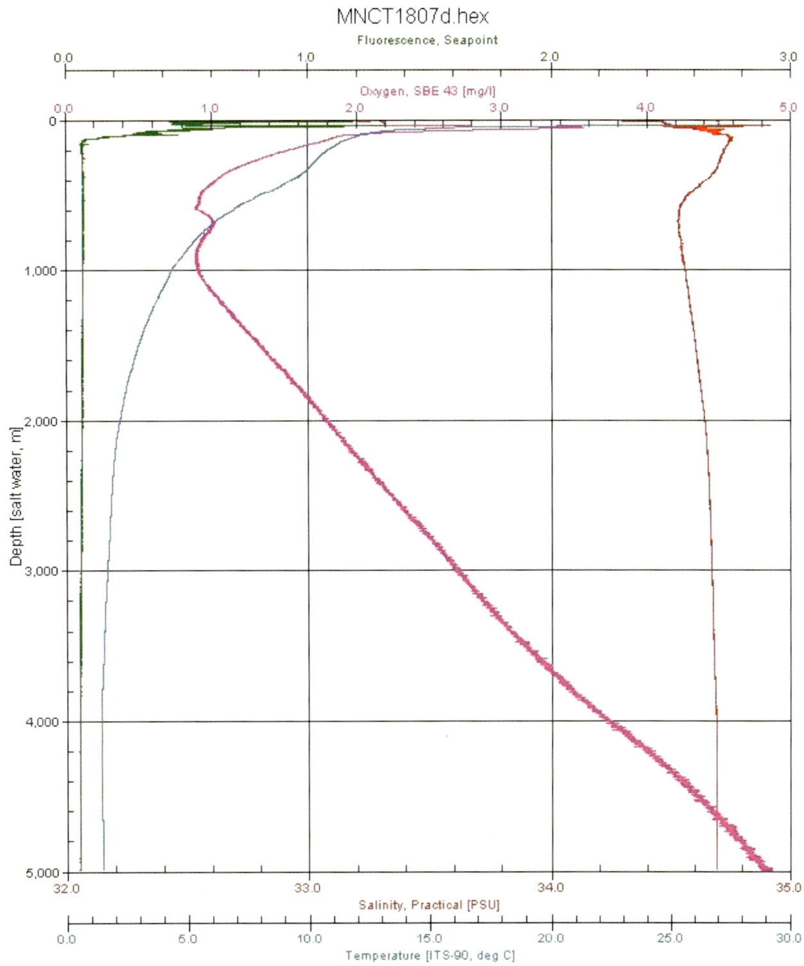

그림 1-6 우리나라의 망간단괴 광구가 있는 태평양 클라리온-클리퍼톤 지역에서의 CTD 프로파일 (세로는 수심, 파란색이 온도를 표시). 해수면부터 수심 200 m 구간에서 수온이 급격히 떨어져서 수심이 깊어질수록 수온변화가 완만해짐을 보여준다.

심해지역은 수압이 높을 뿐 아니라 빛이 도달하지 않기에 깜깜하고 차가운 환경으로 생물이 살기에는 적합하지 않으며 인간이 접근하기에 매우 어려운 지역이다. 수심별로 수온을 측정해 보면 빛이 통과하는 지점인 유광층을 기점(수심 200 m)으로 수온이 급격히 떨어지나 그보다 깊은 수심에서는 수온의 변화가 작아짐을 알 수 있다. 일반적으로 심해의 수온은 1~2℃로 알려져 있다.

비록 바다는 항상 우리 곁에 있지만 심해지역은 우리가 접근하기에는 너무나 어려운 환경이기에 두꺼운 장막으로 가려져 있는 곳이었다. 그러나 오늘날은 과학과 기술의 발전을 통해 심해잠수정 등 많은 장비가 개발되어 깊은 바다 속을 탐사할 수 있게 되어 그동안 가려져 있던 심해의 신비가 조금씩 알려지고 있다.

Reference

1. 海中ロボット総覧 , 浦 環 (著), 高川 真一 (著), 成山堂書店, 1994
2. The Navy Unmanned Undersea Vehicle(UUV) Master Plan, November 9, 2004.
3. 우라 타마키, 타카가와 신이치 공저, 김웅서, 박준성, 이판묵, 최영호 등 역, 잠수정의 세계, 씨아이알, 2015.
4. NASA on The Commons, www.flickr.com
5. Eakins, B.W. and G.F. Sharman, Volumes of the World's Oceans from ETOPO1, NOAA National Geophysical Data Center, Boulder, CO, 2010.
6. 한국해양과학기술원 심해저광물자원연구센터 제공

2장 잠수정은 어디에 사용하는가?

AUV는 운용자가 설정해 놓은 경로를 따라 자동으로 운항하며 임무를 수행한다. AUV를 활용한 분야는 연구를 위한 해양지구물리탐사, 해양환경, 해저지형 탐사, 해저 매몰 체 탐사와 군사적 활용을 위한 연안 감시, 적 잠수함 및 기뢰 탐색 등 다양하다.

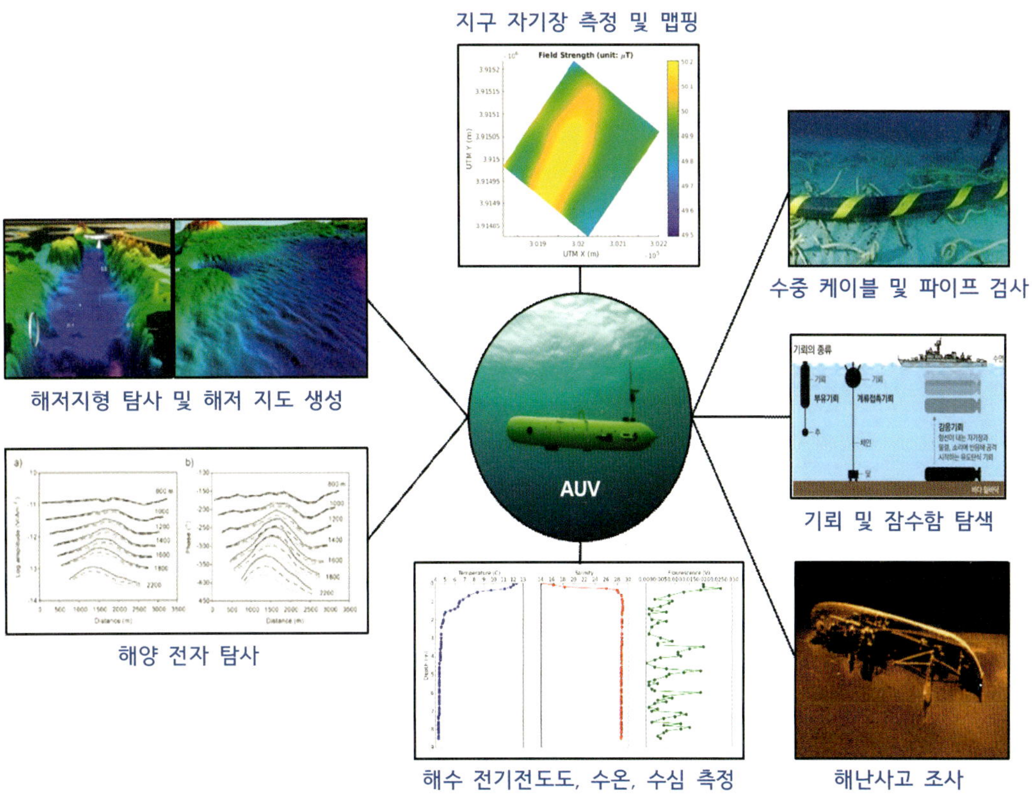

그림 2-1 AUV의 활용분야

2.1 자연과학용

세계 최초의 과학적 해양탐사는 19세기 후반 영국의 해군과 왕립학회가 공동으로 진행한 챌린저호(H.M.S Challenger) 탐사로 알려져 있다. 1872년 12월 7일부터 1876년 5월 26일까지 3년 6개월 동안 대서양, 인도양, 태평양을 가로지르며 약 12만 7,600 km의 거리를 항해하는 동안 대양의 수온분포와 해류를 파악하고 대양저에 분포하는 해저분지의 깊이를 측량하고 수심 선을 작성했으며, 퇴적물과 암석 채취는 물론 생물학적인 조사를 통해 4,700여 종의 새로운 생물을 발견하였다. 특히 챌린저호 탐사에서 지구의 가장 깊은 곳인 마리아나 해구를 발견했으며 깊이를 최초로 측정한 것으로도 유명하다.

오늘날의 해양탐사도 기본은 챌린저호의 탐사와 별반 다르지 않다. 해양을 관측하고 조사하기 위해서는 무엇보다도 연구 선박이 필요하며 예전에 비해 연구 선박의 기능이 매우 다양해지고 탑재된 관측 장비가 현대화됨에 따라 탐사 기술에도 많은 변화가 있었다. 예를 들면 챌린저호 당시에는 밧줄에 무거운 추를 달아 바다에 빠뜨린 후 길이를 재 수심을 측정하는 방법을 사용하였으나, 오늘날은 음파를 이용해서 수심을 측정하기에 정확도는 물론 측정 시간도 비교할 수 없이 빨라졌다. 그러나 수많은 해양탐사를 통해 대양에 관한 많은 새로운 사실들이 알려졌음에도 불구하고 깊은 바다 속 미지의 세계에 대한 호기심과 동경은 인간으로 하여금 직접 바다 속으로 내려가 수중을 관찰하도록 이끌었다.

2.1.1 유인잠수정

인간이 장비를 이용하여 바다 속으로 잠수해서 관측한 최초의 기록은 기원전 332년 마케도니아의 알렉산더 대왕이 유리로 만든 잠수종을 이용하여 수중을 관찰하였던 것으로 알려져 있다. 그러나 비교적 장시간 안정적으로 바다 속을 관찰할 수 있었던 최초의 잠수정은 미국의 동물학자 윌리엄 비브(William Beebe)와 기술자 오티스 바턴(Otis Barton)이 제작한 지름 144 cm, 두께 44 cm의 강철로 만든 구 모양의 잠수정인 배시스피어(Bathysphere)로, 두 사람은 이를 타고 1934년 8월 15일 수심 923 m의 바다 속까지 내려갔다.

그림 2-2 배시스피어 앞에서 포즈를 취한 윌리엄 비브(왼쪽)와 오티스 바턴

잠수구 모양의 배시스피어와는 달리 배 모양의 잠수정은 1948년 프랑스인 오귀스트 피카르(Auguste Piccard)가 만든 배시스카프(Bathyscaphe)로 수심 4,000 m까지 잠수하는 데 성공하였다. 이후에 제작된 배시스카프의 개량형인 배시스카프 트리에스테(Bathyscaphe Trieste)는 1958년에 미국의 해군이 구입했으며, 1960년에 오귀스트 피카르의 아들인 자크 피카르(Jacques Piccard)와 해군 중위인 돈 월시(Don Walsh)가 타고 마리아나 해구의 가장 깊은 곳인 챌린저 딥의 수심 10,911 m(35,798 ft)까지 잠수하는 데 성공하였다. 이후에 영화 아바타로 유명한 캐나다의 제임스 카메론(James Cameron) 감독이 2012년 3월 26일에 1인용 잠수정인 딥씨 챌린저호(Deepsea Challenger)를 타고 챌린저 딥의 수심 10,908 m(35,787 ft)까지 잠수하는 기록을 세웠다. 그러나 최근 미국의 억만장자이자 탐험가인 빅터 베스코보(Victor Vescovo)가 2019년 5월 1일 자체 제작한 2인용 잠수정인 리미팅 팩터호(The Limiting Factor)를 타고 챌린저 딥의 수심 10,927 m (35,850 ft)에 도달함으로써 잠수 역사상 인간이 가장 깊은 바다 속으로 내려간 잠수기록으로 남아 있던 트리에스테의 기록을 60여 년 만에 경신했다.

(a) 배시스카프 트리에스테(Bathyscaphe Trieste)

(b) 딥 시 챌린저(Deepsea Challenger)

(c) 리미팅 팩터(The Limiting Factor)

그림 2-3 심해유인잠수정

그동안 두터운 장막 속에 가려져 있던 심해지역은 심해를 관측할 수 있는 잠수정이 등장함에 따라 하나둘씩 알려지기 시작했다. 1964년에 제작된 미국의 유인잠수정(Human Occupied Vehicle, HOV) 앨빈(Alvin)은 본격적인 심해연구를 목적으로 제작되어 5,000회 이상의 잠수를 통해 2,000편이 넘는 논문이 발표될 정도로 해양과학연구에 기여한 바가 크다. 대표적인 업적으로 1977년 갈라파고스 인근에서 열수분출공(Hydrothermal Vent)을 최초로 발견하였으며, 열수분출공 주변의 환경과 생태계가 초기 지구환경과 비슷하여 생명의 기원을 풀 수 있는 열쇠로 평가됨에 따라 자연과학의 발전에 한 획을 그었다. 1986년에는 1912년 북대서양에서 침몰되어 수심 4,000 m 해저에 가라앉은 타이타닉호를 찾아냄으로써 전 세계 매스컴의 각광을 받기도 하였다.

그림 2-4 미국 HOV 앨빈(Alvin)

앨빈호의 활약에 자극을 받아 여러 선진국에서도 유인잠수정 제작에 뛰어들어 심해연구에 참여함으로써 자국의 기술력과 해양선진국으로서의 위상을 높였다. 각국의 대표적인 유인잠수정을 살펴보면, 프랑스는 1984년에 제작된 6,000 m까지 잠항이 가능한 노틸(Nautile)을 보유하고 있으며 노틸은 지금까지 무려 1,800회가 넘는 잠수를 하였다. 주된 임무는 과학탐사였으나 해저케이블 점검, 수중구조물 설치, TV 다큐멘터리와 영화 촬영 등 다양한 임무를 수행하고 있다.

그림 2-5 프랑스 HOV 노틸(Nautile)

그림 2-6 러시아 쌍둥이 HOV 미르(Mir)

러시아는 1987년에 6,000 m급의 쌍둥이 잠수정인 미르(Mir) 1, 2호를 제작하여 열수분출공과 가스 하이드레이트 탐사와 같은 과학적으로 중요한 탐사는 물론 침몰된 핵잠수함의 수중밀봉 작업이나 제임스 카메론 감독이 제작한 영화 '타이타닉'과 제2차 세계대전 당시 수심 4,700 m 해저에 가라앉은 독일 전함 비스마르크호의 다큐멘터리를 제작하는 데 사용되기도 했다.

그림 2-7 일본 HOV 신카이6500(Shinkai6500)

일본은 1990년에 만들어진 신카이6500(Shinkai6500)을 보유하고 있으며 신카이6500은 '심해 6500'이라는 뜻으로 수심 6,500 m까지 잠수가 가능하다. 중국은 비록 늦게 해양탐사 부문에 뛰어들었으나 7,000 m까지 잠수할 수 있는 자오룽(Jiaolong, 蛟龍)을 2007년에 개발하여 2012년에 마리아나 해구에서 7,062 m까지 잠수하는 데 성공함으로써 그동안 6,527 m를 잠수하여 탐사용 유인잠수정 가운데 가장 깊이 잠수한 기록을 보유한 신카이6500을 제치고 1위 자리를 차지했다. 중국은 2020년 완성을 목표로 중국선박중공업그룹과 상하이해양대학교가 공동으로 11,000 m급 심해유인잠수정을 개발하고 있는 등 가장 활발히 해양개발을 추진하고 있는 국가로 부상했다.

그림 2-8 중국 HOV 자오룽(Jiaolong)

유인잠수정의 등장으로 심해지역에 대한 많은 새로운 사실들이 밝혀지고 또 과거에는 상상조차 할 수 없었던 심해 침몰선의 발견 등 여러 분야에서의 활약에도 불구하고 실제로 유인잠수정을 운영하는 데는 많은 어려움이 따른다. 사람이 승선해서 깊은 바다 속으로 내려가는 장치이기 때문에 잠수정은 항상 완벽한 상태를 유지해야 하므로 유인잠수정의 정비, 관리, 운영을 전담할 수 있는 지원 선박을 필요로 한다. 또한 유인잠수정은 잠수정을 구동하는 배터리의 용량과 생명유지 장치의 한계로 안전상 한 번에 8~12시간 정도의 잠수 활동밖에 할 수 없다. 일례로 신카이6500의 경우 약 8시간 잠수 활동이 가능하며 최대 잠항심도인 6,500 m 지점에서 탐사활동을 하는 경우에는 내려가는데 2시간 30분이 소요되므로 실제로 탐사에 소요되는 시간은 하강, 상승 시간을 빼면 3시간 정도에 불과하다. 이런 점에서 오늘날 심해잠수정은 첨단 과학기술의 결집체로 제작의 기술적 어려움과 더불어 지원 선박의 필요성 등 잠수정을 운영하는 데 소요되는 큰 비용으로 인해 일부 선진국에서만 개발되어 운영되고 있는 실정이다.

그림 2-9 부산 국립해양박물관 앞뜰에 전시되어있는 해양250

우리나라 최초의 유인잠수정은 정부의 지원을 받아 한국기계연구소 대덕분소(현 한국해양과학기술원 선박해양플랜트연구소)가 개발하고 코리아타코마 조선소에서 제작한 해양250호로 길이 7 m, 무게 9 ton으로 3명(조종사 2, 연구원 1)이 승선할 수 있으며 최대 잠항 수심은 250 m이다. 1986년에 해양연구소(현 한국해양과학기술원)에 인수되어 우리나라 연·근해 수중연구조사에 활용되다가 1996년에 퇴역하였다. 지금은 부산에 위치한 국립해양박물관에 전시되어 있다.

2.1.2 원격무인잠수정

유인잠수정 탐사를 통해 밝혀낸 심해의 많은 과학적 사실들은 심해관측의 필요성을 더욱 자극했으며 이와 더불어 해양과학기술의 발전에 따라 새로운 형태의 해양관측 잠수정이 등장했다. 사람이 직접 탑승하여 탐사하는 유인잠수정과는 달리 사람이 타지 않은 채 연구선과 유선(테더 케이블)으로 연결하여 원격으로 조종할 수 있는 원격무인잠수정(Remotely Operated Vehicle, ROV)이 그것이다. ROV는 인명 손실과 같은 안전성의 문제에서 자유로우며, 잠수정을 움직이는 동력을 수상 지원 선과 연결된 케이블을 통해 공급하기에 열악한 환경에서도 장시간 작업이 가능하기 때문에 유인잠수정에 비해 보다 광범위하게 활용되고 있다.

최초의 ROV는 프랑스의 드미트리 레비코프(Dimitri Rebikoff)가 1953년에 제작한 푸들(Poodle)로 알려져 있는데, 1959년에 미국으로 이민을 간 그는 이후에 미국의 무인잠수정 개발에도 많은 기여를 하였다. 1960년대에는 바다에서 테스트하다 빠뜨린 병기들을 회수할 목적으로 미국 해군에 의해 무인잠수정 기술들이 많이 개발되었다. 대표적인 것이 CURV(Cable-controlled Underwater Recovery Vehicle)로 이 무인잠수정은 1966년에 미국의 B52 전략폭격기가 수소폭탄을 실은 채 공중에서 급유 중 폭발하여 스페인의 지중해 연안 작은 어촌마을인 팔로마레스(Palomares) 인근 바다에 빠진 수소폭탄을 수심 870 m 해저에서 인양하는 데 사용되었다.

그림 2-10 미국 해군이 개발한 CURV-I

이후 ROV는 1970년대 말부터 연근해 해저유전이 개발됨에 따라 산업용으로 제작되어 활용되었으며 기술의 발전에 힘입어 지속적으로 제작비용을 낮출 수 있게 됨에 따라 오늘날에는 소규모 수색업체나 교육 및 연구기관 등에서도 사용할 정도가 되었다. 크기도 작은 가방 크기의 천해 수색용부터 소형트럭 크기의 심해 연구용까지 다양하게 제작되어 사용되고 있다.

산업용을 포함해 널리 범용으로 사용되는 ROV는 주로 잠항 수심이 3,000 m 이하이며 상업용으로 제작되어 시장에서 판매되고 있는 반면에 그 이상의 심해 과학연구용으로 사용되는 ROV는 특별주문을 하거나 연구기관에서 직접 제작하여 사용하고 있다. 특별한 경우를 제외하고는 운영과 유지에 비용이 많이 드는 유인잠수정을 대신해서 다양한 ROV들이 군사, 산업, 과학 분야에서 널리 활용되고 있다.

오늘날 세계 유수의 해양연구기관들은 첨단해양장비들이 장착된 연구 선단을 가지고 전 세계의 대양에서 해양생물 및 해저 지질 분야뿐만 아니라 수중고고학 분야에 관해서도 다양한 탐사활동을 수행하고 있다. 해양탐사에서 ROV는 이제 빠질 수 없는 주요 해양탐사 장비로 인식되고 있다.

세계 유명 해양 관련 연구기관이 보유하고 있는 대표적인 ROV를 살펴보면, 미국 우즈홀 해양연구소(Woods Hole Oceanographic Institution, WHOI)는 수심 6,500 m에서 작업이 가능한 제이슨(Jason)과 수심 11,000 m까지 작업이 가능한 네레우스(Nereus)를 가지고 있다. 네레우스는 일종의 하이브리드 ROV로 지원 선박과의 케이블 연결 없이 마치 자율무인잠수정(AUV)처럼 작동하거나 또는 케이블을 연결하여 기존의 ROV처럼 활용할 수도 있다. 불행히도 네레우스는 2014년 5월에 뉴질랜드 북부에 위치한 케르마덱(Kermadec) 해구를 탐사하던 중에 유실되었다.

(A) ROV 제이슨(Jason)

(B) ROV 네레우스(Nereus)

그림 2-11 미국 우즈홀 해양연구소가 보유한 ROV

프랑스의 국립해양개발연구소(IFREMER)는 6,000 m급 ROV인 빅토르(Victor) 6000을 보유하고 있으며, 영국의 국립해양센터(National Oceanography Center, NOC)는 최대 작업 심도가 6,500 m인 ROV 아이시스(Isis)를 보유하고 있다.

그림 2-12 프랑스 국립해양개발연구소가 보유한 ROV 빅토르(Victor) 6000

그림 2-13 영국 국립해양센터가 보유한 ROV 아이시스(Isis)

일본은 1993년 해양연구개발기구(JAMSTEC)에서 수심 11,000 m 해저를 탐사할 수 있는 ROV 가이코(Kaiko)를 제작하였다. 가이코는 수중진수장치(Launcher)와 잠수정(Vehicle)으로 구성되어 있다. 불행하게도 가이코의 잠수정 부분은 2003년 난카이 해협 조사 도중에 유실되었으며, 이후 이 부분을 기존의 ROV인 "UROV 7K"로 대체하여 사용한 후 지속적으로 개량하여 현재는 잠수정 부분이 "Kaiko Mk-IV"로 이루어져 있다. 수중진수장치는 수심 11,000 m까지 내려갈 수 있으나 잠수정(Kaiko Mk-IV)은 수심 7,000 m

까지만 내려가 작업할 수 있다. 해양연구개발기구는 잃어버린 가이코의 대체용으로 수심 11,000 m까지 잠수가 가능한 ABISMO(Automatic Bottom Inspection and Sampling Mobile)를 2007년에 제작하여 탐사에 활용하고 있다.

(a) ROV 가이코(Kaiko)

(b) ROV ABISMO

그림 2-14 일본 해양연구개발기구가 보유한 ROV

중국은 2017년 중국과학원 선양자동화연구소에서 개발한 6,000 m급 ROV인 하이룽(Hilong, 海龍) 3호를 보유하고 있으며, 최근에는 최대작업 수심이 11,000 m에 달하는 ROV 하이룽(Hilong, 海龍) 11000호를 제작하여 현장 실험을 통해 성능을 테스트 중에 있다.

(a) ROV 하이룽(Hilong)3호

(b) ROV 하이룽(Hilong) 11000

그림 2-15 중국 과학원이 개발한 ROV

캐나다의 비영리 법인인 CSSF(Canadian Scientific Submersible Facility)가 보유하고 있는 ROV ROPOS(Remotely Operated Platform for Ocean Science)는 1986년 이래로 3세대를 거치며 진화해 오면서 과학탐사에서 명성을 떨쳐왔다. 현재 운항되고 있는 ROPOS는 2005년부터 보유하고 있는 3세대로 수심 5,000 m에서 운행이 가능한 ROV이다.

(a) 1세대 ROPOS (b) 2세대 ROPOS (c) 3세대(현재) ROPOS

그림 2-16 캐나다 ROV ROPOS

우리나라의 ROV 개발은 다른 해양선진국에 비해 늦게 시작되었으나 우리나라가 보유하고 있는 우수한 조선기술을 바탕으로 ROV 관련 기술을 꾸준히 발전시켜왔다. 우리나라가 개발한 6,000 m급 ROV는 2006년에 한국해양과학기술원 선박해양플랜트연구소가 개발하고 대양전기공업(주)이 제작한 복합형 ROV 시스템으로 디프레서(Depressor)인 "해누비"와 해저 탐사를 수행하는 잠수정인 "해미래"로 구성되어 있다. 해미래는 과학탐사용 ROV로 6000 m급으로는 미국, 일본, 프랑스에 이어 세계 4번째로 개발되었다. 현재는 선박해양플랜트연구소의 연구소기업인 (주)케이오프쇼어가 운영하고 있으며, 한국해양과학기술원이 보유하고 있는 연구선인 이사부호와 온누리호에 장착되어 국내외의 다양한 탐사에서 활용되고 있다.

그림 2-17 우리나라의 6,000 m급 ROV 해미래

2.1.3 자율무인잠수정

자율무인잠수정(Autonomous Underwater Vehicle, AUV)은 지원 선박과 케이블로 연결되어 원격 조종되는 ROV와 달리 자체의 동력을 이용하여 자율적으로 항해하고 작업하는 능력을 가지고 있다. 그러나 전원공급의 한계, 자율성의 제약, 그리고 초음파를 사용하는 수중통신의 제약 등으로 인해 사용 환경이 제한적이기 때문에 해저에서의 작업에 AUV보다 ROV를 사용하는 것이 보편적이었다. 그러나 오늘날 리튬배터리와 연료전지 등 배터리 기술의 발달로 장시간에 걸쳐 넓은 해역에 대한 해양관측이 가능해짐에 따라 AUV들이 다양한 탐사에 활용되고 있다.

AUV가 해양탐사에서 다시금 주목받는 이유는 ROV에 비해 일반적으로 제작 가격이 낮고, 지원 선박에서 원격제어하지 않고 자율적으로 운항함에 따라 운영이 비교적 간편하며, ROV에 비해 수중에서의 이동속도가 빨라 탐사에 소요되는 시간의 단축으로 탐사 비용이 절감되기 때문이다. 근래에는 대형 AUV가 개발되어 이동 거리를 더욱 늘리는 한편 다양한 장비를 부착할 수 있게 됨에 따라 작업능력의 한계를 극복하고 있다. 최근에는 여러 대의 AUV를 동시에 운영하는 기법도 개발되어 활용되고 있다. 그러나 AUV에는 ROV와는 달리 로봇 팔이 달려있지 않기에 해저에서의 시료 채취, 해양구조물의 보수작업 등에는 활용되지 못하며 주로 관측하고 측정하는 목적의 탐사에 이용된다.

자연과학용으로 AUV가 활용되는 탐사 분야는 크게 해저지도 작성과 수중관측을 들 수 있다. 고해상도의 해저지도를 만들 때 필요한 정밀한 수심 자료를 얻기 위해서는 음향 장비를 수중에서 견인(Towing)하여 수심을 측정하는 것이 일반적인 방법이다. 그러나 수중에서의 견인속도는 약 0.5 m/sec로 매우 느릴 뿐 아니라 해저면 부근에서 일정한 높이로 견인하기가 매우 어렵다. 이에 비해 AUV는 수중에서의 운항속도가 약 1.5 m/sec로 견인속도에 비해 빠를 뿐 아니라 수중에서의 위치제어가 가능함에 따라 보다 경제적인 운용으로 높은 품질의 데이터를 얻을 수 있다. 해저지도를 만들기 위해 AUV에 장착되어 사용되는 음향 장비로는 다중음향측심기(Multi-Beam Echo Sounder), 측면주사음파탐지기(Side Scan Sonar), 천부지층탐사기(Sub-Bottom Profiler) 등이 있다. 다중음향측심기는 수백 kHz 주파수를 사용하며 해저면과의 거리를 측정하여 3차원의 해저 면 지도를 작성하는 데 사용된다. 측면주사음파탐지기 또한 수백 kHz 주파수를 사용하며 해저면의 형상을 이미지화해서 보여주는 장비로 해저에 가라앉은 난파선, 해저에 깔린 케이블, 해저열수작용에 의해 만들어진 굴뚝 등 해저면의 물체를 찾는 데 유용하게 사용된다. 1~수십 kHz 주파수를 사용하는 천부지층탐사기는 해저면 아래 수십 m까지의 지층 특징을 보여준다.

최근에는 해양의 물리, 화학, 생물학적 특성을 관측하기 위해서도 AUV가 사용되고 있다. AUV로 하여금 일정한 수심 구간을 지그재그 형태로 오르락내리락 운행하면서 자료를 측정함으로써 특성 인자에 대한 3차원의 분포도를 만들 수 있다. AUV에 장착할 수 있는 관측 장비로 온도, 염분, 해류, 용존산소, 질산염, 엽록소형광, 탁도 등을 측정할 수 있는 센서들이 있다. 예를 들면 해저에서 발견되는 열수분출구(Hydrothermal Vent)의 경우 분출구를 통해 뿜어져 나오는 분출수는 부력에 의해 상승한 후 수평으로 이동하는 열수 플룸(Plume)을 형성하는데 이들의 물리, 화학적 특성은 열수분출구를 찾는 추적자로서 활용된다. AUV를 통해 열수 플룸의 추적자 중 하나인 탁도를 측정하여 3차원 분포도를 만들면 열수분출구의 위치를 추정해 낼 수 있다. 또한 엽록소형광은 식물플랑크톤의 총량을 나타내는 지표로 사용되는데, 광대한 수중에서 직접 생물체를 찾아서 분류하고 측정하는 것은 불가능하기에 해양생태계의 구조와 역동성을 이해하는 데 이러한 측정 자료를 활용하는 것이 점점 더 중요해지고 있다.

AUV의 성능이 점차 고도화됨에 따라 남극과 북극의 얼음 덮인 바다에서의 탐사에도 AUV 특유의 능력을 보여주고 있다. 하지만 아직은 얼음 덮인 바다 아래에서 탐사를 마친 AUV가 지원 선박으로 안전하게 다시 돌아오게 하는 데는 한계가 있으며 이런 지역에서 AUV를 사용하기에는 아직 많은 위험성이 있기에 앞으로 이를 보완할 더욱 정교한 장치들이 필요하다.

AUV와 관련된 기술의 발달로 장시간에 걸쳐 넓은 해역에 대한 다양한 해양관측이 가능해짐에 따라 세계 유수의 해양 관련 연구기관들도 여러 형태의 AUV를 제작, 보유하고 있으며 다양한 탐사에 활용하고 있다.

세계 유명 해양연구기관이 보유하고 있는 대표적인 AUV로는 미국 우즈홀 해양연구소(WHOI)가 보유한 수심 6,000 m까지 잠항이 가능한 센트리(Sentry)가 있다. 센트리는 다중음향측심기, 측면주사음파탐지기, 천부지층탐사기, 자력계 및 디지털카메라를 장착할 수 있으며 해저화산지대와 같은 매우 거친 지형에서도 운영이 가능한 것으로 알려져 있다. 리튬-이온전지를 사용하며 크기는 폭 1.8 m, 높이 2.2 m, 길이 2.9 m이다.

그림 2-18 미국의 우즈홀 해양연구소가 보유한 AUV 센트리(Sentry)

영국의 국립해양센터는 2008년부터 과학탐사에서 사용되고 있는 6,000 m급 AUV인 오토서브(Autosub) 6000을 보유하고 있으며 이 AUV는 2010년 카리브해의 미드케이맨라이즈(Mid-Cayman Rise) 지역에서 2개의 열수분출구 지역을 발견하는 데 결정적인 역할을 하였다. 리튬-폴리머전지를 사용하며, 크기는 직경 0.9 m, 길이 5.5 m의 원통형이다.

그림 2-19 영국의 국립해양센터가 보유한 AUV 오토서브(Autosub) 6000

일본은 해양연구개발기구가 1998년부터 개발하기 시작하여 2009년부터 탐사에 활용해온 3,500 m급 AUV인 우라시마(Urashima)를 보유하고 있다. 리튬-이온전지를 사용하며 크기가 폭 1.3 m, 높이 1.5 m, 길이 10 m에 달하는 대형 AUV로 성인 4명이 들어갈 수 있는 탑재 공간을 가지고 있어 대형 관측 장비 탑재가 가능하다. 다중음향측심기, 측면주사음파탐지기, 천부지층탐사기와 같은 해저지도 제작에 필요한 소나장비 외에도 중력계, 수층별수온염분측정기(CTD) 및 니스킨(Niskin) 해수채취기(24개) 등이 탑재 가능하며, 자력계는 견인이 가능하다. 또한 제한적이나마 수중통신이 가능하여 연구자가 AUV에 간단한 명령을 전달하여 수행하게 할 수 있다.

그림 2-20 일본의 해양연구개발기구가 보유한 AUV 우라시마(Urashima)

프랑스의 국립해양개발연구소는 3,000 m급 AUV인 애스터엑스(AsterX)와 이데프엑스(IdefX)를 보유하고 있으며 크기는 길이 4.5 m로 동일하며 원통형이다. 다중음향측심기, 천부지층탐사기, 자력계, 초음파해류계(ADCP), CTD, 분광측정기 등을 장착할 수 있다. 동 연구소는 2020년 완료를 목표로 6,000 m급 AUV인 코랄(Coral)을 개발하고 있다. AUV 코랄에는 해저지도 제작기능 외에도 해저면에 근접해서 정지 상태로 해저면을 광학적으로 관찰하는 기능과 함께 현장에서 시료의 필터링과 분석이 가능한 기능도 갖게 될 예정이다.

(a) AUV 애스터엑스(AsterX)와 이데프엑스(IdefX)

(b) AUV 코랄(Coral)

그림 2-21 프랑스의 국립해양개발연구소가 보유한 AUV

중국은 지난 10년 동안 해양 분야에서 가장 괄목한 성장을 이루고 있는 국가로 이미 2012년에 유인잠수정 자오룽호를 가지고 수심 7,000 m가 넘는 바다 속을 탐사할 수 있는 역량을 보여주었으며 이후로 다양한 ROV와 AUV를 개발하여 탐사에 활용하고 있다.

중국대양광물자원연구개발협회(COMRA)가 해저지형이 평평한 해저평원에 분포하는 망간단괴 탐사에 활용할 목적으로 2011~2015년 기간 동안 중국과학원 음향학연구소와 하얼빈공학대학교와 함께 6,000 m급 AUV인 치안룽(Qianlong, 潛龍) 1호를 개발하였으며, 이후 2015년에는 해저열수광상 탐사에 활용할 수 있는 4,500 m급인 AUV 치안룽 2호를 개발하였다. 치안룽 1호의 크기는 직경 0.8 m, 길이 4.6 m의 원통형이며, 치안룽 2호는 폭 0.7 m, 높이 1.3 m, 길이 3.5 m의 물고기 형태이다. 그러나 치안룽 2호 만으로는 중국이 보유한 해저열수광상 계약광구지역에 대한 탐사 수요를 충족시키지 못한다고 판단하여 치안룽 2호의 개량형인 4,500 m급 AUV 치안룽 3호를 개발하였다. 치안룽 3호의 크기는 높이 1.5 m, 길이 3.5 m이다. 치안룽 2호와 3호는 모두 중국과학원 선양자동화연구소에서 개발하였으며 수직 방향의 저항력을 저감시켜 지형이 복잡한 해저에서도 쉽게 상승할 수 있도록 편평어 모양으로 설계되었다. 치안룽 3호는 2018년 남서인도양에 위치한 중국의 해저열수광상 계약광구에서 첫 번째 탐사를 시작하였으며 상세지형도 제작, CTD 관측, 메탄 탐사, 탁도 관측, 산화환원전위관측, 자기탐사와 함께 해저 촬영이 가능하다.

그림 2-22 중국의 AUV 치안룽(Qianlong) 1호

(a) AUV 치안룽(Qianlong) 2호

(b) AUV 치안룽(Qianlong) 3호

그림 2-23 중국의 AUV

또한 한국기계연구원 선박해양공학연구센터(현 한국해양과학기술원 선박해양플랜트연구소)는 1997년에 자체 연구를 통해 수심 200 m급 AUV인 보람(VORAM)호를 제작하였다. 보람 호는 폭 1.1 m, 높이 0.4 m, 길이 2.82 m의 크기로 최대속력 2.5노트에 수중에서 최대 4시간 동안 작업을 할 수 있도록 개발되었다.

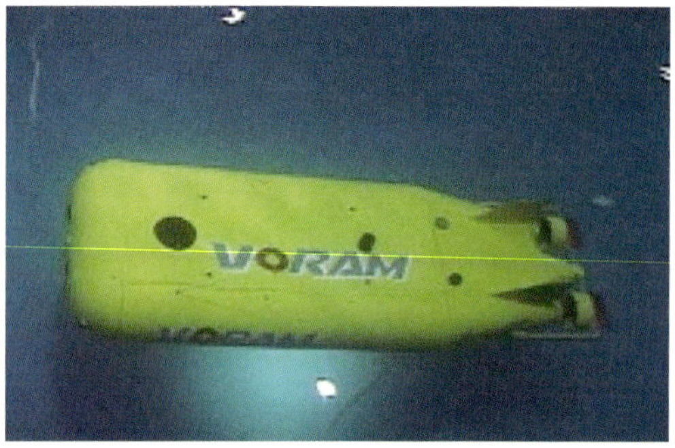

그림 2-24 선박해양플랜트연구소가 개발한 AUV 보람호

그러나 불행하게도 보람호는 탐사에 투입되거나 상용화되지는 못했지만 개발 과정에서 수중 소나를 이용한 장애물 회피 장치, 수중 데이터통신에 의한 AUV 실시간 제어장치, 수중 초음파를 이용한 데이터 및 화상통신, 수중 신호처리 및 변조 기법 등 다양한 AUV 관련 기술들을 습득하고 발전시킬 수 있었다.

그러다 2009년에 한국해양연구원 해양시스템안전연구소(현 한국해양과학기술원 선박해양플랜트연구소)에서 수심 100 m급 AUV인 이심이(Isimi) 100을 개발하였다. 이심이 100은 강한 조류에서도 해저 탐사를 할 수 있는 직경 0.2 m, 길이 1.5 m인 소형 어뢰 모양의 AUV로 해양 탐사는 물론 국방 분야에도 폭넓게 이용될 수 있도록 개발되었으며 관련 기술은 2010년에 국내 산업체인 (주)한화에 이전되었다.

그림 2-25 선박해양플랜트연구소가 개발한 AUV 이심이100

2.1.4 해양탐사에서 AUV가 주목받는 이유

근래에 들어 점차 세계적인 연구기관을 중심으로 다양한 종류의 AUV가 개발되거나 도입되어 해양 탐사에 널리 활용되기 시작하고 있다. AUV를 사용하는 주된 이유로 ROV와 비교 시 지원 선박과 케이블로 연결되지 않고 자율항해가 가능하기에 운영이 간편하고 탐사 속도가 빠르며, 해저면과의 일정한 거리 유지 가능에 따른 안정화된 관측능력 등을 들 수 있다. 이러한 이점으로 인해 최근의 해저탐사 방식도 기존의 패턴과는 조금씩 달라지고 있다.

일례로 기존의 해저열수광상 탐사 순서를 보면, 먼저 광범위한 지역을 대상으로 연구 선박에 장착된 음향 장비를 사용하여 해당 지역의 수심도를 작성하고, CTD와 CTD-toyo를 이용하여 열수 플룸의 흔적을 조사한 후, 이 결과를 바탕으로 선정된 지역을 대상으로 ROV에 장착한 다중음향측심기를 이용하여 보다 높은 해상도를 갖는 수심도를 제작한다. 이 수심도에서는 탐사 대상지역의 해저 지형과 지형구조와 함께 때로는 열수분출구를 구분할 수 있다. 열수분출구로 구분되는 지역을 대상으로 다시금 ROV를 이용하여 해저열수광상과 관련된 시료들을 채취하는 순서로 탐사가 진행된다.

그러나 AUV를 활용할 경우에는 연구 선박에 장착된 탐사 장비를 이용하여 광역지역에 대한 수심도를 작성하고 열수 플룸 분포를 파악한 이후 선정된 지역에 AUV를 투입하여 비교적 넓은 지역을 대상으로 획득한 높은 해상도의 수심도에서 열수분출구 분포 지역을 선별하게 된다. 이 경우 ROV를 이용할 때에 비해 훨씬 빠른 속도로 탐사가 가능하다. ROV는 지원 선박과 케이블로 연결되어 있기에 운행속도가 1노트(약 0.5 m/sec) 이내로 매우 느려 주로 좁은 지역을 대상으로 활용되는 데 반해 AUV는 운항 속도가 3노트(약 1.5 m/sec) 이상까지 가능해서 비교적 넓은 지역을 대상으로 탐사가 가능하다. 이후의 과정은 기존의 방식과 동일하게 ROV를 활용하여 시료를 채취하는 순으로 진행된다.

최근에는 AUV의 일반적인 한계로 알려진 이동 거리 및 작업능력의 한계를 극복하기 위해 여러 종류의 탐사 장비를 탑재할 수 있는 대형 AUV가 개발되고 있을 뿐 아니라 심해생태계 조사, 해저 광물자원 탐사, 해저지형도 제작, 침몰선 탐색 등 해저 탐사에 AUV의 활용 이점이 가시화됨에 따라 한 번에 여러 대의 AUV를 이용한 해저 탐사 기법에 대한 사례도 본격화되고 있다.

2.2 군사용

2.2.1 개요

군사용 잠수정으로는 이미 오래전에 수중 무기체계로 자리를 잡은 유인잠수정인 잠수함과, 수중에서 자율적으로 이동하는 AUV가 대표적이다.

군사용 무인 로봇이란 “기존의 지능형 로봇이 가지는 이동성과 지능을 바탕으로, 병사 수행 임무 또는 불가능했던 임무를 자율적으로 혹은 원격제어를 통하여 수행하는 군사용 무인화 장비”로 통칭하고 있다. 군사용 무인 로봇 중에서도 해양에서 사용되고 있는 무인 로봇을 군사용 해양 로봇으로 부르며, 군사용 해양 로봇은 운용하는 영역에 따라 다시 수면에서 사용하는 무인수상정(Unmanned Surface Vehicles, USV)과 그리고 물속, 즉 수중에서 사용하는 무인잠수정(Unmanned Underwater Vehicles, UUV)으로 나눌 수 있다. 수중드론이라고 불리는 AUV는 물속에서 지상의 드론처럼 주어진 임무를 비교적 자유롭게 자율적으로 수행하는 수중로봇이다. 그림 2-26은 군사용 해양무인체계를 분류한 그림이다.

그림 2-26 군사용 해양무인체계 분류(무인수상정, 원격무인잠수정, 자율무인잠수정)

군사용 해양무인체계에서도 AUV는 군사 목적의 활용 분야가 아주 많고 매우 효율적으로 운용될 수 있는 수중로봇으로 우주선이 우주에서 다양한 임무를 수행하는 것과 매우 유사하다.

우리나라는 삼면이 바다로 이루어져 있어 바다를 방어하고 해양의 경제적 가치 창출을 위한 발전이 매우 필요한 환경을 지닌 국가이다. 특히 군사적으로 북한이나 주변국으로부터 해양을 방어하고 지키는 일은 해상 교통로 확보라는 측면에서 매우 중요한 일이다. 이와 같이 다른 국가로부터 바다를 지키는 임무는 해군이 그 역할을 맡고 있다. 요즘 독도를 둘러싼 러시아, 일본, 중국 등의 군사적 행동과 바다의 영공 침입 등은 미래의 잠재적 분쟁의 소지와 해군의 중요성을 역설적으로 설명하고 있는 현상이다. 해군이 바다를 방어한다는 의미는 바다 위의 영공에서부터 바다의 표면인 수상, 그리고 물속인 수중을 포함한 모든 부분의 영토를 내포하고 있다. 여기에서 물속을 지키고 방어하는 일에 물속의 수중로봇이 그 역할을 담당할 수 있다.

2.2.2 군사용 AUV의 종류

군사적으로 사용되고 있는 AUV는 세계적으로 수십 종류 이상으로 개발되어 각국 해군의 특성에 맞게 사용되고 있다. 전 세계에서 AUV의 종류를 체계적으로 분류하고 개발하여 운용하고 있는 나라는 실질적으로 미국이 유일하다고 볼 수 있다. 물론 요즘에는 중국, 러시아, 영국, 독일, 프랑스가 많은 종류의 AUV와 기술을 개발하여 사용하고 있으나 미국과 같이 체계적으로 분류하여 운용하고 있지는 않다.

미국은 2004년에 일차적으로 UUV를 군사 목적으로 사용하기 위하여 UUV 종합 개발계획(2004 UUV Master Plan)을 발표하였으며 그 내용은 임무와 크기의 기준에 따라 분류하였다. 그 후에 2010, 2014, 2017 종합계획을 수정 보완하여 지속적으로 발전시켜 왔다. 임무에 따른 분류는 미국의 해양 전략 근간인 “원해에서 연안으로”라는 개념을 달성하기 위한 Sea Power 21의 전략 개념에 따라 4개의 핵심 전략에 맞추어 이루어져 있다.

미 해군의 Sea Power 21의 4개 핵심 전략은 해상 방어(Sea Shield), 해상 기지(Sea Base), 해상 공격(Sea Strike), 그리고 이 3가지를 네트워크화 시키는 ForceNet로 구성되어 있으며 주어진 각각의 전략을 수행하기 위하여 필요한 임무를 분류하고 임무 달성의 수단으로 AUV를 제시하고 있다.

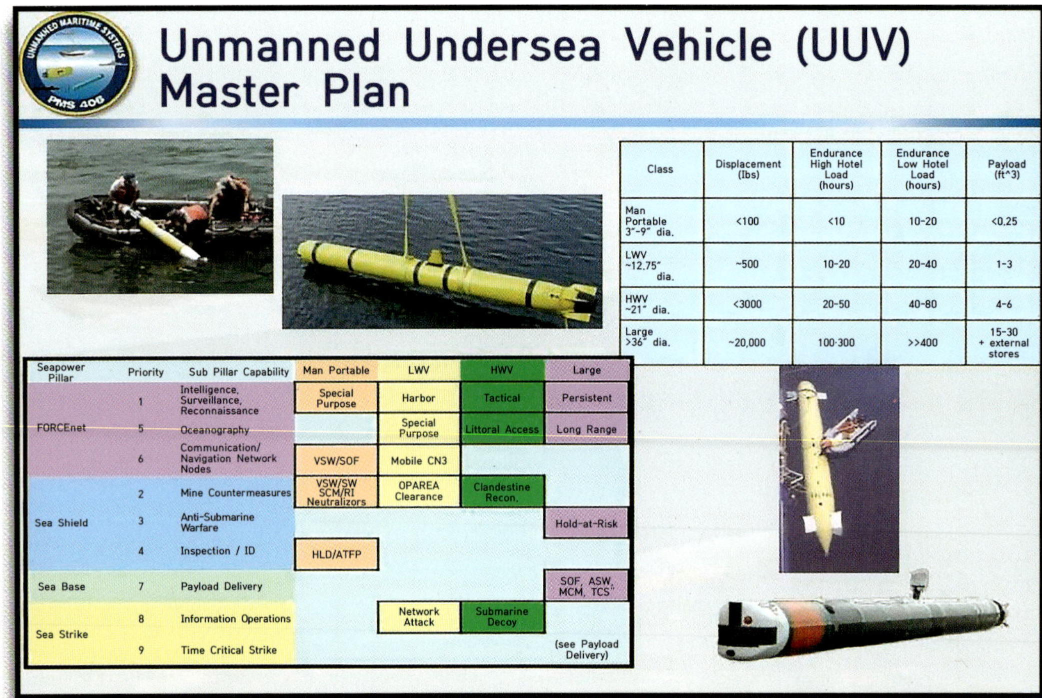

Class	Displacement (Ibs)	Endurance High Hotel Load (hours)	Endurance Low Hotel Load (hours)	Payload (ft^3)
Man Portable 3"-9" dia.	<100	<10	10-20	<0.25
LWV ~12.75" dia.	~500	10-20	20-40	1-3
HWV ~21" dia.	<3000	20-50	40-80	4-6
Large >36" dia.	~20,000	100·300	>>400	15-30 + external stores

Seapower Pillar	Priority	Sub Pillar Capability	Man Portable	LWV	HWV	Large
FORCEnet	1	Intelligence, Surveillance, Reconnaissance	Special Purpose	Harbor	Tactical	Persistent
	5	Oceanography		Special Purpose	Littoral Access	Long Range
	6	Communication/ Navigation Network Nodes	VSW/SOF	Mobile CN3		
Sea Shield	2	Mine Countermeasures	VSW/SW SCM/RI Neutralizors	OPAREA Clearance	Clandestine Recon.	
	3	Anti-Submarine Warfare				Hold-at-Risk
	4	Inspection / ID	HLD/ATFP			
Sea Base	7	Payload Delivery				SOF, ASW, MCM, TCS"
Sea Strike	8	Information Operations		Network Attack	Submarine Decoy	
	9	Time Critical Strike				(see Payload Delivery)

그림 2-27 미국의 해양 전략에 따른 AUV 분류와 종류

해상 방어 전략을 수행하기 위하여 필요하다고 분류한 AUV의 종류는 대기뢰전 AUV, 대잠전 AUV, 조사하고 식별하는 임무의 AUV로 구분하고 있다. 해상 기지 전략을 수행하기 위하여 필요한 AUV는 해상 기지에서 요구되는 물자나 장비를 수송할 수 있는 Payload Delivery AUV로 구분하고 있다. 해상 공격을 위하여서는 정보전(Information Operation)과 적시 공격용(Time Critical Strike) AUV로 구분하여 분류하고 있다. 이러한 3가지 전략을 통합하고 네트워크화 시키는 데 필요하다고 생각되는 ForceNet 전략에는 정보감시정찰(ISR) AUV, 해양자료 조사 및 획득을 위한 Oceanography AUV, 그리고 물속에서 통신, 항법을 보조할 수 있는 Communication/Navigation Network Node(C3N) AUV로 구분하여 분류하였다. 따라서 미국의 무인잠수정 종합 발전계획에 따르면 임무에 따라서 AUV를 9가지로 분류하고 있다. 물론 그 후에 여러 번 종합발전 계획을 수정하였지만 임무에 따른 분류는 크게 변하지 않고 9가지로 분류되어 오고 있다.

미국 해군은 이러한 임무에 따른 9가지 AUV 종류에 기초하여 운용자 측면과 임무의 특성에 따라서 크기로 다시 분류하였다. 일반적으로 크기에 따른 분류는 한 사람이 움직일 수 있는 Man Portable AUV, 약간 무게가 있으며 여러 사람 또는 간단한 장비를 사용하여 운용되는 Light Weight AUV(LWV), 전문적 장비나 도구를 사용하여 운용할 수 있

는 Heavy Weight AUV(HWV), 그리고 단독으로 하나의 무기체계로 운용될 수 있는 Large AUV 등으로 구분하여 분리하였다. 위 그림 UUV Master Plan에서 볼 수 있듯이 임무에 따라 다양한 크기로 분류되어 있다.

감시 정찰 임무 수행의 Man Portable AUV의 대표적 사례는 REMUS 100 AUV이다. 100이란 숫자는 물속 100 m까지 운용할 수 있다는 의미이고 길이가 1.2 m 정도로 한사람에 의하여 쉽게 이동이 가능하며 주로 좁은 구역의 기뢰를 자율적으로 감시 정찰하는 임무를 수행한다.

그림 2-28 Man Portable 기뢰 탐지 및 감시정찰 AUV REMUS 100

Light Weight AUV의 대표적 사례는 REMUS 3000, BLUEFIN-21 등이 이 부류에 속한다. MEMUS 3000은 REMUS 100을 성능 개량하여 사용할 수 있는 수심을 3,000 m까지 증가시킨 AUV이다. 수심이 깊어짐에 따라 운용 시간이 늘어나고 30 bar의 수압을 견딜 수 있는 압력 선체 그리고 각종 센서들로 구성되어 있다. BLUEFIN-21은 AUV 직경이 30 cm로 수심 4,500 m까지 운용이 가능한 AUV이다. 두 가지의 LWV는 주로 심해의 조사나 탐사 그리고 잠수함 탐색 등의 목적으로 사용되고 있으며 특히, 미 해군 전략의 ForceNet 전략의 해양 조사를 위하여 사용되는 AUV로 그림 2-29와 같다.

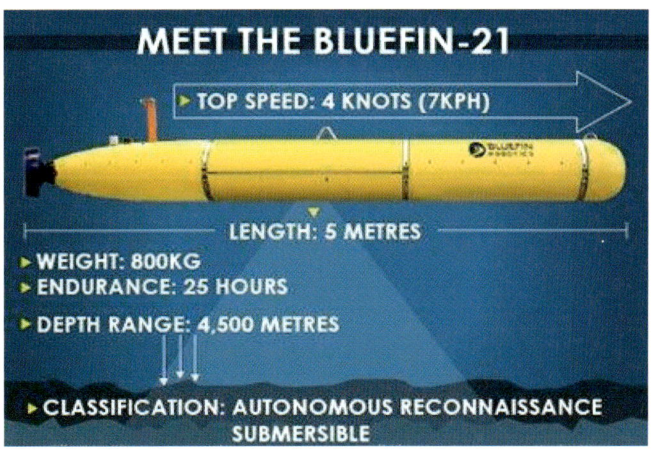

그림 2-29 LWV BLUEFIN-21의 모습

Heavy Weight AUV의 대표적 사례는 NMRS(Near-Term Mine Recognizance System) AUV이다. 잠수함에서 발사되어 근거리의 기뢰를 은밀하게 탐지하는 AUV이다. 길이는 약 10 m, 직경은 53 cm로 무게는 1,000 kg이 넘는다. 실시간으로 탐지된 기뢰의 정보를 획득하기 위하여 때로는 광케이블을 사용하기도 한다. NMRS는 LMRS(Long-Term Mine Recognizance System) AUV 개발의 전 단계로 크기에서 있어서는 비교적 중대형에 속한다.

그림 2-30 잠수함 발사 기뢰 탐색용 Heavy Weight Vehicle, NMRS(좌) and LMRS(우)

근래에 와서는 소형 AUV보다 물속에서 작전일 수를 늘리고 다양한 센서와 무기체계를 탑재하여 다양한 임무를 수행할 수 있는 대형 AUV가 등장하기 시작하였고 이러한 AUV를 Extra Large AUV라고 하며 그 대표적인 사례가 보잉사의 Echo Voyager이다. 보잉사의 Echo Voyager는 무인 잠수함이라고도 불릴 정도로 크기와 운용일 수가 거의 유인 잠수함과 거의 동일하다. 명실상부하게 Echo Voyager를 군사 목적으로 사용하는 물속의 우주선이라고 해도 좋을 것 같다. Echo Voyager는 디젤 기관을 추진기관으로 사용하고 약 6개월 이상, 12,000 km를 작전할 수 있는 능력을 가지고 있으며 전적으로 자율로 운용되고 있다. 이미 보잉사는 2018년에 Echo Voyager를 이용하여 태평양의 샌프란시스코에서 LA 앞바다까지 운용 시험을 마쳤다. 중국도 대형급 Extra Large AUV(XLUUV)를 개발하여 시험 운용 중에 있으며 특히, 중국은 자율운항 및 임무 수행을 위하여 인공지능 기법을 적용하고 있음이 알려져 있다.

그림 2-31 미국의 Extra Large AUV Echo Voyager

그림 2-32 2020년 미래 중국 XLUUV의 개념도 모습

미국 해군은 9가지 임무에 따른 분류에 개발의 우선순위를 부여하여 산업체, 학교, 연구소 등에 여러 가지 방법으로 기술을 개발하게 하여 운용하고 있는 실정이다.

군사용으로 사용되는 수중드론 AUV는 우주의 우주선과 같이 한 종류로만 개발되는 것이 아니고 군사 목적의 다양한 용도에 따라서 여러 가지로 개발이 되고 있으며 같은 목적으로 사용하더라도 운용의 방법에 따라서도 종류가 달라질 수 있다는 사실을 알 수가 있다.

2.2.3 군사용 AUV의 용도

AUV는 잠수함에 비해 매우 경제적으로 운용될 수 있으며 특히, 사람이 탑승하지 않는다는 장점을 가지고 있어 승조원의 고통과 위험을 근본적으로 해결한 수중 무기체계로 점차 자리를 잡아가고 있다. 특히, 인공지능 기술을 접목하여 보다 정확하게 그리고 효과적으로 임무를 수행할 수 있는 수중 무기체계로 그 영역을 넓혀가고 있다.

(1) 물속 감시정찰 임무

군사작전에서 정보는 매우 중요한 요소이다. 적의 정보를 사전에 획득하여 미래 군사작전을 준비하고 대비하면 승리의 요인이 될 수 있다. 해군의 여러 작전에서도 정보는 매우 중요하다. 이러한 중요 정보를 획득하는 방법에는 무인항공기, 무인수상정, 유인함정의 레이더, 광학 센서, 위성 등 다양하다. 그러나 물속의 경우는 잘 알려진 바와 같이 전자파는 물속에서 진행하는 동안에 흡수되어 전달 거리가 매우 짧아서 사용할 수가 없으므로 물속의 정보를 획득하는 데 많은 어려움과 제한이 많다. 그러므로 물속에서 전달이 어느 정도 잘되고 유용하게 활용하고 있는 음파를 주로 사용한다. 물속 감시정찰 임무의 AUV는 음파를 활용한 각종 센서를 탑재하고 주어진 에너지 용량 범위 내에서 수중을 감시정찰하게 된다.

감시정찰 임무를 수행하는 AUV의 모습은 아래 그림과 같다. 감시정찰용 REMUS 600으로 측면주사음파탐지기를 이용하여 해저나 수중에 있는 물체를 감시하고 정찰하여 필요시 스캔하여 물체를 확인할 수 있다. 물속의 감시정찰에서 획득되는 정보도 중요하나 그 획득된 정보의 위치가 정보의 가치를 높여주므로 항법 장치는 매우 중요한 역할을 담당한다. 항법 장치로는 주로 부상 상태에서 사용하는 GPS, 수중에서 복합적으로 사용하는 관성항법 장치(Inertial Navigation System, INS), 도플러속도계(Doppler Velocity Log, DVL), 수심센서 등을 탑재하고 있다.

감시정찰 임무를 수행하는 AUV는 수상 지원 선박, 잠수함, 또는 수상함에서 발진하여 감시정찰 구역으로 수상 및 수중 항해를 통해 이동한다. 이동하여 임무를 수행하기 전에 GPS 등을 활용하여 위치 오차를 정확하게 보정한 후에 잠항하여 감시정찰 임무를 수행한다. 일정구역의 감시정찰 임무는 기존에 입력된 탐지 프로그램을 활용하여 특정한 패턴으로 임무를 수행한다. 임무를 끝내면 AUV는 자율 알고리즘에 의하여 복귀하게 된다.

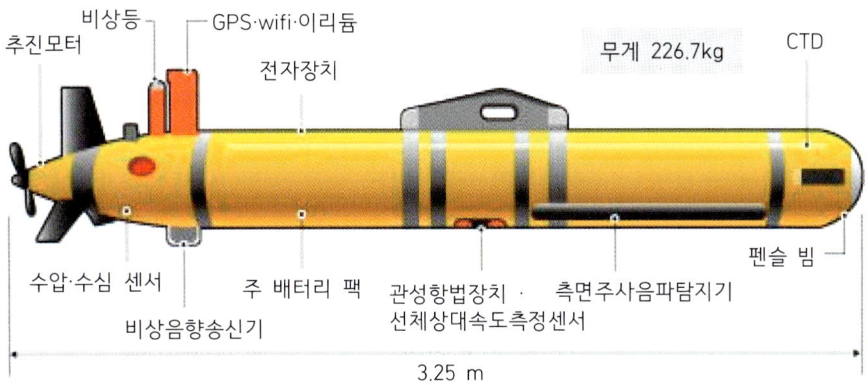

그림 2-33 물속 감시정찰 임무를 수행하는 REMUS 600 AUV의 구성도

그림 2-34 AUV의 수중 감시정찰의 모습

(2) 물속의 적 잠수함 탐지 및 추적 임무

바다를 지키는데 핵심 해군 전력으로 알려진 잠수함은 주로 수중 깊은 곳에서 활동하고 있으므로 탐지, 식별 및 추적이 매우 어려운 무기체계이다. 잠수함은 비대칭 무기체계이고 전략무기로서 그 가치는 매우 높다. 북한이 경제적으로 빈곤하고 재래식 무기체계를 가지고 있으면서도 위협적인 국가로 인식되고 있는 것도 세계에서 가장 많은 수의 잠수함을 가지고 있기 때문이다. 이러한 잠수함을 탐지하고 식별하여 추적 공격하는 임무는 매우 어렵고 힘든 임무이다. 일반적으로 해양에서 잠수함을 찾는다는 것은 모래사장에서 바늘을 찾는 것만큼이나 어렵다고 이야기한다.

대형급 AUV인 Echo Voyager은 연안에서 재래식 잠수함을 탐지하고 식별 추적하는 임무를 수행하는 것으로, 그림 2-35는 탑재하고 있는 센서 및 장비들을 보여 주고 있다.

그림 2-35 잠수함을 탐지, 식별 및 추적하는 AUV Echo Voyager 구성도

이러한 잠수함을 가장 효율적으로 탐지하고 식별하여 추적하는 방법은 잠수함이 출항하는 항구에서부터 추적을 시작하는 것과 잠수함이 반드시 통과해야만 하는 길목(Choke Point) 등에서 매복을 하고 있다가 탐지하여 추적하는 등의 방법이 있다. 이렇게 적 잠수함 기지의 항구, Choke Point 등에서 매복하여 잠수함을 탐지 추적하는 무기체계로 AUV가 효율적으로 사용된다. AUV가 잠수함을 탐지 추적하는 임무에 사용되는 이유는 AUV는 크기가 작고 소음이 매우 적어서 잠수함 탐지에 효과적이고 무인으로 위험해역에 장시간 운용될 수 있다는 장점을 가지고 있다. 그러나 잠수함 탐지, 식별 및 추적을 위한 AUV는 탐지 능력, 식별 능력, 그리고 자율적으로 판단하여 추적하는 능력을 가져야 하므로 고도의 기술이 요구된다. 그림 2-36은 AUV를 활용하여 매복, 탐지, 식별 및 추적하는 운용개념을 그림으로 표시한 것이다.

그림 2-36 잠수함 탐지 및 추적 AUV

(3) 물속 기뢰탐지, 식별 및 제거

연안에서 이루어지는 작전 중에 기뢰전은 현대전에 있어서 가장 핵심 작전이다. 또한 기뢰에 의한 함정이나 인명의 손실은 직접적인 수상전 또는 대잠전에 의하여 발생되는 손실의 수배가 될 만큼 크다는 사실은 매우 놀랍다. 기뢰전에는 통상적으로 기뢰를 설치하는 부설 작전과 설치되어 있는 기뢰를 제거하는 기뢰 제거 작전이 있다. 일반적으로 기뢰 제거 작전을 기뢰 대항전(Mine Countermeasure Warfare)이라고 일컫는다. 기뢰 대항전은 기뢰를 탐지하고 식별하여 폭파하는 작전을 말하며 기뢰 탐지 및 식별은 주로 AUV가 그 임무를 담당한다. 직접적으로 기뢰를 폭발하여 제거할 때에도 AUV를 사용할 수도 있으나 소총으로 저격하거나 폭약을 설치하여 제거하는 방법도 활용되고 있다. 아래 그림은 기뢰를 탐색하고 식별하는 AUV의 구성도이며 주로 측면주사음파탐지기를 활용하여 기뢰를 탐색한다. 탐색된 기뢰를 명확하게 식별하기 위하여 가까이 접근하여 카메라로 식별하게 된다.

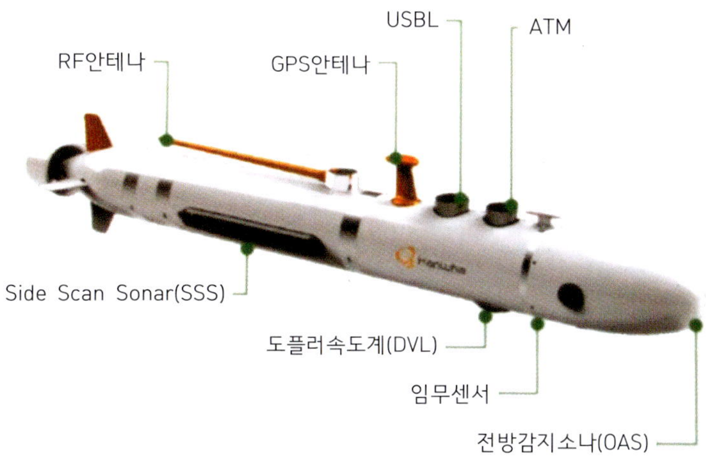

그림 2-37 기뢰 탐색용 AUV의 구성도

기뢰를 탐색하고 식별하여 제거하는 방법은 그림 2-38에서 보는 바와 같이 소해함에서 AUV를 진수하여 기뢰가 설치되어 있는 해역으로 이동하고 탐지 해역에 도착하면 최단소해항로(Q-Route)를 이용하여 탐지하고 탐지된 기뢰를 식별하여 그 위치를 정확하게 기록하여 제거에 활용한다.

그림 2-38 AUV를 활용한 기뢰 탐색 및 식별 개념도

(4) 물속 항법, 통신 지원 임무

앞 절에서 언급한 것과 같이 물속에서는 전파의 사용이 제한되기 때문에 지상에서와 같이 통신, 항법이 자유롭지 못하며 수중 통신과 항법의 난제로 인하여 AUV의 운용이 제한되기도 한다. 따라서 수중에서의 통신과 항법을 향상시키고 AUV의 효율성을 극대화하기 위하여 AUV를 통신 또는 항법의 연결 매개체로 사용한다. 즉, 넓은 해역에서 임무 수행 중에 항법의 정밀도를 높이거나 얻어지는 정보를 실시간으로 획득하기 위하여 AUV를 C3N으로 사용한다. 그림 2-39는 C3N의 운용의 개념도를 나타내는 그림이다.

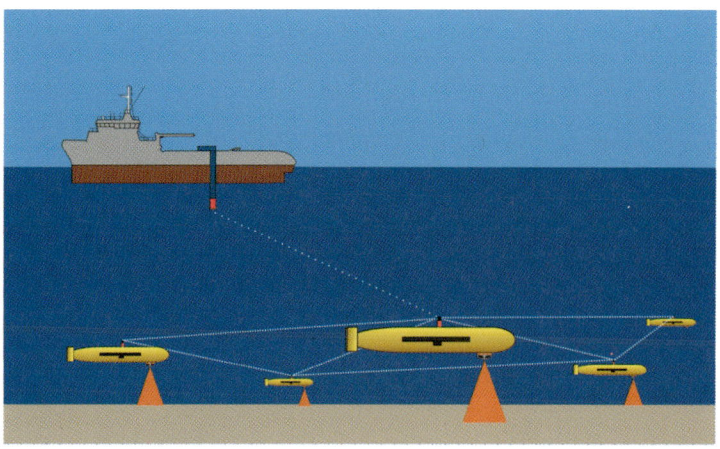

그림 2-39 AUV의 C3N 운용개념도

(5) 물속에서 수상함/잠수함 공격 임무

AUV가 현재까지는 공격 무기체계를 탑재하여 공격하는 체계로 운용되지 못하고 있는 실정이다. 단순히 기뢰를 식별하고 제거할 때에 로봇으로 사용되는 경우는 있어도 AUV가 수상함이나 잠수함을 탐지, 식별, 판단하여 스스로 공격하는 수준까지는 이르지 못하였다. 이 경우는 식별과 판단의 문제에 명확한 해답이 없기 때문이다. AUV가 적의 수상함, 잠수함으로 판단하여 공격하였을 경우 오인 확률 0%를 보장할 수 없기 때문에 항상 위험이 내재되어 있어 공격 무기체계로 탑재 운용하지 못하고 있다. 그러나 4차 산업 혁명시대에 인공지능 기술이 발달하고 오인 확률을 0%로 낮출 수 있다면 머지않아 AUV가 공격 무기체계로 탑재되어 현재의 잠수함처럼 적의 수상함과 잠수함을 공격할 수 있을 것으로 생각된다.

2.3 해양산업용

20세기 후반에 접어들면서 인류는 바다에서의 에너지와 자원에 눈을 돌리기 시작하였다. 최근 반세기 동안 미국과 영국이 주도한 해양 개발, 특히 대륙붕 해역에서의 석유자원 개발은 눈부시게 발전하였다. 21세기 들면서 기술의 발달로 해양 자원 개발을 위한 한계 수심도 점차 깊어져 통상의 시추작업은 최대 3,000 m까지 가능해졌고 노르웨이, 미국 등은 앞 다투어 석유 및 천연가스 생산 장비와 설비들을 심해저에 설치함으로써 생산성을 올리려는 노력을 해 왔다. 그러나 깊은 심해저에 작업자가 갈 수는 없으므로 당연히 해저 설비들의 유지보수, 모니터링을 위해 무인잠수정들이 커다란 역할을 해왔다. 설치 및 유지보수 작업은 주로 ROV가 맡아 왔고 넓은 해저에서 설치된 시설들의 전체 상태를 관측하고 주기적으로 모니터링 하는 역할은 주로 AUV에게 주어졌다.

(a) 해저플랜트 유지보수 ROV

(b) 해저 배관 검사용 AUV

그림 2-40 ROV와 AUV의 해저 작업 사례

또한 해저에는 광물자원이 광범위하게 분포한다고 알려져 있다. 대표적인 광물의 형태가 망간단괴, 해저열수광상, 망간각 등인데 수심 1,500 m ~ 5,000 m에 걸쳐 대양저에 분포한다. (구) 대우중공업(현 대우조선해양)은 1990년대 초 태평양 C-C 해역의 해저에 다량 분포한 망간단괴 상용화 국책사업에 참여함으로써 심해저에서 상세한 심해저 지도를 그리기 위한 AUV를 개발하였다.

대우중공업(현 대우조선해양)이 1992년부터 1996년 사이에 개발한 AUV는 러시아 과학원 산하 극동해양문제연구소(IMTP)로부터 기술을 도입하여 국산화한 수심 6,000 m급 옥포-6000(OKPO-6000)이었다. 크기는 몸통 직경 0.7 m, 길이 3.8 m의 원통형이며 최대속력 3노트에 최대 작업시간은 10시간에 달한다. 옥포-6000은 1996년 5월에 독도 해상에서 수심 2,350 m까지 내려가는 데 성공하였으며, 1998년 8월에 태평양의 마샬제도 인근 심해 지역에서 수심 4,800 m 해저를 성공적으로 탐사해 성능의 우수성을 입증하였다. 옥포-6000은 일반 카메라, 비디오카메라, 측면주사음파탐지기, CTD 등의 탐사 장비를 장착할 수 있으며, 해저지형, 해저자원 탐사, 침몰선 탐색 등의 탐사에 사용할 수 있도록 제작되었다.

(a) AUV 옥포-6000의 외형

(b) 마샬제도 인근 심해지역에서의 탐사를 위해 온누리호에 장착된 AUV 옥포-6000

그림 2-41 대우중공업이 개발한 AUV 옥포-6000

2.4 기타 활용분야

무인잠수정의 기타 활용 분야에는 수중 안전검사, 선박 안전검사, 해양 희귀자원 탐사, 수중의 비행기나 선박의 잔해 탐사, 해저 유물 탐사 등이 있다. 이와 같은 활용 분야는, 대부분 사람이 잠수복과 장비를 이용하여 수행하기에 위험한 작업을 포함하고 있다. 무인잠수정은 사람보다 수중의 극한 환경에서도 더 넓은 작동 범위와 시간을 가진다. 또한 최신의 기술을 통해 고압과 낮은 조도의 특수한 조건에서도 임무 수행이 가능하다. 따라서 최근 들어 AUV와 같은 무인잠수정이 인력을 대체하여 여러 분야에서 활용되고 있다.

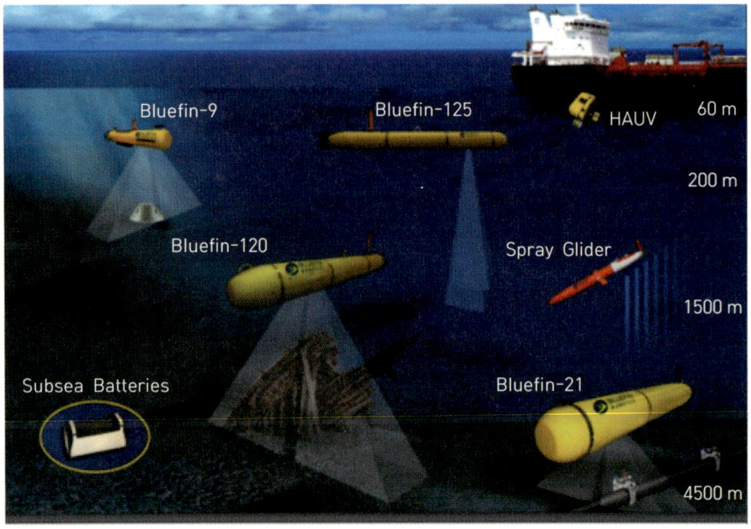

그림 2-42 무인잠수정의 다양한 응용 분야

2.4.1 수중 구조물의 검사

해양 산업의 발달에 따라, 다양한 종류의 인공 구조물들이 수중에 설치되었다. 하지만 이러한 수중 구조물들을 주기적으로 검사하여 유지 및 보수하는 것은 지상의 구조물에 비해 어려운 일이다. 따라서 무인잠수정을 이용한 수중 구조물의 검사 기술은 꾸준히 개발되어 왔다.

먼저, 그림 2-43과 같이 AUV를 이용하여 해저 케이블을 검사한 사례가 있다. 국제적인 네트워크 통신망을 구축하기 위하여 태평양을 비롯한 모든 바다의 해저에는 해저 케이블들이 매설되어 있다. 해저 케이블은 지진, 어업 활동, 해저 산사태, 수중 생명체의 공격 등에 의하여 손상될 수 있기 때문에, 주기적인 검사가 필수적이다. 일본에서 개발된 Aqua Explorer 2000 (AE-2000)은 해저 케이블 조사를 위하여 개발된 AUV이다. 이 AUV는 최대 2000 m까지 잠수할 수 있으며, 자체 배터리를 이용하여 최대 16시간까지 작동할 수 있다. 주요 특징은, 자기장 센서를 활용하여 해저 케이블을 추적하고 스틸 카메라로 케이블의 상태를 기록하고 동시에 케이블의 매장 깊이를 측정한다는 점이다. 해저 케이블은 대부분 해저면에 매립된 상태이므로 일반적인 센서로 탐지하기 어렵기 때문이다. 그림 2-44 (b)는 실제로 Aqua Explorer 2000이 해저에서 기록한 케이블의 광학 이미지이다.

그림 2-43 AUV를 이용한 해저 케이블 조사 개념

(a) AUV 아쿠아 익스플로러(Aqua Explorer) 2000의 외형

(b) 촬영한 해저 케이블 예시 사진

그림 2-44 일본의 AUV 아쿠아 익스플로러(Aqua Explorer) 2000

다음으로, 스페인에서는 ROV와 같은 원격 무인잠수정을 이용하여 수력 발전소의 댐과 항만을 검사한 사례가 있다. 인력에 의한 수력 발전 댐의 육안 검사 문제를 자동화하기 위하여, 스페인에서는 소형 저심도 ROV를 활용하여 댐 벽면의 고품질 광학 이미지를 획득하는 기술을 개발하였다. 그림 2-45와 같이 ROV Ictineu와 위치 측정 부표를 개발하였는데, Ictineu는 최대 30 m까지 잠수가 가능한 개방형 타입의 ROV이다. 즉, 빠른 속도와 먼 거리 이동에 적합한 것이 아니라 국소 영역의 정밀 검사에 적합하다. Ictineu의 절대적 위치를 측정하기 위하여 위치 측정 부표와 초단기선 수중위치추적장치(Ultra Short Base Line, USBL)를 활용하였다. 그림 2-46은 실제로 Ictineu가 획득한 Pasteral 수력 발전소의 댐 벽면의 거대 모자이크 이미지이다.

(a) Ictineu ROV

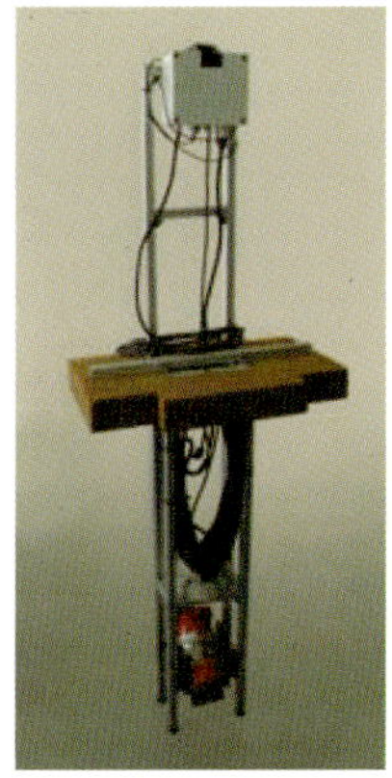

(b) 위치측정 부표

그림 2-45 스페인의 ROV Ictineu

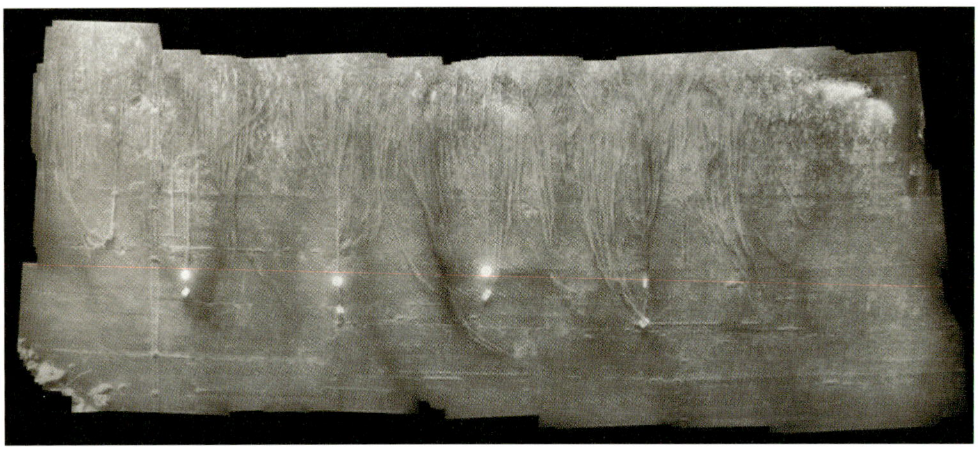

그림 2-46 Pasteral 수력 발전 댐 표면의 모자이킹 이미지

또한 항만의 방파제와 같은 수중 구조물을 검사하기 위한 기술도 개발되었는데, 그림 2-47의 AUV GIRONA 500을 개발하여 스페인 카탈루냐 지방의 항구 방파제 구조물을 검사하였다. GIRONA 500은 최대 500 m까지 잠수 가능하며, 각종 소나 센서와 카메라를 장착하고 있어 구조물을 종합적으로 스캔할 수 있다. 구조물 검사 결과, 그림 2-48과 같은 3차원 형상 복원 결과를 획득하였고, 이 데이터는 구조물의 안전 검사에 사용될 수 있다.

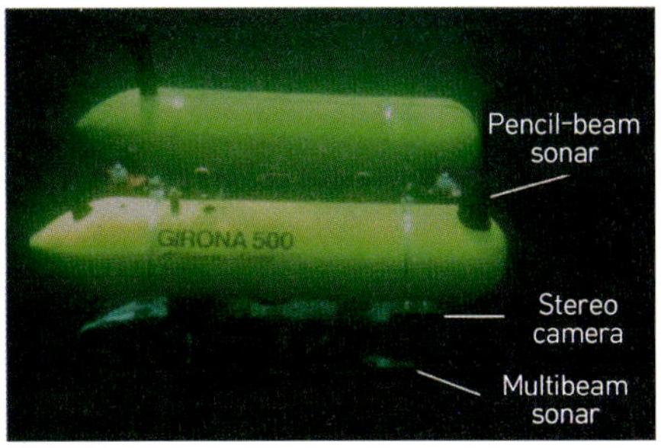

(a) GIRONA 500 AUV의 외형

(b) 스페인 카탈루냐 지방 항구의 방파제 모습

그림 2-47 GIRONA 500 AUV의 활용 사례

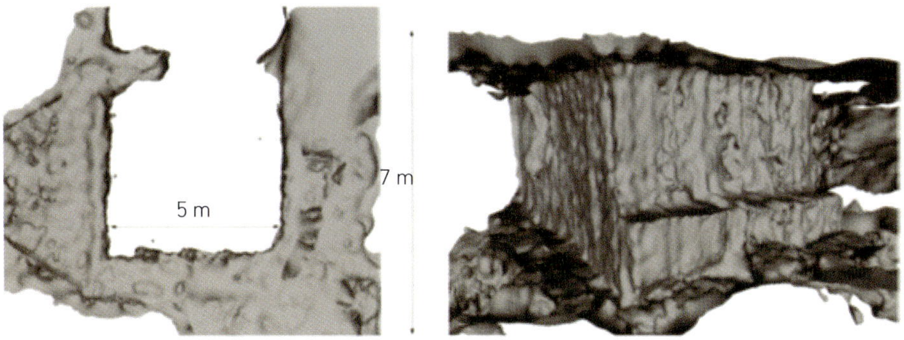

그림 2-48 항구 방파제의 수중부 3차원 복원 결과

2.4.2 선박 안전검사

해양 환경의 영향으로 선박의 선체 표면에는 결함이 발생할 수 있는데 이는 선박의 성능과 안전 문제로 직결된다. 따라서 선박의 유지 보수를 위하여 주기적인 수중 검사는 필수적이다. 과거에 선박의 선체 표면 검사는 잠수부에 의해 진행되었지만, 이 방식은 높은 위험성에 비해 낮은 효율을 보인다. 무인잠수정은 선박의 선체 표면 검사에 매우 적합하기 때문에 많은 기술들이 개발되고 있다.

미국에서는 AUV의 일종인 HAUV를 개발하여 선체 표면 검사에 활용하였다. 그림 2-49는 HAUV의 모습이며 최대 잠수 깊이는 60 m, 최대 작동시간은 3.5시간이다. HAUV의 큰 특징은 도플러 속도계를 하방이 아닌 전방을 향해 장착했다는 점이다. 외부의 센서로부터 위치를 측정하지 않고, 도플러 속도계를 선체 방향으로 향하게 하여 속도를 측정하여 자율 항법 기술에 사용했다. 또한 고해상도 이미징 소나와 광학 카메라를 동시에 사용하여 선체의 표면을 검사했다. 그림 2-50과 같은 실제 잠수함의 표면을 검사하였으며, 그 결과는 그림 2-51의 거대한 광학 모자이킹 이미지와 같다.

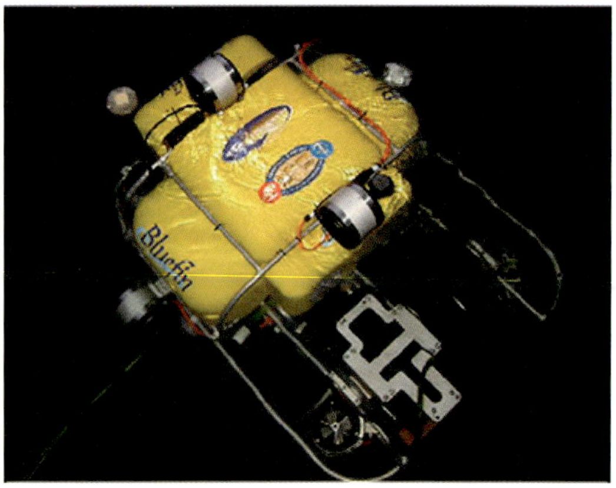

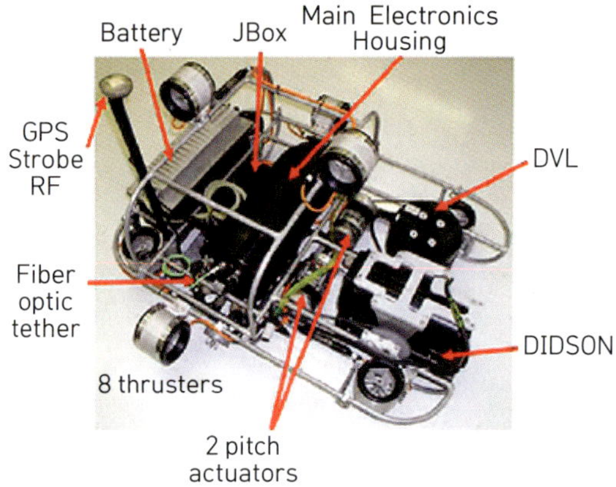

그림 2-49 무인잠수정 HAUV

그림 2-50 조사된 잠수함

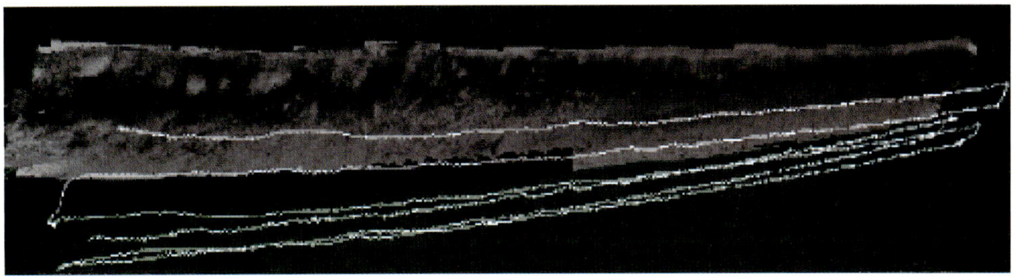

그림 2-51 조사 결과 (광학 모자이킹 이미지와 조사 경로)

국내에서도 선박의 선체 표면을 무인잠수정을 이용하여 검사하는 연구를 진행하였다. 아래 그림 2-52는 국내에서 개발된 무인잠수정 Mango-2이다. Mango-2는 최대 50 m까지 잠수 가능하며 최대 3시간까지 운용 가능하다. 상단에 장착된 고해상도 광학 카메라를 이용하여 선체의 표면을 촬영하고, 다수의 광학 이미지를 모자이킹 하여 거대한 모자이킹 이미지를 생성한다. 그림 2-53와 같은 실제 선박을 조사하였으며 그 결과는 그림 2-54와 같다.

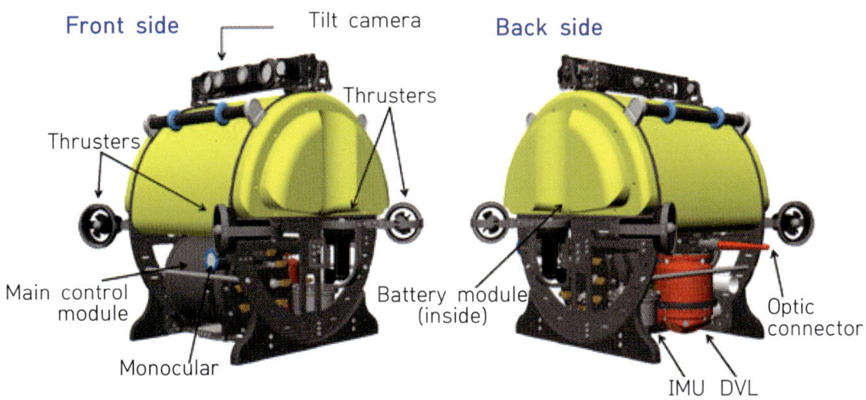

그림 2-52 무인잠수정 Mango-2

그림 2-53 조사된 선박의 모습

그림 2-54 조사 결과(광학 모자이킹 이미지) (위)와 실제 선박의 표면 이미지(지상에서 촬영) (아래)

2.4.3 해양 희귀자원 탐사

전 세계의 해저면에는 엄청난 양의 자원들이 분포하고 있을 것으로 예상된다. 특히 희귀 자원의 경우에는, 지상에서 획득할 수 있는 양이 제한적이기 때문에 해양의 희귀 자원의 위치를 파악하고 그 분포를 추정하는 것은 매우 중요하다. 일본에서 개발된 무인잠수정 BOSS-A는 광학 장비와 초음파 장비를 이용하여 희귀 자원을 탐사하였다. BOSS-A는 최대 3,000 m까지 잠수할 수 있고 장시간 동안 작동이 가능하다. 그림 2-55는 수중에 진수되는 BOSS-A의 모습과 광학 카메라를 이용하여 해저면을 조사하는 방법을 보여준다. BOSS-A는 광학 카메라의 절반만 LED 조명을 이용하여 밝게 만들었고, 나머지 반은 어두운 상태로 두었다. 그리고 어두운 부분에 라인 레이저를 조사하여 해저면의 굴곡을 감지하였다. 따라서 밝은 부분의 색상 정보와 해저면의 굴곡 정보를 동시에 획득하여 해저면 지형도의 복원 성능을 향상시켰다. 그림 2-56은 약 1,300 ~ 1,500 m 깊이의 해저 면 조사 결과의 일부를 보여준다. 3차원 해저 면 지형도를 획득하였고 해저면에 분포하는 망간각의 두께도 측정하였다. 망간각의 두께는 초음파 센서를 이용하여 측정한 결과이다.

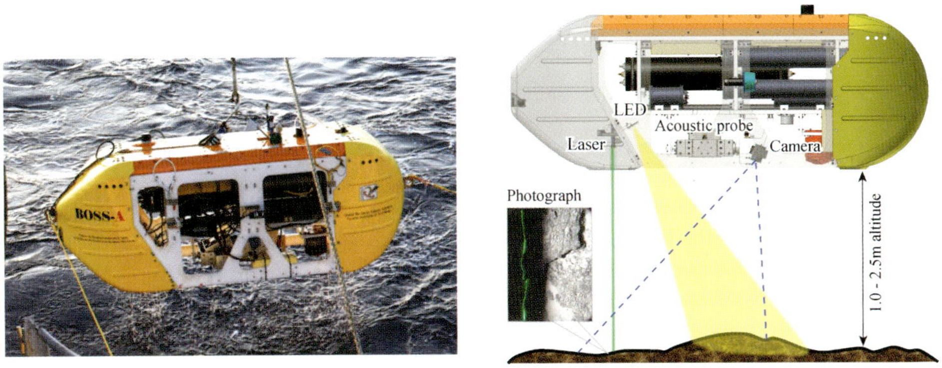

그림 2-55 무인잠수정 BOSS-A (좌), 해저 광학 조사 방법 (우)

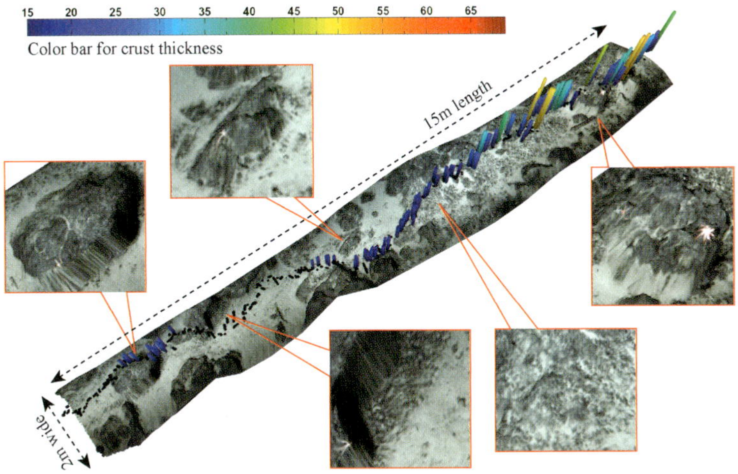

그림 2-56 조사 결과, 해저 면의 3차원 복원 결과와 망간각 두께

2.4.4 해양 침몰 비행기/선박의 블랙박스 회수

해양에서의 비행기/선박 사고가 발생하는 대부분의 경우, 본체가 해저에 가라앉기 때문에 사고 원인에 대한 규명 및 분석은 매우 어렵다. 따라서 사고의 원인을 파악하기 위해서는 해양에 침몰된 비행기/선박을 조사하여야 하며, 블랙박스를 회수할 수 있어야만 한다. 해저의 잔해 수색 작업 및 물체 회수 임무는 매우 고난도 작업으로, 무인잠수정이 활용되고 있다.

2009년 브라질 동북부 대서양상에서 추락한 에어프랑스 447편의 잔해 수색 및 블랙박스 회수 작업에 무인잠수정이 활용되었다. 그림 2-57과 같이 REMUS 6000 AUV 3대와 REMORA 6000 ROV가 동원되었다. REMUS 6000 AUV는 최대 6,000 m 수심에서 최대 5 knots로 이동하며 최대 22시간 동안 작동이 가능하여 수색 임무에 이용되었다. REMORA 6000 ROV는 최대 6,000 m 수심에서 작동 가능하며 2개의 로봇 팔, 강력한 조명, 스캐닝 소나가 장착되어 있어 회수 임무에 이용되었다. REMUS 6000 AUV는 소나 장비를 활용하여 여러 차례 해저를 수색하였고, 그림 2-58과 같이 잔해의 일부를 찾아냈다. REMORA 6000 ROV는 비행기의 잔해를 회수하였고, 추가적으로 블랙박스 2개를 발견하였다. 이 덕분에 비행기 사고의 정확한 조사 및 분석이 이루어졌다.

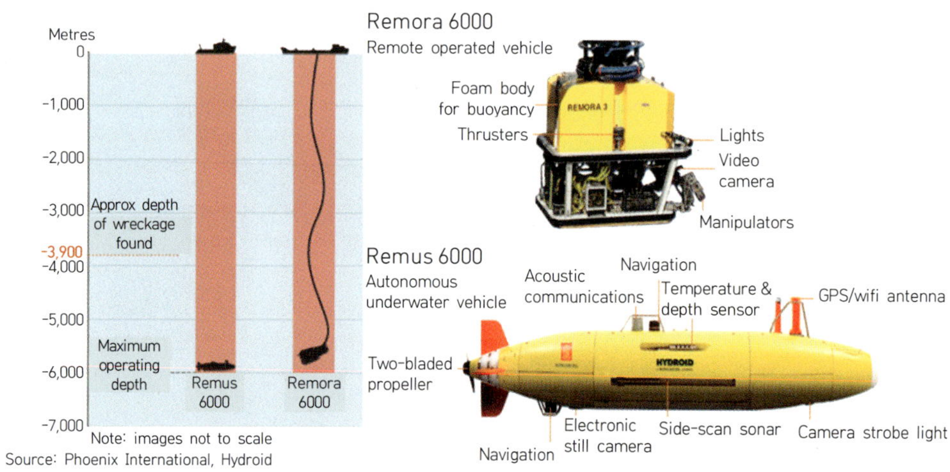

그림 2-57 REMUS 6000과 REMORA 6000

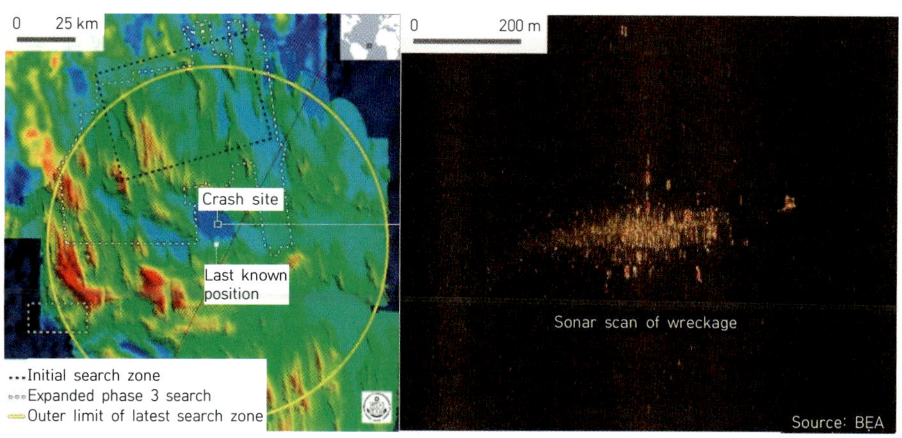

그림 2-58 수색 범위와 소나 장비로 탐지된 잔해

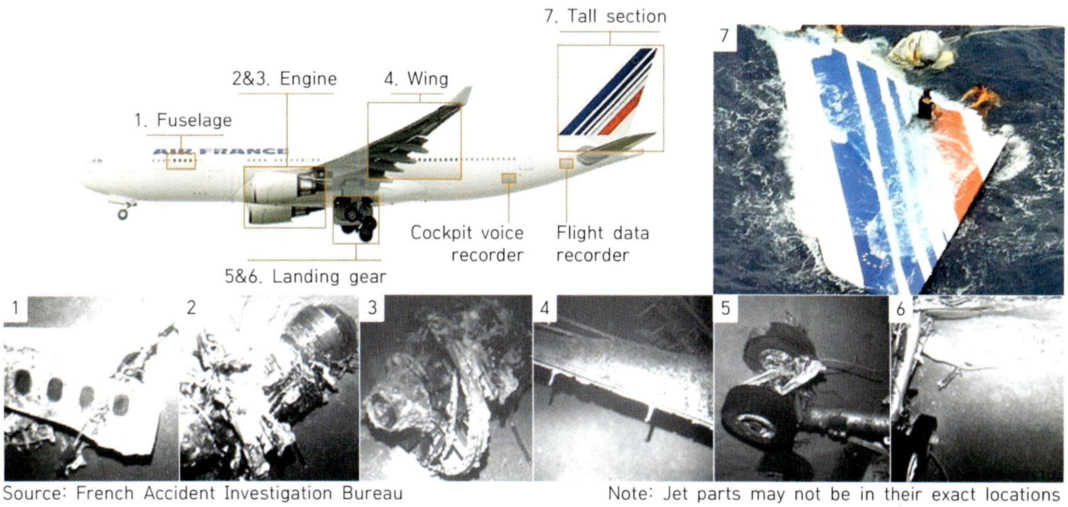

그림 2-59 심해에서 회수된 비행기 잔해

최근에는 노르웨이의 콩스버그사가 자체 개발한 심해용 AUV인 Hugin 6000을 활용하여 군사적 목적뿐만 아니라 상업적으로 가장 활발하게 실적을 쌓아가고 있다. 미국의 오션인피니티(Ocean Infinity)사는 이 AUV를 10대 이상 구매하여 아르헨티나의 침몰 잠수함 발견, 말레이시아의 추락 항공기 수색 등에 효율적인 방법으로 활용하고 있다. 또한 2017년 3월에 한국 선사가 운영하던 광물 운반선이 남대서양 수심 3,500 m 해저에 침몰한 것을 한국 정부의 요청을 받고 2019년 2월에 이 AUV를 활용하여 용이하게 발견하기도 하였다.

그림 2-60 노르웨이 콩스버그사의 AUV Hugin 6000

Reference

1. Wikipedia, www.en.wikipedia.org
2. National Geographic, www.nationalgeographic.com
3. Five Deeps Expedition, fivedeeps.com
4. Woods Hole Oceanographic Institution (WHOI), www.whoi.edu
5. IFREMER on Twitter, @Ifremer_fr
6. Shirshov Institute of Oceanology, ocean.ru
7. JAMSTEC, www.jamstec.go.jp
8. 新華網 2016-05-20, www.news.cn
9. 문재운 제공
10. AUVAC, www.auvac.org
11. IFREMER Fleet, www.flotte.ifremer.fr
12. National Oceanography Center, www.noc.ac.uk
13. JAMSTEC, Press Releases 2007-12-18, www.jamstec.go.jp
14. 한중해양과학공동연구센터 한중해양뉴스 2019-05-07, www.ckjorc.org
15. 新華網 2018-03-31, www.news.cn
16. ROPOS, www.ropos.com
17. (주)케이오프쇼어 제공
18. National Oceanography Center, www.noc.ac.uk
19. Underwater Vehicle Systems at IFREMER. By Jan Opderbecke
20. 新華網, www.news.cn
21. Chinese Acacemy of Science, www.cas.cn
22. 네이버, www.naver.com
23. 선박해양플랜트연구소, www.kirso.re.kr
24. 구글 'Subsea ROV
25. 카와사키 중공업, https://www.kawasaki.com/
26. 우종식 제공

27. https://oceaninfinity.com/

28. Bluefin robotics, https://www.oceanologyinternational.com/__novadocuments /49927?v=635315323087370000

29. https://www.datarespons.com/autonomous-cable-survey-magnetometers/

30. Proceedings of the 2000 International Symposium on Underwater Technology (Cat.No. 00EX418). IEEE, 2000

31. Journal of Field Robotics 27.6 (2010): 759-778

32. Journal of Field Robotics 32.7 (2015): 952-983

33. OCEANS2006. IEEE, 2006

34. Journal of Field Robotics 36.3 (2019): 531-546

35. OCEANS 2015-MTS/IEEE Washington. IEEE, 2015

36. https://www.bbc.co.uk/news/world-europe-13145313

37. https://www.google.co.kr/search?sxsrf=ALeKk03DF-XxUe0LYzTUFN7kAJQEL9NCyQ:1583217502410&q=kongsberg+Hugin+6000&tbm=isch&source=univ&sa=X&ved=2ahUKEwjP-NTm2P3nAhXI-GEKHa_iCL0QsAR6BAgJEAE&biw=1920&bih=963

3장

수중드론 AUV의 구성과 주요 기술

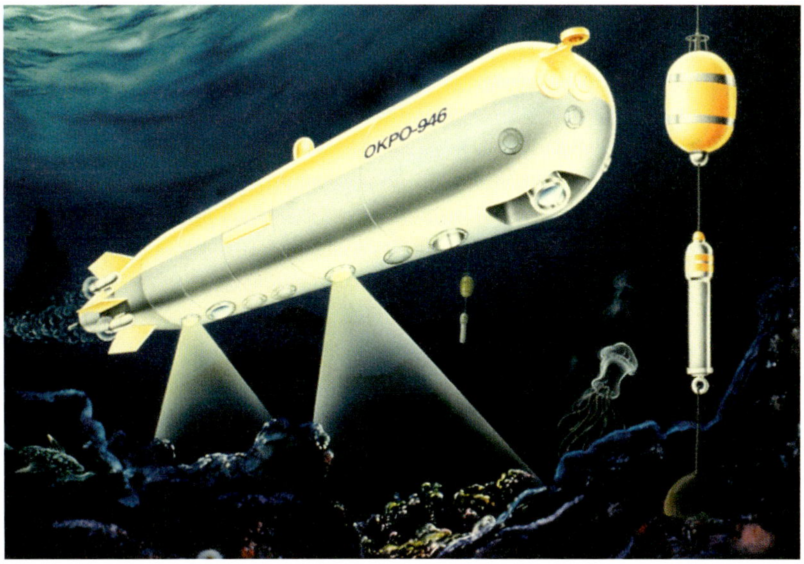

그림 3-1 수중드론 AUV의 개념도

AUV가 안전하게 수중을 이동하며 주어진 임무를 수행하려면 육지 또는 하늘과 달리 별도로 고려해야 할 기술적 사항이 많다. 우선 물속에는 육상의 기압보다 훨씬 큰 수압이 존재하고 자유로운 전파 통신이 불가능하다. 또, 육지나 하늘과 마찬가지로 지구 중심 방향의 중력도 작용하고 있으므로 잠수정이 해저 바닥으로 가라앉을 가능성도 상존한다. 이러한 제약 조건과 위협 환경을 고려하여 몸체와 시스템을 설계하고 운용하여야 한다.

3.1 몸체 형상과 주요 구성품

잠수정의 몸체는 일단 수압을 극복하는 강도와 침몰과 오작동을 예방할 완벽한 방수기능이 필수적이다.

3.1.1 형상

잠수정의 형상은 기본적으로 밀도가 높은 물의 저항을 최소화하기 위해 유체역학적 지식을 동원하여 외형을 디자인하는 경우가 대부분이다. 왜냐하면 ROV와 달리 AUV는 자체 동력원으로 수중에서의 모든 활동을 수행해야 하므로 에너지를 매우 효율적으로 사용하는 구조와 시스템을 가져야 한다.

통상적인 AUV의 외형은 그림 3-2와 같은 어뢰(Torpedo) 형상이다.

그림 3-2 통상적인 AUV의 외형

그러나 수중에서의 운용 목적과 그에 따른 에너지 수급을 위해 특수한 외형을 갖는 것도 더러 있다. 그림 3-3은 태양 집광판을 탑재하여 필요 시 수면으로 부상하여 태양광으로 충전한 후 수중으로 다시 하강하여 임무를 계속 수행하는 형태이다.

그림 3-3 태양광 충전방식의 솔라(Solar) AUV

그림 3-4 우즈홀(Woods Hole) 연구소의 AUV인 ABE

또 AUV는 수 시간 또는 수일 동안 연속하여 운용하는 통상적 방식 외에 수개월이나 1년 이상 해저에 착저(Grounding)하여 최소 전력을 사용하는 수면 모드를 병용하며 해양의 데이터를 장시간 동안 취득하는 경우도 있는데, 이런 경우에는 바른 자세로 착저 상태를 유지하도록 부력재의 형상과 위치를 그림 3-4와 같이 변형한 AUV도 있다.

특별히 러시아가 1980년대에 개발한 AUV MT-88 AUV는 전체 외형은 어뢰 형상을 유지하지만 몸통이 여러 가지의 기능을 담당하는 마디(Segment)로 연결되어 있다. 취득하고자 하는 수중의 데이터 종류, 수중 활동 시간에 따라 마디를 축소 또는 확대하여 기본적으로 AUV 몸통의 길이가 자유롭게 변경될 수 있는 구조이다(그림 3-5). 다만 몸통의 길이가 변경되면 무게 중심과 수중에서의 부력 중심의 위치가 변화되므로 물속으로 내려 보내기 전에 수면에서 균형을 맞추는 작업이 필요하다.

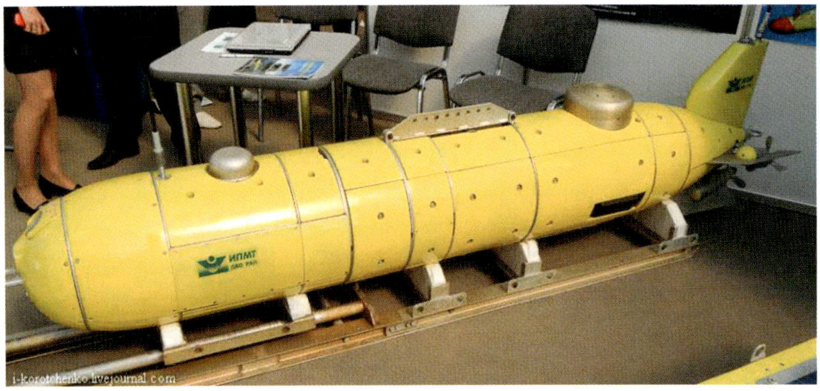

그림 3-5 러시아 IMTP연구소의 AUV MT-88

(1) 골격과 중량

AUV의 골격은 기본적으로 각종 장비 또는 센서를 넣고 사용할 수 있는 내압 용기로 구성되는데 그 크기는 AUV 마다 다르고 동일한 AUV 내에서도 기능과 용도에 따라 다르다. 특별히 수중용 장비들이 채택하는 내압 용기를 하우징(Housing)으로 부르는 경우가 많다. 몸통을 구성하는 하우징의 형상과 크기를 살펴보면 수중에서의 수압을 극복하는 것이 최우선 과제이고 그 다음으로 염분에 의한 부식을 예방하거나 최소화하는 것이 중요하다.

수중에서의 구조물이 수압을 이기는 가장 좋은 형상은 구형(Sphere)으로 알려져 있다. 하지만 구 형태의 구조물은 내부 공간의 활용도가 낮고 기계적 가공과 접합이 용이하지 않은 면이 있어 보통 속이 빈 원기둥 형태로 하우징을 제작한다. 최대 강도 측면에서는 구 형태의 구조물 강도의 절반이지만 재료의 수급과 가공 및 열처리 등이 용이할 뿐만 아니라 물건을 담아야 하는 용기로서의 기능이 우수하다.

이러한 하우징은 AUV의 몸통의 일부로 설치되어 깊은 수중으로 내려가기 전에 제작 과정 동안 엄밀한 품질 관리와 검증이 필요하다. 우선 재료의 선정부터 중요하다고 할 수 있다. 왜냐하면 AUV의 몸체 무게가 무거우면 수중에서 중성 부력을 맞추기 위한 부력재를 하우징 주면 또는 AUV의 몸통 주위로 많이 부착해야 하고, 이는 또 전체적인 AUV의 무게와 부피가 커지는 영향이 있으므로 가볍고 강한 재료의 선택은 아주 중요하다고 할 수 있다. AUV에 사용되는 재료는 사용 지역 수심에 따라 조금씩 다르기는 하나 '가볍고 저렴하면서 어느 정도 강성이 있는' 알루미늄 합금을 사용하는 경우가 많다. 사용 지역 수심에 따라 합금의 성분과 비율을 조절할 수 있다.

수압을 극복하기 위해 해석적 방법으로 필요한 하우징의 두께를 계산한 후 안전계수를 추가로 고려하여 최종적으로 하우징의 두께를 결정한다. 왜냐하면 하우징에 정적인 수압만 가해지는 것이 아니라 수중에서 다른 구조물이나 해저와 충돌하면서 외부 하중이 순간적으로 커질 수도 있기 때문이다.

금속재료는 내부 분자들 간의 끌어당기는 힘에 의해 형태가 유지되고 있는데 강한 충격이나 높은 온도를 가하여 인력을 약화시키면 외부 힘이 가해지는 방향으로 형태가 바뀐다. 높은 수압이 걸리는 수중에서의 하우징 구조물도 제작 시 표면에 미세한 결함이 있었다면 높은 수압은 이 결함을 타고 하우징을 파괴할 수 있다. 그러므로 안전계수를 부과하여 하우징의 두께에 여유분을 주는 것도 필요하지만 가공할 재료를 사전에 열처리하여 혹 가공 중에 미세한 결함이 있었더라도 찢어지지 않게 하거나 찢어지는 속도가 느리도록 안전장치를 둔다. 그림 3-6은 강도에 대한 안전 여유분 없이 하우징을 제작한 경우 시험 중에 파손이 일어날 수 있음을 보여주고 있다.

그림 3-6 가압 챔버(Chamber) 내에서 수압에 의해 파손된 하우징의 뚜껑부분

수중에서의 하우징의 역할은 매우 중요하다. 어느 부피 이상의 하우징이 만약 수중에서 파괴되거나 방수 결함으로 침수된다면 AUV는 이 부피만큼 부력을 잃게 되고 AUV는 해저로 가라앉아 수심에 따라서는 회수가 불가능해질 수도 있다.

AUV용 하우징을 제작하는 경우 재료를 용접 이음으로 제작하기보다 균질한 봉 또는 금속 덩어리를 기계적인 방법으로 내면을 파내어 튜브 또는 뚜껑에 인위적인 접합면이 없도록 제작하는 경우가 많다. 깊은 수심용 AUV인 경우는 더욱 그렇다. 이 경우에 원 재료인 봉 또는 금속 덩어리 전체를 열처리하면 재료 내부까지 고르게 열처리되지 않는 경우가 많으므로 설계된 두께보다 조금 두껍게 기계적으로 1차 가공하여 하우징을 준비한 후 이것을 열처리하면 모든 표면에 일정 두께 이상으로 고르게 열처리가 된다. 그 다음에 설계한 두께로 최종 기계가공을 하면 표면이 치밀한 하우징이 준비된다.

그 다음으로는 실제 AUV가 활동하는 현장 수심과 동일한 크기의 수압을 인위적으로 인가하여, 제작된 하우징에 파괴가 일어나는지 시험 과정을 거쳐야 한다.

높은 수압을 만들 수 있는 시험장비(압력 챔버)(그림 3-7) 내부에 가공된 하우징을 넣고 뚜껑을 닫은 후 실제 사용 환경과 유사한 크기의 수압을 부과하여 안전성을 확인하게 된다. 우선 하우징이 최대 정수압을 이기는지 목표 수심, 즉, 목표 수압까지 압력을 올려 일정시간 동안 기다린 후 꺼내어 파손 여부를 점검한다.

그림 3-7 수압을 인위적으로 인가할 수 있는 가압 챔버(Chamber)

또 AUV는 수면에서 해저까지 반복적으로 운용 되면서 반복적으로 수압 하중을 받게 되는데 이런 과정 때문에 구조물의 강도가 점차 낮아져 피로 현상에 의한 파괴가 발생할 수 있다. 이런 상황을 모사하기 위해 압력 챔버 내부의 압력을 반복적으로 변화시키는 수압시험도 필수적이다. 수압 챔버에 압력을 가할 때 챔버 내부의 공기만으로 높은 압력을 만들 수도 없지만 하우징이 파괴되는 경우 시험 대상물의 파손으로부터 챔버 내부를 보호하기 위해 3/4 정도 물을 함께 채운 후 압력을 올린다. 시험이 끝난 후 하우징을 꺼내어 육안 또는 비파괴 검사로 파손 여부를 검사한다. 그림 3-8은 수압시험을 하는 모습이다.

그림 3-8 수압시험이 진행되는 챔버 (선박해양플랜트연구소 미디어 센터)

(2) 부력 및 수중균형

수중에서 활동하는 AUV에게 부력은 매우 중요하다. 기본적으로 공기 중에서의 몸체의 무게를 수중에서 경감시켜 제한된 에너지원으로 가능한 한 오래 동안 작업을 할 수 있는 유일한 수단이기 때문이다. 이것이 가능하도록 여러 종류의 부력재를 AUV에 부착하게 되는데, 부력재의 역할 또한 여러 가지이다. 우선 수중 활동 시 물의 저항이 최소화되도록 몸통의 외형을 원하는 모양으로 제작할 수 있도록 기계적 가공이 가능해야 하고, 물속의 높은 수압 환경에서도 부피가 거의 변하지 않는 강도를 가져야 한다. 거기에 더하여 목표 수심과 해역에 따라 염도, 온도, 수압의의 변화로 부력의 크기가 조금씩 바뀌므로 용이하게 부력을 조절할 수 있어야 한다. 부력재의 원재료는 그림 3-9와 같다.

수면 하에서의 부력과 깊은 물속에서의 부력은 똑같지 않다. 특히 바다의 경우 깊이에 비례하는 수압으로 인해 물체의 부피가 줄어들어 부력의 양도 줄어들 수 있고, 반면에 염도가 증가하여 추가의 부력이 생길 수도 있다. 이를 고려하여 해저 근처에서 활동을 할 때 탑재된 추진기가 전후방 수평 이동용으로만 사용될 수 있도록 수면에서 미리 몸무게를 조정하여 물속으로 내려 보낸다. 완벽한 중성 부력이 되지 않는 경우 추진기는 몸체의 떠오름 또는 가라앉음을 지속적으로 극복하느라 소중한 에너지를 계속 사용하게 되고 이로 인해 전체적인 수중작업 시간은 줄어들게 된다.

길이가 긴 AUV의 경우 부력재의 양에 따라 전체적인 무게 조절뿐만 아니라 머리 부분 또는 꼬리부의 기울어짐(트림)도 조절해야 한다. 해저에 아주 가까이 접근하여 일정한 고도를 유지하며 영상 촬영을 하는 임무가 많은데 머리 부분 또는 꼬리부가 기울어져 있으면 취득하는

그림 3-9 작은 유리구슬과 에폭시 접합재로 제작된 심해용 부력재료

그림 3-10 잔잔한 수면에서 AUV 몸체의 균형을 잡는 작업

데이터의 품질이 나쁠 뿐만 아니라 AUV의 전진을 돕는 추진기가 수평각을 유지하는 데에도 추가적으로 에너지를 사용해야 하므로 전체적인 작업 가능 시간이 더욱 줄어들게 된다.

해저로 내려 보내기 전에 작은 납(Lead) 등으로 수면에서 몸체의 균형을 잡는 작업은 그림 3-10과 같다.

작업하고자 하는 지역의 정밀한 해양 데이터가 없는 경우에 처음부터 깊은 해저의 염도, 온도를 정확히 알지 못하므로 일단 AUV를 시험적으로 해저까지 내려 보내 짧은 시간 동안 운용을 하면서 자세 각도와 AUV의 거동을 모두 데이터로 수집한 후 수면에서 조정 작업을 거쳐 본격적인 작업에 들어가는 경우가 많다.

3.1.2 주요 구성품

AUV는 수상의 지원 선박과 연결된 케이블이 없어 에너지를 지속적으로 공급받을 수 없는 한계 때문에 적은 에너지로 할 수 있는 역할을 주로 담당하게 된다.

해저 지형 조사, 해양 환경 조사, 수상/수중 물체 탐색, 지능형 무기 등의 다양한 목적으로 운용될 수 있고, 이를 위해 AUV의 임무는 자율임무제어, 자율운항제어, 비상안전제어 등으로 식별된다. 운용 목적과 임무에 따라 그림 3-11의 장비와 센서가 필수적 또는 선택적으로 탑재된다. AUV는 유지 보수 및 운용 편의성을 고려하여 모듈화 설계 기법을 통하여 제작되며 크게 선수부, 전자부, 배터리부, 컴퓨터부, 추진부로 나눌 수 있다.

항법센서	IMU, DVL, Depth Sensor, GPS, Magnetic Compass
제어장치	승강타, 제어타, 추진기, 부력조절장치, 비상 안전장치
임무장비	초음파 카메라, 전방주사소나, 광학카메라, 측면주사소나
정보처리	On-Board PC(Embedded PC, PC), MCU(One-Chip)

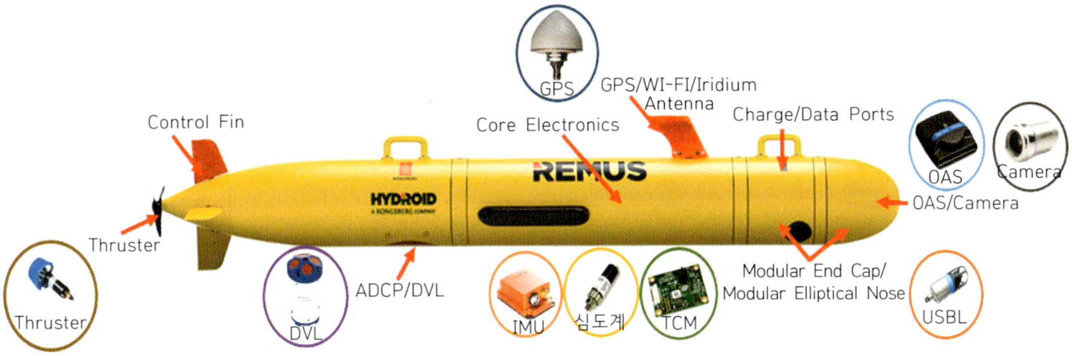

그림 3-11 잠수정 주요 구성품

일반적으로 선수부에는 임무장비인 초음파 카메라, 전방주사소나, 광학카메라 등이 장착되어 정밀 탐색 임무를 수행하며, 전방주사소나는 임무 수행 중 전방에 위치한 장애물을 탐지하는 용도로 사용한다. 전자부에는 DVL, 관성측정장치(Inertial Measurement Unit, IMU), GPS 등 각종 항법센서와 신호 처리를 위한 장치가 장착되어 있으며, 외부와 통신 및 위치 모니터링을 위한 각종 통신장비, USBL 센서부와 신호 처리 장치가 탑재된다. 또한 잠수정의 동력원인 배터리와 전원 분배 장치, 추진기 및 제어타가 장착된다.

(1) 범지구 위성항법시스템(GPS)

GPS는 잠수정의 위치를 측정하기 위한 장비 중 하나로 잠수정이 일정 시간 수중에서 운항한 후 위치를 보정하기 위하여 수면으로 부상할 때 이용되는 장비이다. GPS는 20,200 km 상공에서 운영 중인 미국의 GPS 위성을 이용하여 지상의 위치 정보를 획득하는 시스템이다. GPS 수신기는 세 개 이상의 위성으로부터 송신된 신호를 수신하여 위성과 수신기의 위치를 결정한다. 위성에서 송신된 신호와 수신기에서 수신된 신호의 시차를 통해 위성과 수신기 사이의 거리를 구할 수 있는데, 이때 송신된 신호에는 위성의 위치에 대한 정보가 들어 있다. 최소한 세 개의 위성과 수신기의 거리, 각 위성의 위치를 통해 삼변측량에서와 같은 방법으로 수신기의 위치를 계산할 수 있다.

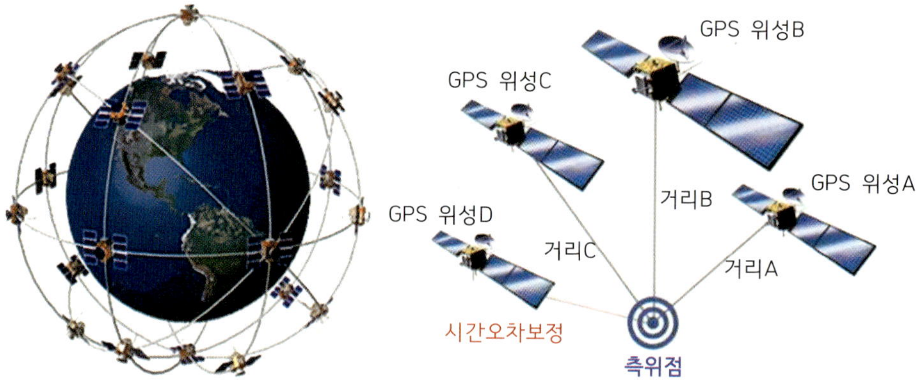

그림 3-12 GPS 원리

(2) 수중 통신장비(Acoustic Pinger)

AUV와 수상의 지원 선박 간 정보 통신은 AUV의 상태정보 모니터링과 제어를 위해 아주 중요하며, AUV의 생사를 좌우한다고 해도 과언이 아니다. 일반적으로 케이블을 이용하는 방법과 무선통신을 이용하는 방법이 있는데, 최근 기술의 진보에 따라 유효한 에너지원의 확보와 함께 케이블을 사용하지 않는 통신 장비를 사용하고 있다. AUV가 수상에 있는 경우에는 RF/Wifi 통신을 이용하여 정보를 전송하며, 수중에서는 수중음향통신장비를 사용한다. 초음파를 이용한 수중 통신에는 아날로그 통신과 디지털 통신이 있다.

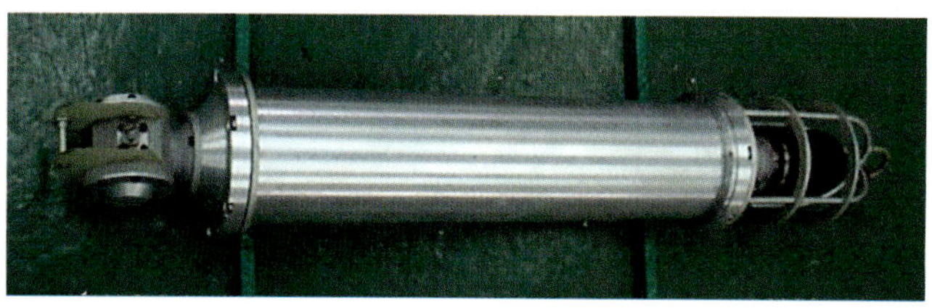

(a) 트랜스폰더

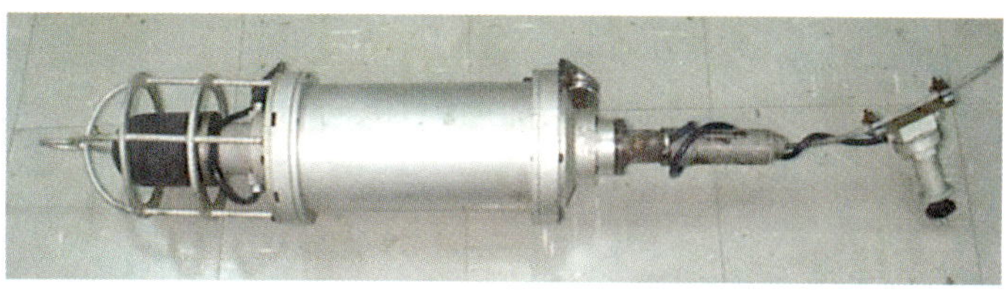

(b) 트랜시버

그림 3-13 트랜스폰더와 트랜시버

그림 3-13은 수중음파 수발신용 장치로 해저에 설치되는 트랜스폰더(Transponder)와 수상의 지원 선박에서 물속으로 매달아 내려 수중에서 활동하고 있는 AUV와 실시간 통신하는 트랜시버(Transceiver)를 보여주고 있다.

(3) 추진기(Thruster)

AUV의 추진 시스템은 가장 많은 전력을 소모하므로 시스템 설계 시 많이 고려해야 할 요소이다. 추진기는 최대 속도에서의 추정된 선체 저항으로부터 필요한 추력을 가질 수 있는 것을 선정한다. 이때 부가적인 저항의 증가분을 고려하여 추력이 충분한 여유가 있는 것을 선정해야 되며 제작자의 자료를 이용하여 검토하게 된다. 추진기는 오픈 프로펠러와 덕트 프로펠러로 나누어 진다. 일반적으로 전자는 고속력에서, 후자는 저속력에서 각각 높은 추진 효율을 보인다.

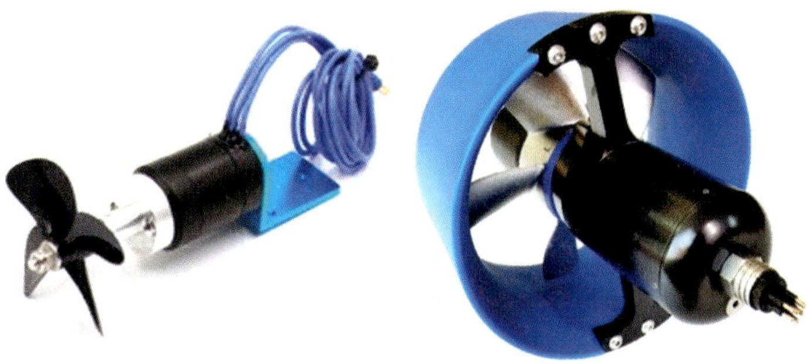

그림 3-14 오픈 프로펠러와 덕트 프로펠러

그림 3-15 옥포-6000 AUV의 십자형 오픈 프로펠러형 추진기

그림 3-16 러시아 AUV의 삼각형 덕트 프로펠러형 추진기

(4) 배터리(Battery)

AUV는 한정된 탑재 공간으로 인해 에너지 밀도가 높은 에너지원이 적용되어야 하며, 특히 장시간 운행을 목표로 하는 경우 요구되는 총 전력에 대한 에너지원의 탑재 가능 여부를 가장 우선적으로 검토하여야 한다. 일반적으로 AUV에 많이 사용되는 에너지원은 배터리로, 탑재 및 취급이 용이하다는 장점이 있으나 에너지 밀도가 낮다는 단점으로 인해 운용 시간이 매우 제한적이다. 그에 반해 연료전지는 에너지 밀도가 높아 AUV와 같이 한정된 탑재 공간에서 장시간 운용 가능한 에너지원으로서 각광 받고 있으며, 이를 AUV에 적용하고자 하는 시도가 늘고 있다.

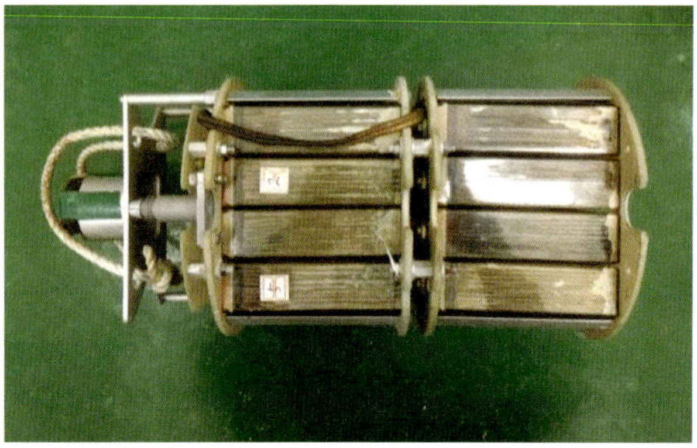

그림 3-17 AUV OKPO-6000에 탑재된 은-아연(Silver-Zinc) 배터리

(5) 중앙통제 컴퓨터(Main Computer)

잠수정 전체 시스템의 항법, 제어 등 모든 연산을 담당하는 산업용 컴퓨터가 탑재되어 각종 신호처리, 통신 등을 담당하고 임무 통제가 가능하도록 구성되어 있다(그림 3-18).

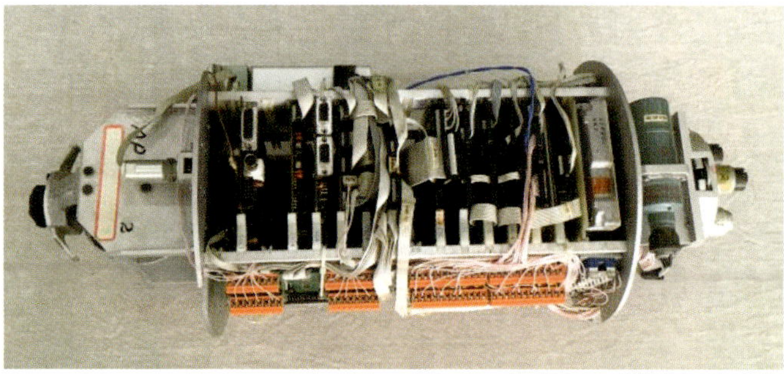

그림 3-18 AUV OKPO-6000에 탑재된 주제어 컴퓨터

(6) 지원 선박(Mother Ship)

바다에서 AUV를 안정적으로 운용하고자 하면 AUV에 자체적으로 탑재된 장비와 센서뿐만 아니라 운용을 위한 제반 시설과 숙련된 인력이 필요하고 때에 따라서는 바다의 날씨도 중요한 변수로 고려해야 한다.

그러므로 AUV의 정상적인 활동을 지원하기 위한 전용 선박인 수상의 지원 선박도 필수적이다. 이 지원 선박은 AUV를 유지 관리하고 작업 해역에서 AUV를 진수하고(launching) 회수하는(recovery) 작업을 담당하며 수중 위치추적시스템 설치 등 사전 작업 환경을 구축하고 AUV와 실시간 통신하며 활동을 지시하는 플랫폼이다(그림 3-19).

그림 3-19 AUV의 운용을 지원하는 수상 지원 선박

(7) 비디오/정사진 카메라(Video/Still Camera)

그림 3-20은 동영상과 사진을 취득하는 장치를 보여준다.

그림 3-20 비디오 및 정사진 카메라

(8) 거리측정 소나(Ranging Sonar)

그림 3-21은 AUV의 눈(Eye)에 해당하는 트랜스듀서로 AUV가 해저 근처에서 활동 중일 때 전방 또는 아래 방향의 장애물을 인지하거나 거리를 측정하는 데 사용된다.

그림 3-21 거리 측정용 레인징 소나

(9) 안테나(Antenna)

그림 3-22는 AUV가 수중에서의 작업을 끝내고 수면으로 부상했을 때 전파를 발신하여 수상에 대기 중인 지원 선박과 통신을 함으로써 AUV를 발견 및 회수하는 데 도움을 주는 장치이다.

그림 3-22 AUV에 탑재된 안테나

(10) 스트로브(Strobe)

그림 3-23은 최초 AUV가 잠수를 시작할 때와 작업이 끝나고 수면으로 부상했을 때 AUV의 위치를 알려주는 강한 간헐적 조명으로 특별히 야간의 작업에 필수적인 장치이다.

그림 3-23 AUV에 탑재된 점멸등

(11) 속도계(Velocimeter)

그림 3-24는 AUV의 머리 부분 표면에 부착되어 AUV의 전진 속도를 기록하는 회전식 센서이다.

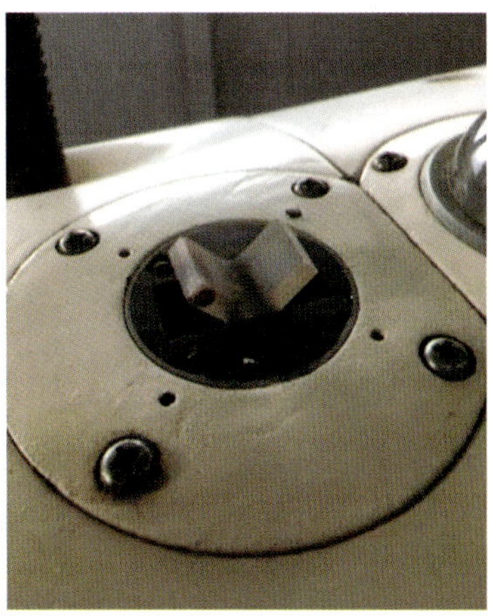

그림 3-24 AUV에 탑재된 아날로그 속도계

3.2 몸체의 재료

해양에서 운용되는 장비는 염분에 의한 부식과 수심에 따른 압력을 견딜 수 있는 내압 기술이 중요하다. 특히 심해의 내압선체 제작을 위해서는 높은 강도와 강성을 가지며, 내 부식성 및 비 자성 소재가 요구된다. AUV의 몸체에는 내압구조와 비 내압구조가 있다. 각각 사용되는 재료가 다르며, 천해용과 심해용도 서로 다르다. 또한 AUV에 사용되는 재료는 소형·경량화를 고려한 취급의 용이성에 따라 선정한다. 재료로는 일반적으로 금속재, 비철금속재 및 복합 재료가 이용된다.

3.2.1 금속재료

천해에서 운용되는 AUV의 경우 일반적인 연강을 사용해도 되지만, 내 부식성 문제를 고려하여 스테인레스강을 선택하는 경우가 많다. 또한 비중이 가볍고 내 부식성이 좋은 알루미늄 합금을 사용하기도 한다. 운용 수심이 깊을수록 내압 구조재로는 비강도가 큰 것을 선택한다. 주로 해당되는 재료는 알루미늄 합금, 티타늄 합금, 공업용 티타늄 등이 있다.

표 3-1 주요 구조재의 기계적 성질 비교

		밀도 $[g/cm^3]$	내압 $[kgf/mm^2]$	인장강도 $[kgf/mm^2]$	비강도 $[N \cdot m/kg]$
티타늄 및 티타늄 합금	공업용 순티타늄	4.51	> 35	49 ~ 68	10.9
	Ti6Al 4V	4.43	> 84	> 91	19.0
초고장력 강	HY-100	7.85	> 70	-	8.9
	HY-140	7.85	> 91	-	11.6
	NS90	7.85	> 90	100	11.5
알루미늄 합금	6061-T6	2.71	> 25	> 30	9.2
	7079-T6	2.74	47.8	54.8	17.4
	7178-T6	2.81	54.8	61.9	19.5

금속재료의 경우 해수에서 사용되기 때문에 부식을 방지해야 한다. 스테인레스강, 알루미늄 합금, 티타늄 합금 등은 방청력이 강하지만, 이종 금속 간 부식 때문에 도장하는 경우가 많다. 알루미늄 같은 경우 희생 양극을 이용하거나, 표면 처리를 통하여 부식을 방지해야한다.

3.2.2 비금속 재료

AUV에 사용되는 비금속 재료의 대표적인 것은 유리섬유강화 플라스틱(FRP)이 있다. 철근과 콘크리트가 복합되어 좋은 강도를 얻는 것과 마찬가지로, FRP는 내수, 내약, 내열성이 좋은 수지와 장력 강도가 우수한 성능을 가진 유리섬유를 융합함으로써 우수한 내식성과 높은 강도를 동시에 갖는 재료이다. FRP는 철보다 강하고 알루미늄보다 가벼우며 내식성, 내약품성이 우수하여 금속을 대체하여 모든 설비와 건설기기 및 화학 산업 설비에 광범위하게 이용된다. FRP를 이용하여 잠수정의 선체 또는 구성품을 제작하기 위해서는 목형을 제작하여야 하며, 가공이나 목형 제작에 비용이 많이 필요하다.

FRP를 활용한 탄소섬유강화 플라스틱(CFRP)은 탄소섬유를 강화재로 하는 플라스틱계의 복합 재료로 고강도, 고탄성의 경량 구조재로 주목받고 있는 복합재이다. CFRP의 강화재로 쓰이는 핵심 재료인 탄소섬유는 철보다 10배 강한 인장강도를 가지고 있으면서도 무게는 철의 1/4 수준에 불과해 산업계에서는 꿈의 소재로 불리고 있다. 하지만 기존의 금속 소재 보다 매우 고가이기 때문에 적용 분야는 제한적이다.

표 3-2 주요 구조재의 기계적 성질 비교

구분	단위	탄소강	스테인레스	히스테로이	알루미늄	FRP내식
비중	-	7.91	7.98	8.80	2.84	1.4~1.5
선팽창계수	$10^{-6}/℃$	11.7	16.2	11.3	23.8	23.4
종탄성계수	kg/cm^2	2.1	1.96	1.82	0.7	0.056~0.105
인장강도	kgf/mm^2	40	52	56	8.4	8.4~14
항복점	kgf/mm^2	23	21	35	2.8	8.4~14
열전도율	$kcal/℃$	41.6	14	9.65	200	0.223

FRP CFRP 부력재

그림 3-25 비금속 재료

AUV에 포함되는 재료 중 부력재는 AUV에 부력을 발생시키는 재료를 뜻한다. 부력재의 경우 물보다 비중이 작은 재료를 사용하며, 그 재료로는 목재, 발포재, 인공 부력재(Syntactic Foam), 유리구, 공기캔, 플라스틱구 등이 있다.

3.3 추진 및 에너지원

3.3.1 추진 형태

AUV는 직진, 선회, 잠항을 위하여 추진기, 타, 부력엔진, 이동 질량 등을 이용한다. 일반적으로 어뢰형 잠수정은 1대의 추진기와 방향타, 핀을 이용하며 잠수정에 장착된 타에 작용하는 힘으로 원하는 수심 또는 방향을 제어할 수 있다. 다수의 추진기를 이용하여 잠수정의 운동을 제어할 수 있지만 이 경우 소비전력이 크게 증가하여 운용시간이 단축되는 단점이 있다. 수중글라이더의 경우 별도의 추진체를 이용하지 않고 부력 엔진을 이용하여 수직방향의 힘인 중력과 부력을 이용하여 추진력을 얻게 된다.

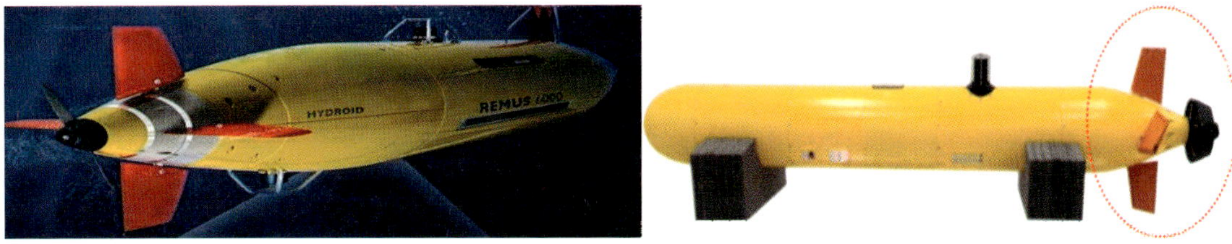

그림 3-26 추진기 및 타를 이용한 AUV

그림 3-27 다수의 추진기를 이용한 AUV

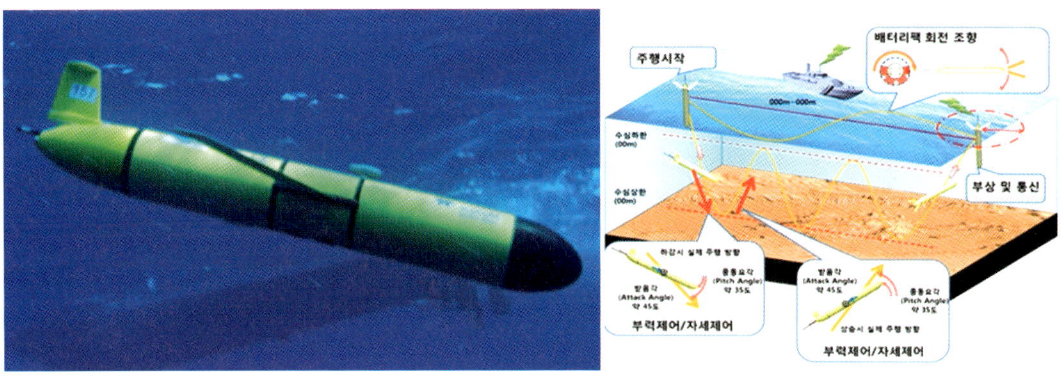

그림 3-28 부력엔진과 이동 질량을 이용한 수중글라이더

3.3.2 추진 방식

현재 사용되고 있는 대부분의 수중 추진 방법은 모터를 이용하여 프로펠러를 회전시켜 이동하는 방법으로 이를 이용하여 수중로봇이 나아가는 것을 방해하는 힘, 즉 항력을 이겨야 한다. 수중로봇을 나아가게 하는 추진시스템은 전기-유압식과 전기식과 최근에 연구 중인 생물의 추진 형태를 따르는 생체 모방형 추진기가 있다. 이들을 좀 더 자세히 살펴보면 다음과 같다.

(1) 전기-유압식 추진기

전기-유압식 추진기는 부피가 크고 무거우며 수중 작업을 주로 하는 ROV형 수중로봇에 사용되는데, 큰 힘을 낼 수 있으며 운용이 쉬운 장점이 있다.

(2) 전기식 추진기

전기모터에 의해 프로펠러를 회전시키는 전기식 추진시스템은 가장 많이 사용되는 수중 추진 시스템으로 효율이 높고 중량과 체적이 작으며 미세한 속도 조정이 가능하다. 최근 브러시가 없는 직류 모터(BLDC) 기술 개발로 추진기 성능이 많이 향상되었다.

그림 3-29 수심 3,000 m급 ROV용 BLDC 추진기

그림 3-30 림-구동 추력기의 구조도(좌) 및 Rolls Royce의 림-구동 추력기(우)

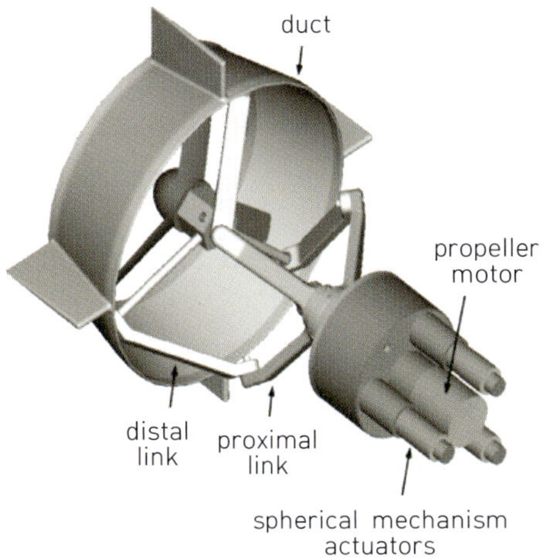

그림 3-31 가변벡터 추진기

추진 방식에 있어서 일반적으로 모터와 프로펠러를 결합해서 사용하는 방법 외에 모터와 프로펠러를 일체로 결합하여 효율을 높인 림-구동기도 개발되었다.

수중로봇의 자세와 위치 제어가 가능하도록 블레이드 각도를 변화시켜 3차원 운동에 적합한 자세와 위치 제어가 가능한 가변벡터(Variable Vector, VARIVEC) 추진기도 있다.

(3) 생체 모방형 추진 시스템

프로펠러 추진 방식과는 다른 물고기나 거북과 같이 자연으로부터 진화된 유영 방법인 생체 모방형 추진 시스템이 있다. 이를 이용한 여러 해양 생물 모방 로봇들이 연구 개발되고 있는데, 특히 생체 모방 형 추진 시스템은 높은 추진 효율과 낮은 소음으로 환경 친화적인 장점이 있다(자세한 설명은 5장 참조).

3.3.3 에너지원

에너지원은 수중로봇을 물속에서 얼마나 오랫동안 사용할 수 있는지를 판가름하는 중요한 기술이다. 에너지원으로서의 가장 중요한 특성은 중량 당 에너지양(Wh/kg)인 에너지 밀도(Energy Density)로 이 비율이 높을수록 좋다. 수중로봇의 에너지원은 크게 전기화학 에너지원, 연소형 에너지원 그리고 원자력의 세 가지가 있는데, 수중로봇에는 대부분 전기화학적 에너지원인 배터리와 연료전지 시스템이 사용되고 있다. 배터리는 비교적 저렴하고, 다양한 크기와 형태가 가능하며 안전하다. 연료전지 시스템은 효율이 더 좋으나 비싼 단점이 있다. 이외에도 복합 디젤 동력과 같은 연소형 에너지원이 보조 에너지원으로 사용되고 있다. 원자력도 수중로봇의 에너지원으로서의 가능성이 있다. 표 3-3은 수중로봇의 크기에 따른 에너지원과 장단점을 비교한 것이다.

표 3-3 수중로봇 크기에 따른 에너지원의 선정과 장단점

구분	형식	장점	단점
다양한 크기	$LiSOCl_2$ 1차 배터리	• 고에너지밀도 (>200 Wh/lb)	• 고가, 1회 사용 • 해상에서 재보급 어려움 • 안전문제 제기
	리튬-이온 재충전 배터리	• 재충전 가능 • 쏘티당 적정 에너지 밀도 (75 Wh/lb) • $LiSOCl_2$에 비해 안전	• 초기비용 고가
대형	연료전지	• 재충전 가능 • 고에너지밀도 (~150 Wh/lb)	• 초기비용 고가 • 안전 • 상대적으로 덜 성숙된 기술

(1) 전기화학적 에너지원

수중로봇에 사용되고 있는 전기화학적 에너지원은 크게 네 종류로 나눌 수 있다. 즉, 대기압에서 작동하는 표준 배터리, 압력을 받는 수중 환경에서 사용 가능한 압력보상 배터리, 해수를 이용하여 동작하는 해수배터리, 그리고 연료전지이다. 표준 배터리는 전통적인 납 혹은 니켈-기반의 재충전이 가능한 배터리로 은-아연 재충전 배터리와 리튬 배터리가 있다. 압력보상 배터리로는 리튬-폴리머 배터리와 알루미늄과 산소로 구성된 배터리 등이 있다.

심해 수중로봇용 에너지원으로 사용하기 위해서는 심해 수중의 높은 압력을 막아주는 압력선체 내에서 사용할 수 있어야 한다. 리튬이온, 리튬배터리와 같은 표준 배터리는 대기압 하에서 작동하므로 압력선체가 요구된다. 알루미늄-산소와 같은 준-연료전지와 리튬-폴리머와 같은 압력 보상 배터리는 압력선체가 없어도 사용할 수 있으나 해수가 유입되지 않도록 방수가 되어야 한다. 반면에 해수 배터리 혹은 연료전지는 해수 내에서 사용이 가능하다.

1) (표준)배터리

수중로봇의 에너지원은 공기가 없는 수중에서 사용할 수 있어야 한다. 현재 개발되어 있는 배터리로는 재충전이 가능한 2차전지인 니켈-카드뮴(Nickel-Cadmium), 니켈-메탈(Nickel-Metal Hydride), 은-아연(Silver-Zinc), 리튬-이온(Lithium Ion) 배터리가 있으며, 일회용 전지인 1차전지로는 알카라인(Alkine) 배터리가 있다.

수중로봇용 배터리는 비용, 수명, 재충전 가능 횟수 등을 고려해야 한다. 리튬-폴리머 배터리는 현재 최신의 수중로봇용 배터리로서 매우 높은 에너지 밀도와 낮은 중량밀도 그리고 긴 수명을 가지고 있으므로 심해용으로 사용하기에 적합하다.

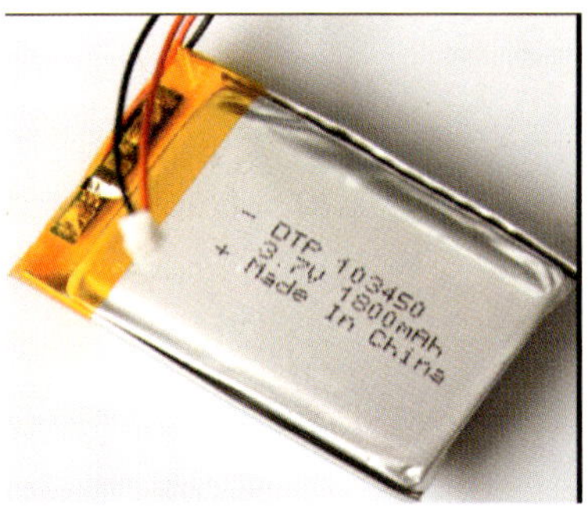

그림 3-32 리튬-폴리머 배터리

2) 해수 배터리

해수 배터리는 해수를 전해액으로 사용하는 배터리로 배터리 질량에 해수가 포함되지 않기 때문에 다른 배터리에 비해 높은 에너지 밀도를 갖는다. 해수 배터리는 실험용 어뢰와 소형 수중로봇에 사용되어 왔다. 하지만, 해수 배터리는 전력밀도가 매우 낮아서 높은 전력을 생산하기 어려워서 소형의 수중로봇에 주로 사용된다.

3) 연료전지

연료전지 기술은 1837년 W. R. Grove경에 의해 발명되었지만 유용한 전기량을 생산하는 Alkaline 연료전지를 개발한 것은 1959년이다. 연료전지는 수소와 산소의 화학반응에 의해 전기 에너지를 발생하는 고효율 발전 시스템이다. 연료전지는 공해와 소음이 적어 환경문제가 거의 없으며 다양한 용량으로 제작이 가능한 첨단기술이다.

수중용으로는 크기가 작으면서 비교적 작동 신뢰성이 있는 고체 폴리머 연료전지(Solid Polymer Fuel Cell, SPFC)가 사용되고 있다. 연료전지는 수중로봇뿐 아니라 우주, 국방, 수송 등의 모든 분야에서 관심의 대상이 되고 있어서, 이동 통신용의 미니셀, 전기자동차에서 대규모 시내 전기 생산에 이르기까지 다양하게 적용될 것으로 예측된다.

단점은 가스를 압축하여 사용하므로 대형 압력용기가 필요하고 폭발 위험이 있다. 연료전지의 체적당, 중량당 에너지 밀도는 배터리에 비해 매우 높으나 에너지 밀도는 시스템의 크기에 비례하여 증가하기 때문에 소형 수중로봇에는 적용이 아직까지 되고 있지 않다.

일본에서 개발한 수중로봇인 Urashima는 세계 최초로 연료전지를 동력원으로 사용한 수중로봇으로 2005년 317 km의 연속 항주 기록을 세웠다. 향후 대형 수중로봇의 동력원으로 연료전지의 사용이 점차 일반화될 것으로 생각된다.

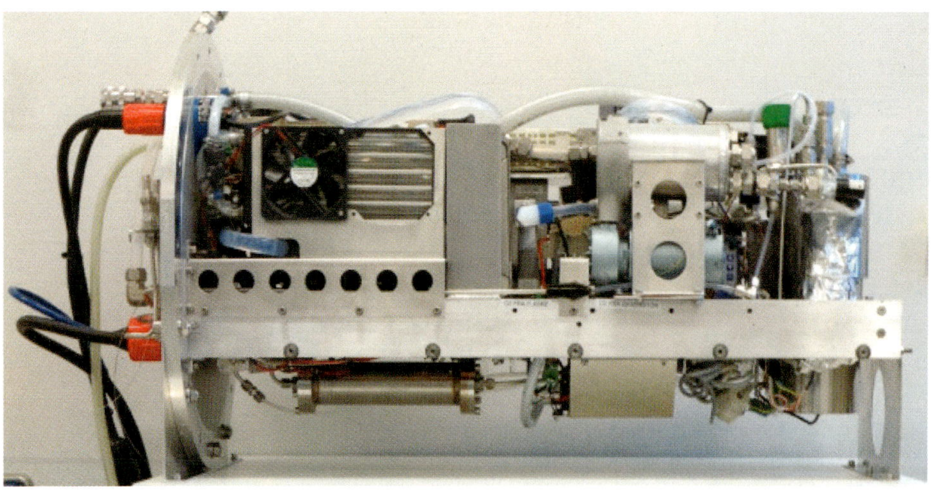

그림 3-33 노르웨이 FFI에서 개발한 AUV용 연료전지

(2) 연소 에너지원

수중로봇에도 디젤-전기 잠수함과 같은 방법으로 배터리를 재충전하는 방법이 사용된다. 연료전지와 복합 디젤/재충전 배터리 동력 플랜트를 사용하면 적은 비용으로 비교적 높은 에너지 밀도의 동력을 발생할 수 있기 때문에 주로 대형 수중로봇의 동력원으로 사용되고 있다. 전체 에너지 용량은 복합 디젤 동력 플랜트가 연료전지에 비하여 월등하지만 주기적으로 수면으로 부상하여 수 시간 동안 재충전하기 위한 공기가 필요한 것이 단점이다.

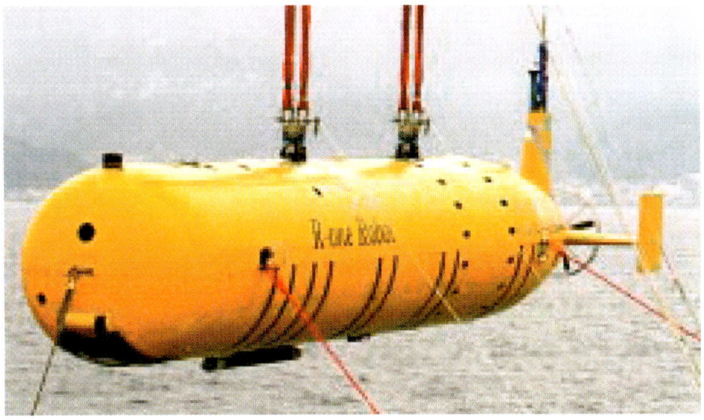

그림 3-34 일본의 AUV R1

(3) 원자력 에너지원

부피에 비해 최대의 에너지를 생산할 수 있는 원자력 에너지원은 적은 양의 연료로 장기간 수중에서 사용이 가능하다. 원자력 에너지원이 수중용 동력원으로 개발된 것은 일본의 원자력 사이클 개발 연구소에 의해 액체금속 고속반응로(Liquid Metal Fast Reactor, LMFR) 시스템과 폐회로 브레이튼 사이클 동력 발생 시스템이 구성되었고 무인 고정 해저기지의 동력원으로 설계되면서 가능해졌다.

(4) 에너지원 기술 전망 및 국내외 기술 수준

수중로봇 기술 중에 큰 장애 요소 중의 하나가 에너지원이다. 여러 종류의 배터리와 연료전지 그리고 밀폐 사이클 디젤 엔진이 수중로봇에 적용되고 있지만 2차 전지 배터리가 가장 많이 사용되고 있다. 수중로봇을 보다 오래 사용하기 위해서는 고효율의 에너지원 개발이 필수적이며 이러한 기술이 개발되면 수중로봇의 운용방식 변화와 다양한 분야에 적용이 가능하다.

연료전지 기술은 최근 많이 발전되어 소형화되고 있고 가격도 많이 내려갈 것으로 전망된다.

우리나라의 2차 전지 기술은 비교적 선진국 수준에 근접하며 특히 리튬-이온 전지분야는 세계 유수의 전기자동차용 전지에 공급하고 있어 수준이 높다.

3.3.4 전원 및 공급방식

AUV의 동력원은 용량과 그 크기에 따라 운용 시간이 제한된다. AUV의 전원은 2차 전지, 연료전지, 내연기관 등으로 구분 가능하다. AUV에 탑재되기 위하여 각 동력원은 소형·경량, 저진동·저소음, 고신뢰성·유지보수를 고려하여 선택되어야 한다. 납전지, 니켈 카드뮴 전지, 니켈 수소 전지, 산화은 아연전지와 같은 2차 전지는 충전이 가능하여 반복하여 사용할 수 있는 전지이다. 2차 전지는 단전지로 1~4 V로 전압이 낮아서 다수의 전지를 전지조 내에 배열해 직렬로 연결시켜 군전지로 이용한다. 2차 전지를 동력원으로 선택하는 경우 충전·방전 특성 및 수명을 고려하여 결정하여야 한다. 연료전지는 소음 및 배기가스 중 유해 성분이 극히 적고 효율도 높은 뛰어난 특성을 가진다. 연료전지의 종류를 전해질에 따라 분류하면 알칼리형, 고체 고분자 전해질형, 인산형, 용융 탄산염형, 고체 전해질형으로 구분 가능하다. 내연기관은 가솔린기관, 디젤기관 등이 있지만, 수중 동력원으로서 현재 실용화 단계에 도달한 것은 디젤기관에 기초한 폐쇄식 디젤기관뿐이다.

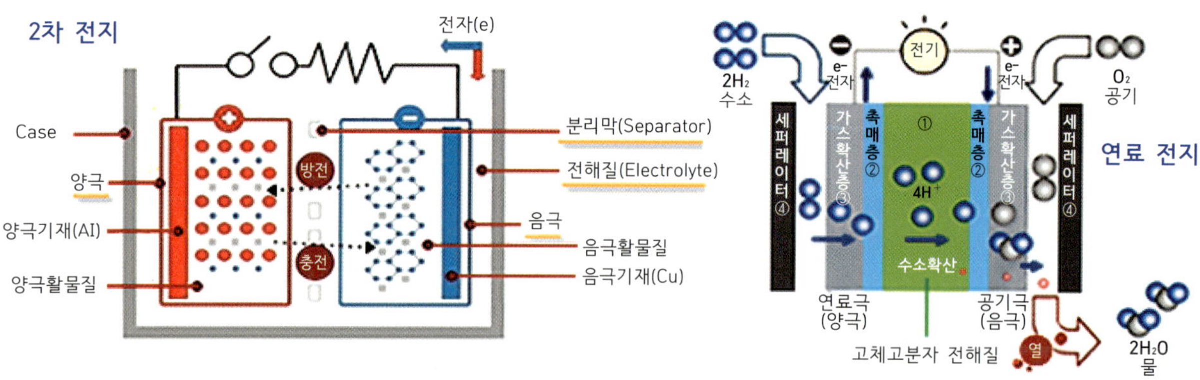

그림 3-35 2차 전지와 연료전지 구성도

내연기관의 경우 반잠수정과 같은 형태의 무인잠수정에 적용되며, 미국과 캐나다에서 이를 적용한 기뢰탐지용 반잠수정을 실전에 배치하여 활용하고 있다. 동력원은 AUV 내부에 탑재되며 전력 분배를 통하여 각 장비에 필요한 전원을 공급한다.

캐나다 ISE DORADO　　미국 Lockheed Martin RMMV

그림 3-36 내연기관을 탑재한 반잠수정

3.3.5 잠수와 부상의 원리

AUV는 앞에서 설명한 것처럼 스스로 가지고 있는 에너지의 양이 제한적이다. 깊은 해저에서의 작업을 위해 내려가고(descending) 올라오는(ascending) 거동에 에너지(예: 배터리)를 사용한다면 실제로 해저에서의 탐사 작업에 필요한 에너지는 많이 부족할 것이다. 실제로 6,000 m 깊이의 태평양 해저를 조사한다고 가정하면 시속 100 km 속도의 자동차가 3.6분 동안 해저를 향해 달려야 도착할 수 있는 거리이고, 실험에 의하면 둥근 돌멩이를 던졌을 때 한 시간 이상 자유낙하 해야 도착하는 먼 곳이다. 이를 해결하기 위해 AUV는 중력과 부력을 이용하여 해저로 내려가고 수면으로 부상한다. 즉, AUV는 금속 추(Ballast Weight)를 2개 이상 전자석으로 매단 채, 하강할 때에는 돌멩이처럼 가라앉으며, 내려가다가 전방 감지 소나가 해저면을 인식하면 금속 추 일부를 버려 중성부력 상태로 전환한다. 물론 이때 몸체의 자세도 수평이 되며 주어진 임무를 시작할 준비가 되는 것이다.

해저에서의 작업이 끝나면 전자석으로 계속 매달고 다니던 나머지 금속 추를 버려 나무 토막처럼 부력만 이용해서 수면으로 떠오르는 방식을 채택함으로써 깊은 해저까지의 왕복 이동에 많은 에너지를 사용하지 않도록 고안되었다. 금속 추의 모양은 그림 3-37과 같다.

그림 3-37 해저 하강 및 수면 부상용 소모성 금속추

그림 3-38 잠수와 부상 시 몸통 꼬임을 위한 비대칭 소형 패널 부착

또 통상 AUV는 물의 저항을 최소화하기 위해 어뢰 같은 실린더 형상을 가지는 경우가 많은데 안정적 자세 유지를 위해 금속 추들이 AUV의 바닥에 배치되는 경우가 많다. 이런 경우 잠수할 때 금속 추를 버리더라도 돌멩이처럼 연직하방으로 가라앉지 않고 비스듬히 어떤 방향으로 가라앉으면 조사하고자 하는 지역을 벗어날 수 있으므로 AUV 몸체가 가라앉는 동안 꽈배기처럼 꼬이면서 내려가도록 몸체 꼬리 부분에 꼬임 모멘트를 유발시킬 수 있는 작은 장애물을 부착하는 경우도 있다. 물론 이 부착물이 해저에서의 정상 작업에 장애가 될 정도로 크지는 않다. 그림 3-38에서 우측 상부 꼬리 날개에 판재를 부착하기 위한 구멍을 볼 수 있다.

3.4 정보와 자료의 취득

수중에서 자유로이 항해하며 주어진 임무를 수행하는 수중로봇에는 각종 정보와 자료를 취득하는 여러 가지 센서와 장치가 탑재되어 있다. 센서 시스템은 수중로봇을 위해 사용되는 센서와 임무 수행을 위해 사용되는 센서로 구분할 수 있다. 여기서 수중로봇을 위해 사용되는 센서는 수중로봇의 동작에 관련된 정보를 제공하는 선체 자세 제어용 센서가 있는데, 이는 자이로 센서 혹은 자이로 센서에 관성 정보를 측정하는 것을 더한 센서가 AHRS(Attitude Heading Reference System)이다. 이외에도 수중로봇의 내부에 물이 침투했는지를 감지하는 누수 센서가 있다.

3.4.1 선체자세 제어용 센서

수중에서 로봇은 지면에 일정한 거리를 두고 수평으로 유지하며 운행하는 것이 중요하다. 이를 위해서 선체의 3축 기준 회전 정보를 실시간 계측하여 수중로봇의 운행을 안정되게 하는 것이 중요하다. 이를 위한 센서로는 관성 센서와 자이로 센서가 있는데 이를 포함하는 AHRS 센서 장치에 대해 알아보면 다음과 같다.

(1) 자이로스코프 센서

줄여서 자이로 센서라고 명칭 하는 자이로스코프 센서는 회전에 의해 발생하는 자이로 효과(Gyro Effect)를 사용하여 원점 위치를 역으로 추정하고, 현재 방향이 어느 쪽인지 역으로 산출하는 장비로 이를 설치한 수중로봇의 방향성을 측정할 때 사용한다. 자이로 센서는 중력과 자기장을 이용하여 3축 기준 회전 정보를 실시간 계측하는 센서로 선체의 3가지 각 정보를 받아서 원하는 방향으로 선체 방향을 제어하거나 이동하기 위한 센서이다.

AHRS는 자세 및 방위각 측정 장치인데 롤각과 피치각 정보를 자세(Attitude) 정보라고 하고, 횡요 정보는 방향(Heading)정보라고 한다. 미세전자기계시스템(Micro Electro Mechanical Systems, MEMS) 기반인 자이로스코프, 지자기 센서 및 가속도계와 함께 3축의 방향을 계산한다. AHRS는 3축 방향의 가속도를 계측하는 가속도계 정보를 적분하여

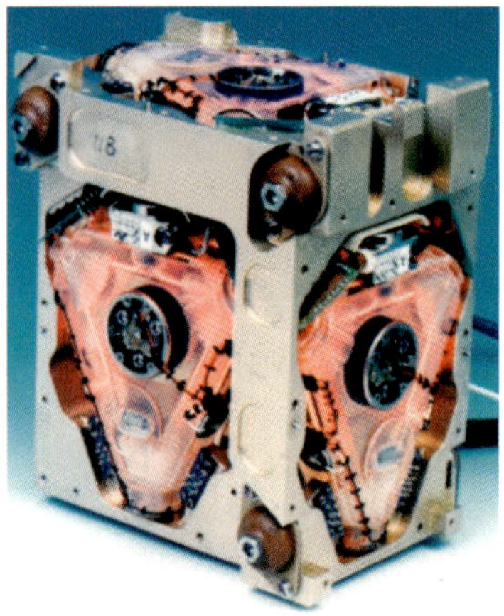

그림 3-39 3축 IMU의 내부 모습

3축의 속도나 위치 정보를 제공하는 관성 장치로 IMU(Inertial Measurement Unit)라고 불리기도 한다(그림 3-39). AHRS는 자이로(Gyro), 가속도계(Accelerometer), 그리고 지자기 센서(Magnetometer)등을 복합적으로 구성하여 이들의 감지 정보를 적분 연산하여 자세와 속도 및 위치 정보를 출력한다.

고가의 IMU는 일반적으로 선박(특히 잠수함), 항공기 및 지상 방위 응용 분야에 적용하며 장기적으로 자세 측정 영역에 사용되고 있었다. 이러한 고가의 IMU는 높은 가격 때문에 소형 무인 운전 차량 또는 ROV와 같은 소규모 응용 분야에 적용하기 힘들었다. 그러나 MEMS 기술의 발달로 소형의 IMU나 AHRS 센서를 저가로 구성할 수 있게 되어 가격이 높은 IMU를 대체할 수 있게 되었다.

AHRS센서는 출력된 추정 자세 및 방향을 이용하여 선체의 Heading 제어와 선체 고정 좌표계의 궤적을 지구 고정 좌표계로 변환하는 데 이용하게 된다. 그림 3-40의 AHRS센서는 Xsens사의 MTi-28A 시리즈 제품이다.

국산으로 마이크로 인피니티는 평면 진동 및 검출형의 동작 원리를 이용하는 기술을 사용하여 관성항법 유도장치용 마이크로 자이로스코프를 개발하였다.

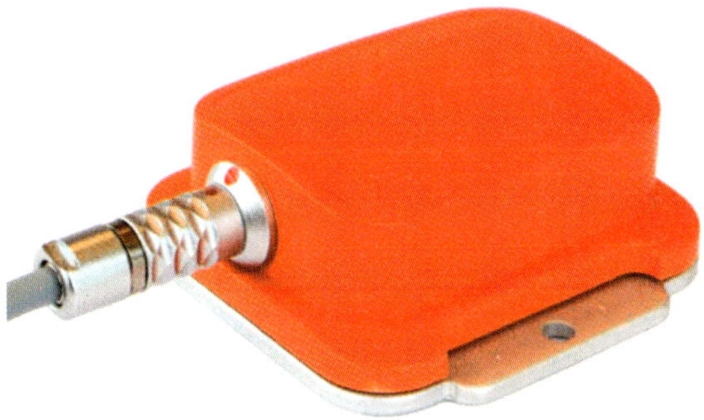

그림 3-40 자세 및 방위각을 측정하는 Xsens사의 AHRS

(2) 누수 센서

내부에 많은 전자 장비를 갖고 있는 수중로봇에서 방수는 매우 중요하다. 수중에서의 누수 문제를 해결하기 위해 내부의 누수 가능성이 큰 위치에 누수 센서(Water Leak Sensor)를 장착한다. 수중로봇에 사용되는 누수 센서는 일반적으로 강우, 수위(Water Level Detection), 누설 등을 감지할 때 사용하는 수분 측정 센서(Water Sensor)를 사용한다. 누수 센서는 전압과 저항의 관계를 나타내는 옴의 법칙을 이용하여 구성하며 사용하고 있는 누수 센서의 한 예는 그림 3-41과 같다.

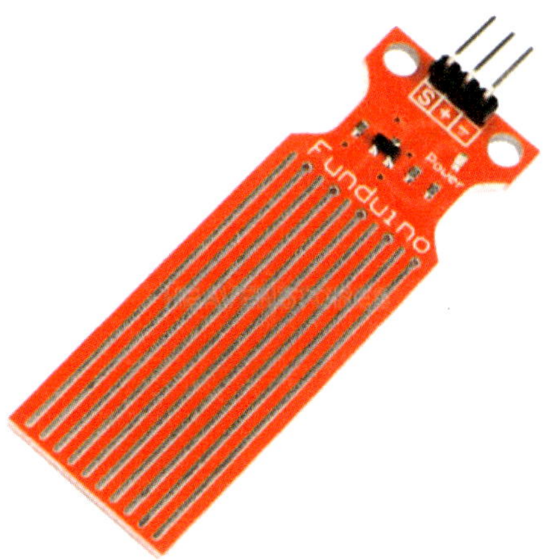

그림 3-41 Phidgers사의 물 감지 센서

3.4.2 항법용 센서

(1) 음향 위치추적 센서

음파를 이용한 항법 중 LBL 센서에는 음파송수신기(Transponder)와 음파수신기(Receiving Array)가 있으며 SBL과 USBL에서는 음파발신기(Pinger)와 음파수신기(Receiving Array)가 사용된다.

그림 3-42 LBL용 Transponder와 USBL용 Receiving Array

(2) 관성항법용 센서

센서를 이용한 관성항법 시스템에는 자이로 컴파스 또는 마그네틱 컴퍼스와 가속도 센서가 활용된다.

그림 3-43 관성항법 장치의 마그네틱 컴퍼스와 가속도 센서

3.4.3 진수 및 회수용 센서

AUV를 수상 지원 선박에서 바다로 내렸을 때 최초의 안전 상태를 점검하는 수단으로 워터 센서(Water Sensor)를 활용한다. 이 간단한 센서는 AUV 본체가 물에 처음 잠겼다는 것을 알림과 동시에 하강하기 위한 금속 추 및 안테나의 견고한 부착 여부, 그리고 O-ring과 나사의 체결 등과 같은 사소한 실수로 인한 초기 침수 여부를 알려주는 스트로보 조명 방식의 센서이다.

또, 작업을 종료한 AUV가 야간에 수면으로 복귀하였을 때에는 파도와 함께 움직이는 AUV를 수상 지원 선박에서 육안으로 발견하기는 매우 어렵다. 더구나 AUV의 수면에서의 부력은 거의 중성부력에 가까운 수백 그램 정도이므로 파도 위로 몸체가 거의 돌출되지 않는다. 이런 상황에서도 AUV를 안전하게 회수하기 위해 안테나와 스트로보 조명을 활용한다. 안테나가 발신하는 전파를 수상 지원 선박의 전파방향 탐지기(Radio Direction Finder, RDF)가 방향을 탐지하여 AUV 방향으로 이동하면 야간이라 더욱 밝은 조명이 수면으로 보이므로 용이하게 AUV를 회수할 수 있다.

그림 3-44 야간에 AUV를 회수하는 모습

3.4.4 환경 계측용 센서

(1) CTD/STD(Conductivity/Salinity, Temperature and Depth)

CTD는 해양의 전기전도도(Conductivity), 온도(Temperature), 압력(Depth)을 동시에 측정하는 관측기기로, 각 계측 대상의 머리글자를 따서 CTD로 명명됐다.

염분(Salinity)은 관측기기 외의 장치에서 측정된 값을 바탕으로 계산식을 통해 구할 수 있으며, 염분을 직접 측정할 수 있는 전자 유도형 계측기기로는 STD가 있다. 해양관측선, 수중로봇 등의 운용플랫폼과 운용해역, 운용방식에 따라 그림 3-45와 같이 다양한 성능과 사양의 CTD를 선택적으로 적용할 수 있다.

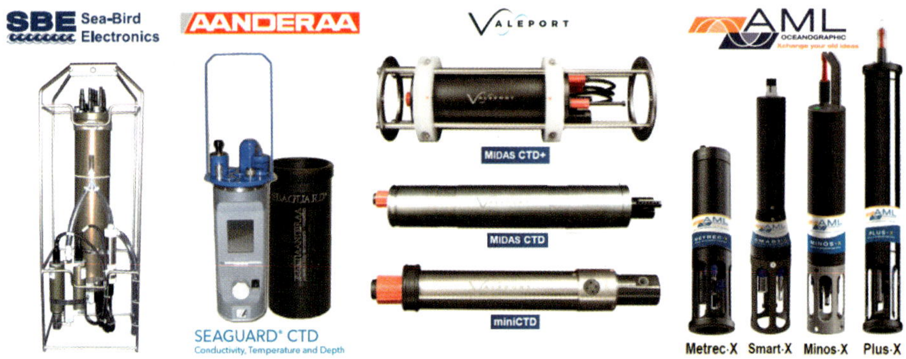

그림 3-45 상용 CTD 예시

그림 3-46은 SEA-BIRD사의 ROV/AUV용 CTD인 SBE 49 FastCAT CTD이고, 그림 3-47은 옥포-6000 AUV에 탑재되어 있는 CTD 형상이다.

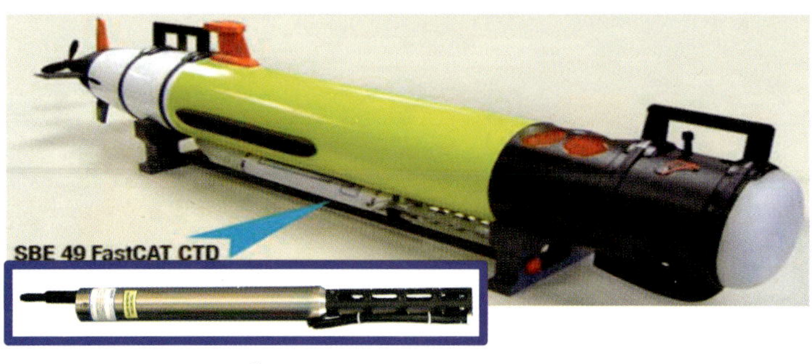

그림 3-46 SBE 49 FastCAT CTD

그림 3-47 AUV 옥포-6000에 탑재된 CTD 센서

(2) pH계(pH Meter)

pH는 용액의 산성/염기성을 표시하는 단위이다.

pH계는 항상 일정한 전위를 가지는 기준전극과 수소이온 농도에 따라 전위가 변하는 유리전극으로 구성되며, 두 전극 사이의 전위를 측정하여 pH를 산출한다.

그림 3-48은 Fluidion사의 AUV/Glider용 pH계인 Deep Water pH Data Logger이다.

그림 3-48 Deep Water pH Data Logger

(3) 염분계(Salinometer)

염분계는 용액의 염분 함유량을 측정하는 장치이다. 이 장치는 해수 시료와 표준해수의 전기전도도를 측정하고 염분을 구하는데, 배 위에서 손쉽게 사용할 수 있고, 측정 정밀도가 ±0.003‰인 유도형 염분계가 많이 쓰인다. 해수의 평균 염도는 33~37‰이다.

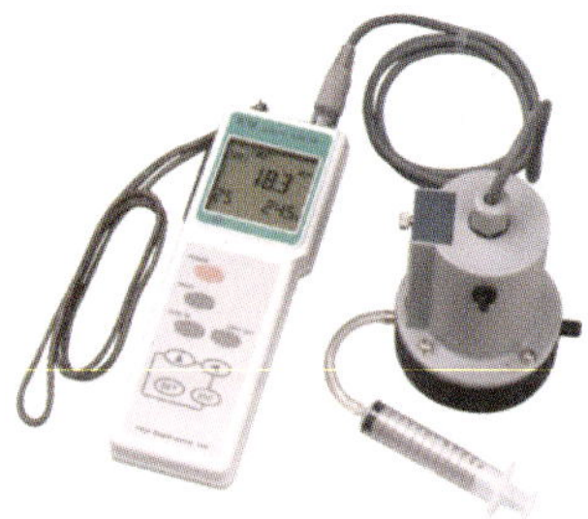

그림 3-49 염분계

(4) 탁도계(Turbidity Meter)

탁도는 물의 흐린 정도를 정량적으로 나타낸 지표로, 수중에서 여러 가지 부유물질에 의해 빛이 산란되고 흡수되는 광학적 특성을 의미한다. 해수 속에서 녹지 않고 입자 형태로 존재하는 물질의 대부분은 현탁 물질로 존재한다. 현탁물의 조성 등을 밝히기 위해서는 직접 해수를 채수하여 현탁 입자를 회수할 필요가 있지만, 현탁물의 광범위한 분포를 조사하기 위해서는 탁도계를 이용해 직접 그 종류나 분포를 추정하는 방법을 이용한다. 탁도계에는 투과형과 산란형의 두 타입이 있다. 전자는 투과광의 강도를 측정하는 것이고, 후자는 수중의 입자에 의해 산란된 산란광의 강도를 측정하는 것이다.

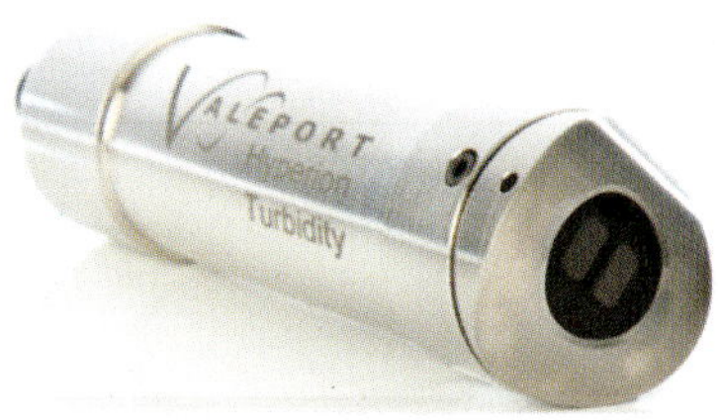

그림 3-50 VALEPORT Hyperion Turbidity

그림 3-51 ECO_FLNTU-RT 탁도계

그림 3-50은 VALEPORT사의 ROV/AUV용 탁도계인 Hyperion Turbidity인데 Nephelometer와 Back Scatter Detector로 구성되어 있다.

(5) 용존산소 센서(Dissolved Oxygen Sensor)

검출부에 일정한 유속을 주고, 갈바닉 전지 등의 센서 전극을 이용하여 해수중 용존산소를 계측하는 장치이다. 생화학적 산소요구량(BOD)이나 화학적 산소요구량(COD)처럼 반대되는 관련성에 주목해 수질 관리에도 사용되고 있다. 심해에서의 관측에는 CTD와 조합해 CTDO로 이용하는 경우도 많다.

그림 3-52 용존산소계

3.4.5 자료 취득 장치

(1) 초음파 해류계(ADCP)

초음파 해류계(Acoustic Doppler Current Profiler, ADCP)는 수중에 특정 주파수의 초음파를 방사하여 유체에 의해 산란되는 정도를 수집한 뒤, 도플러 효과를 이용하여 유속을 측정하는 계측기기이다. 하천의 유량 정보, 협수로나 연안에서의 조류 정보 등의 수집에 이용될 수 있으며, 미국을 비롯한 선진국에서는 인력과 소모비용의 절감을 위해 1980년대에 ADCP를 도입하여 유량을 측정해오고 있다. 그림 3-53은 ADCP의 예시이다.

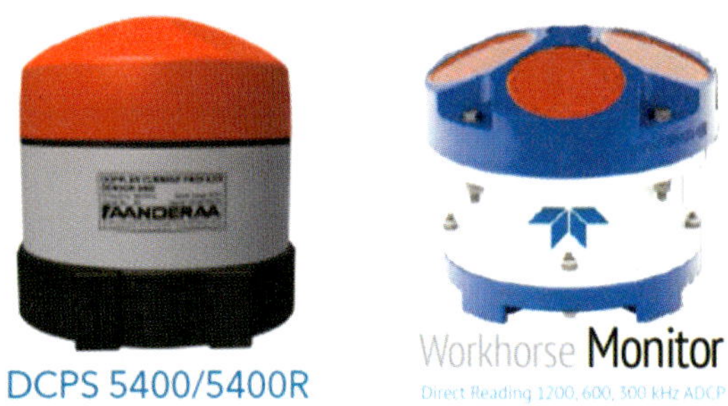

그림 3-53 상용 ADCP 예시

(2) IMU(Inertial Measurement Unit)

관성측정장치(Inertial Measurement Unit, IMU)는 잠수정의 자세(롤, 피치, 요)를 측정하기 위한 장비로 3축 가속도와 3축 자이로 센서를 조합한 후 각각의 센서 출력을 내보내는 센서를 말한다. MEMS 기반의 3축 가속도 센서는 x, y, z축 방향의 가속도를 측정할 수 있으며, 단위는 g를 사용한다. 가속도 센서는 정지한 상태에서 중력 가속도를 감지하기 때문에 z축 방향으로 -g 만큼의 값을 출력한다. 하지만 정지하지 않은 움직임 상태에서는 가속도 센서만으로 기울기 값을 정확하게 측정할 수 없다. 3축 자이로 센서는 가속도를 측정하는 가속도 센서와 달리 각속도를 측정하므로 단위는 deg/sec를 사용한다. 자이로는 각속도를 재는 장치이기에 이를 이용해서 각도를 알려면 전체 시간에 대하여 적분을 하여 얻게 된다. 그러나 센서에서 측정되는 각속도는 잡음이나 어떠한 이유에 의해 측정값에 오차가 계속 생기는데, 이 오차가 적분 과정에서 누적되어 시간이 지날수록 오차가 커지게 되는 단점이 있다. 따라서 결과적으로 가속도 센서와 자이로 센서를 함께 사용함으로써 각각의 단점을 보완할 수 있는 알고리즘으로 산출된 횡동요각(Rolling angle) 또는 종동요각(Pitching angle)을 사용한다.

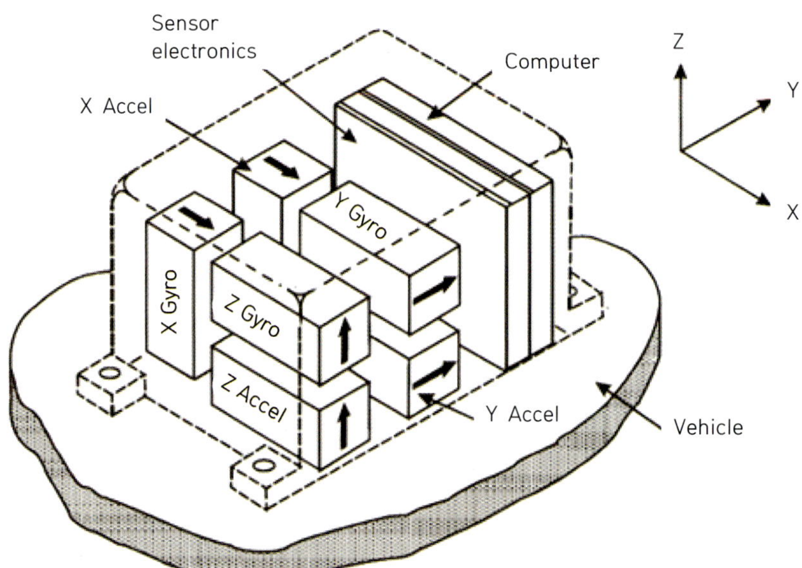

그림 3-54 관성측정장치의 기본구조

(3) DVL(Doppler Velocity Log)

GPS를 사용할 수 없는 수중환경에서는 잠수정의 위치를 계산하기 위하여 도플러 효과를 이용한 이동 물체의 속도를 측정하는 장치인 DVL을 이용한다. 도플러 효과는 관측자의 음원이 정지해 있는 경우와 달리 운동하고 있을 때 소리의 주파수가 다르게 관측되며, 음원과 관측자의 상대적인 운동에 의해 소리의 고저가 변화되는 현상을 이용하여 관측자의 속도를 측정한다. 수중에서 실제 운용되는 도플러 센서는 해상에서 이동하는 잠수정의 하부에 장착된 송신기에서 초음파를 네 방향으로 발사하여 반사체로부터 오는 반향 음에 포함된 주파수를 이용해서 잠수정의 속도와 방향을 측정한다. 이때 센서에서는 네 방향로 발신한 빔 중 세 방향 이상의 반향 음을 이용하여 위치를 추정하게 된다.

그림 3-55 상용 DVL 예시와 무인잠수정에 탑재된 DVL의 빔 발사 형태

(4) 자력계(Magnetometer)

자력 탐사는 자화강도를 측정하고 그 분포로부터 해저의 지층 구조를 추정하거나 자력 이상체를 탐지하는 것이다. 자력계는 자기장 벡터를 성분별로 측정하는 저울형과 플럭스 게이트(Fluxgate)형, 총 자기장을 스칼라로 측정하는 핵자기형의 세 가지 유형으로 크게 나뉜다. 탐사 원리의 특성상 비교적 적은 비용으로 광범위한 해역에 대한 지하 자성체나 단층, 파쇄대 등 자력 이상체를 탐지하는 데는 효과적이나, 특정한 지역에 대한 상세 조사에서는 다른 적절한 해양 계측기기를 활용하는 것이 좋다.

그림 3-56 해상자력계를 이용하여 지구의 자기성분을 측정하고, 등자력선으로 표시한 것이다. 지자기 전자력의 특이점이나 경향을 통해 해저 지하 구성물질의 특징을 추정할 수 있다.

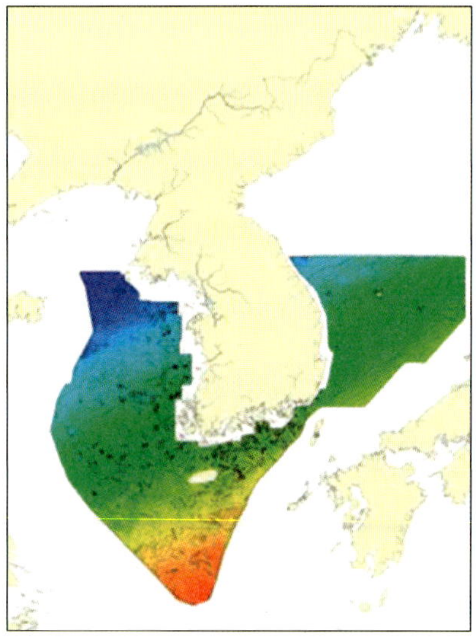

그림 3-56 지자기전자력도

(5) 자기 컴퍼스(Magnetic Compass)

자기 컴퍼스는 지구의 자기장을 이용하여 방향을 측정하는 장비이다. IMU와 마찬가지로 잠수정의 자세를 측정하기 위한 센서로 별도의 적분과정이 필요 없이 자세 값을 측정하기 때문에 IMU와 달리 누적오차가 생기지 않는 장점이 있다. 하지만 자기 컴퍼스에서 측정되는 방향은 지구의 자전축의 북이 아닌 자북을 기준으로 한다.

따라서 측정 지역과 시기에 따라 달라지는 진북과 자북의 오차를 고려하여 사용되어야 한다. 자기 컴퍼스를 잠수정에 탑재하는 경우 주위에 전류도체가 없는 곳, 비교적 진동이 적은 곳에 탑재하는 것이 좋다.

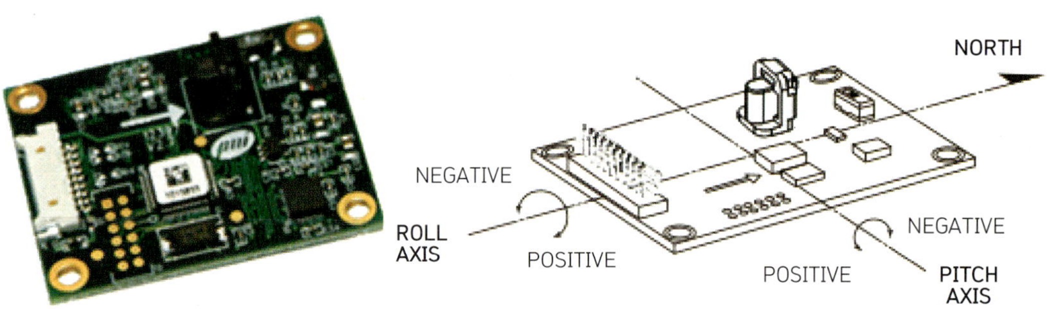

그림 3-57 PNI사의 Magnetic Compass(TCM5)

(6) 측면주사용 음파탐지기(Side Scan Sonar)

측면주사용 음파탐지기(Side Scan Sonar, SSS)는 해저지형의 이미지를 고해상도 영상으로 제공하기 위해 개발된 계측기기로, 해저 파이프라인 및 케이블, 구조물, 장애물 등 해저의 상태를 조사하는 데 활용된다. 국내산 측면주사음파탐지기는 싱글빔(듀얼주파수), 멀티빔(3 혹은 5빔)이 가능한 상용 예인체(Towfish) 형태로 판매되고 있다.

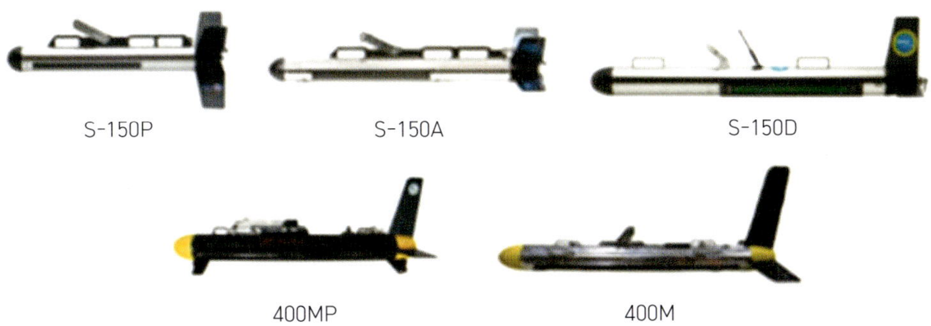

그림 3-58 국내산 측면주사음파탐지기

(7) 전방소나(Forward Looking Sonar)

전방소나로 줄여 부르는 전방주사소나(Forward Looking Sonar, FLS)로 명명되며, 해양에서 전방의 장애물, 고래 등의 해양 생물을 인식하고 회피할 목적으로 사용되는 해양 계측기기이다. 수상의 선박이나 잠수함의 선수(Head)에 탑재되며, 운용 주파수를 변경함으로써 탐지 거리와 탐지 해상도를 조정할 수 있다. 현재 국내 기술 수준으로는 수평 60°, 수직 60°의 수중 이미지를 제공 가능하며, 33 kHz에서 200 kHz까지의 주파수를 조정하여 활용할 수 있다. 그림 3-59는 전방주사소나의 예시이다.

그림 3-59 상용 FLS 예시

(8) 천부지층탐사기(Sub-bottom Profiler)

수 kHz 대역의 음파를 이용해서 해저 표층 수십 m의 지층 단면도를 얻기 위해서 사용되는 계측기기이다. 연직 하방으로 12 kHz 전후의 음파를 발사하면, 대부분은 해저에서 산란되어 돌아온다. 음파가 해저까지 왕복하는 시간을 계측해 수심을 측정하는 것이 음향측심기이지만, 보다 저주파의 음파를 이용하면 해저 저층 구조의 경계에서 산란되어 돌아오는 음파도 계측할 수 있다. 천부지층탐사기는 연직 아래로 음파를 발사하기 때문에 1회 송수신에는 바로 아래의 구조밖에 알 수 없지만, 항주 관측함으로써 항적에 따라 해저 표층 지질구조의 연직단면도를 얻을 수 있다.

(9) 다중빔 음향측심기(Multi-beam Echo Sounder)

해저 지형을 정밀하고 효율적으로 표현하기 위해서 개발된 장비이다. 음파가 해수면에서 해저까지 왕복하는 시간을 측정하여 수심을 구하는 것이 음향측심기이다. 음파의 빔 폭을 줄임에 따라 정밀한 측심을 목표로 장비 개발이 진행되었으며, Cross Fan-Beam이라 불리는 방법을 이용한다. 다중빔 측심기로는 12 kHz에서 15 kHz의 음파를 이용한 심해용 시스템과 100 kHz에서 500 kHz의 높은 주파수를 이용한 천해용 시스템이 있다.

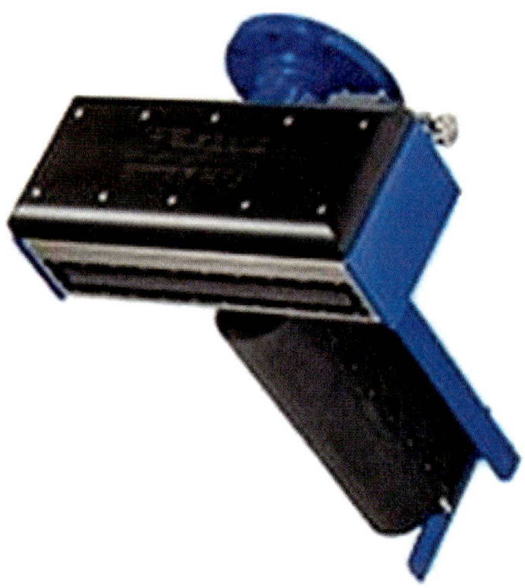

그림 3-60 다중빔 음향측심기

(10) 광통신(Wireless Optical Communication)

수중에서는 돌고래와 같이 음향을 이용해서 통신을 하는 것이 가장 일반적인 방법이다. 그러나 음향은 낮은 주파수로 인해서 데이터 전송률이 매우 낮으므로 사진이나 동영상을 실시간으로 보내는 것은 거의 불가능하다. 그리고 육상에서 사용하는 전자파를 이용하여 통신하게 되면 수중에서는 공기 중에서 사용하는 전자파가 수 미터밖에 전달되지 않는다. 따라서 여러 실험을 통해 그중에서 청색광(약 625 Tera Hz)이 전자기파 중에서 가장 물속을 잘 통과할 수 있는 주파수인 것을 알아내었고, 이를 이용하여 수중에서 대용량의 데이터를 고속으로 통신하는 연구가 많이 진행되었다. 그림 3-61은 수중에서의 광통신 개념을 나타낸다.

그림 3-61 수중에서의 광통신 개념도

3.5 항법의 원리

3.5.1 수중 경로 설정 및 추적

앞서 기술한 대로 AUV는 수면에서 물속으로 분리되는 순간 수상 지원 선박과는 오로지 수중 음향을 이용한 통신만 가능하다. AUV 자신이 넓은 물속에서 운항할 때 우리가 물속의 환경을 상세히 알지 못하므로 AUV 스스로 수중의 장애물을 인식하고 회피하면서 주어진 임무를 수행하여야 한다. 또한 물속에서의 유일한 통신수단인 음향 전달 속도는 대강 초당 1,500 m의 속도인데 공기 중에서 전파통신 속도가 빛의 속도인 초당 30,000,0000 m이므로 수중에서의 통신 속도는 20만 배나 느리다. 또, AUV의 수중 속도가 항공기처럼 빠르지는 않지만 수중에서 예상하지 못한 상황이 발생할 때 수상에서 AUV의 행동을 원격 지시하기에는 정보전달 속도가 너무 늦으므로 AUV에게 자율적 회피 및 상황 극복 기능을 최대한 부여할 수밖에 없는 구조이다. 우리는 IoT와 연계한 빅데이터를 취득한 후 새로운 융합적 연산 방식을 동원하여 목적별 인공지능(AI)이 구현되는 시대로 진입하고 있다. 수중에서의 많은 위험 요소들이 AI 환경 하에서 회피, 극복될 수 있다면 AUV는 훨씬 안전하게 임무를 수행하고 수면으로 복귀할 수 있을 것이다.

AUV가 수면에서 투하된 직후부터 수상 지원 선박과 AUV간에 통신 채널은 지속적으로 유지되어야 한다. 이러한 통신 채널의 구축방식은 AUV의 활동 수심과 영역 그리고 요구되는 수중 이동체의 위치 정밀도에 따라 달라지는데, 만약 태평양처럼 수심이 깊은 해저에까지 AUV를 내려 보내야 한다면 유의미한 수중 위치 값을 실시간으로 얻기 위해 장기선(長基線) 음향측위시스템(LBL APS) 방식의 수중 위치추적시스템을 해저에 설치하여 운용한다(상세한 설명은 3.6.2 참조).

이 모든 경우에 수면에 떠 있는 수상 지원 선박과 물속에서 활동하고 있는 AUV 간에 안정적인 통신 채널이 유지되기 위해서는 수면 근처의 불규칙한 수온의 변화가 양방향 통신을 방해하는 커다란 걸림돌이 되는 경우가 많으므로 수상 지원 선박에 매달려 수중에 설치되는 음향송수신기는 수온약층 구간을 건너가도록 일정 깊이 이상 물속으로 내려서 음향통신 채널을 구축함이 바람직하다.

AUV는 수면에서 투하되어 해저 근처까지 자유 낙하한 후 금속 추 일부를 버리고 중성 부력 상태에서 수평 자세로 전환한 후 추진기에 의해 이동을 시작하는데 서서히 해저면으로 접근하면서 장애물의 인지 및 회피를 시작한다. AUV는 수상 지원 선박에서 운용자가 다운로드 해 준 활동 경로대로 해저에서 이동하면서 주어진 임무를 수행하는데 일정한 시간 간격(예를 들면 30초)마다 탑재된 트랜스폰더에서 음향신호(핑어)를 발신함으로써 수상 지원 선이 간헐적으로 AUV를 이동하는 지점을 인식하여 모니터 상에 경로를 그려 나가게 한다. 그림 3-62는 수면에 위치한 수상 지원 선박과 수중에서 이동 중인 AUV, 그리고 해저 면에 투하되어 설치된 3개의 트랜스폰더를 실시간으로 보여 주는 수상 지원 선박 상의 제어 컴퓨터 화면이다.

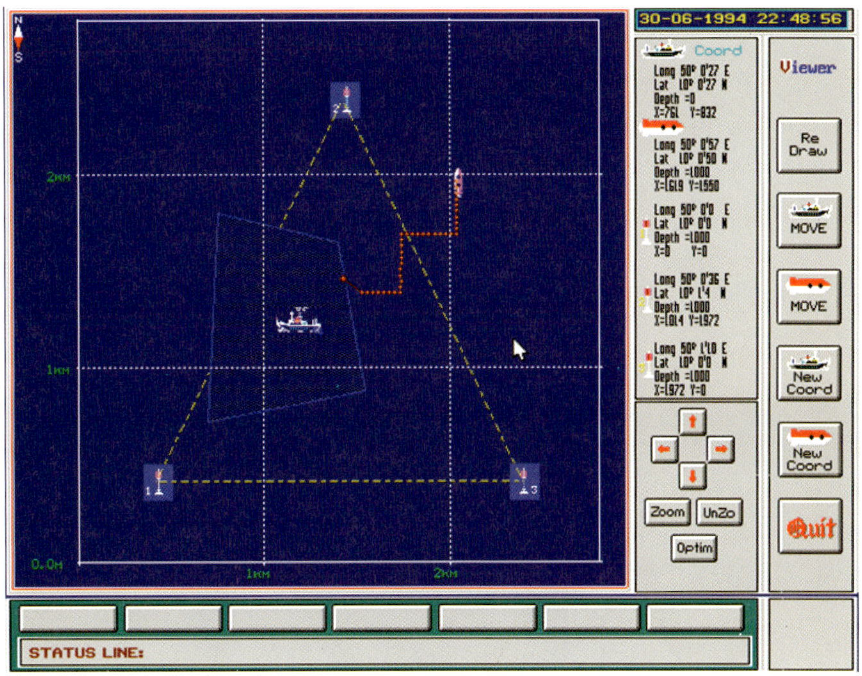

그림 3-62 수상 지원 선박의 제어 컴퓨터 화면

3.5.2 수중에서의 위치 오차

(1) AUV의 항법 및 알고리즘

항법(Navigation)은 본래 움직이는 물체의 위치를 절대적 또는 상대적 위치로 찾아내는 것을 말한다. 지상에서는 움직이는 자동차의 절대적 위치를 쉽게 찾아내는 방법으로 GPS를 활용하고 있으나 물속에서는 GPS를 사용할 수 없으므로 실시간 위치 찾기라는 어려운 문제를 해결해야 한다. 수중드론 AUV의 기술적으로 어려운 부분 중 하나가 바로 항법 기술이다.

물속에서 사용되는 항법 기술은 크게 3가지로 구분하여 사용할 수가 있다. 3가지 항법 기술은 각각 장단점을 가지고 있어 AUV를 어떤 목적으로 사용하느냐에 따라서 항법의 방법을 선택할 수 있다. 첫 번째는 음파를 사용하여 상대적 거리와 방향을 찾아내어 위치를 결정하는 방법이다. 음파를 사용하는 경우에도 발신 신호를 받은 수신부의 상호 거리에 따라서 LBL(Long BaseLine), SBL(Short BaseLine), USBL(Ultra Short Base Line)으로 나눈다. LBL의 경우는 항법의 정확도는 높일 수 있지만 수신부의 설치가 복잡하다는 단점을 가지고 있다. SBL은 LBL보다는 정밀도는 높지 않지만 운용하기 편리하며 USBL의 경우는 가장 정밀도가 떨어지지만 운용성이 가장 좋다는 장점을 가지고 있다. 그림 3-63은 음파를 이용한 수중항법의 개념도를 나타내는 그림이다.

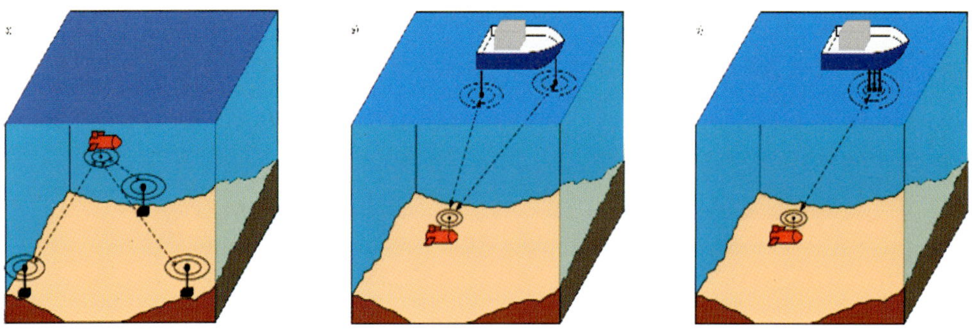

그림 3-63 음파 항법의 종류 및 개념도(LBL, SBL, USBL)

두 번째는 관성항법(Inertial Navigation)이다. 가속도계와 자이로 또는 마그네틱 컴퍼스를 이용하여 위치를 찾아내는 방법이다. 초기 위치를 기준으로 가속도를 구하고 가속도를 두 번 적분하고 방향을 결합하여 위치를 구하는 방법이다. 비교적 구성하기 쉬운 항법 시스템으로 많은 AUV에서 사용하고 있는 항법 시스템이다. 그러나 초기 오차나, 센서 오차가 지속적으로 반영되어 항법의 오차가 증가하는 문제점이 있다. 이러한 문제점을 해결하기 위하여 DVL, GPS, Depth Sensor를 결합하는 센서 융합 또는 데이터 융합 방법을 사용하고 있다. 그림 3-64은 관성항법 장치의 기본 개념을 표시하는 그림이다.

관성 측정 장치를 주요 센서로 사용하고 속도계, 심도계 등을 보조 항법 센서로 사용하여 복합 항법을 구성하고 있는 개념도인데 필터를 설계하여 오차를 줄여나가는 흐름도를 보여준다.

누적되는 오차는 센서의 정확도에 따라 다른데 주로 고가의 센서들은 정확도가 높으며 저가의 센서 일수록 정확도가 낮다. AUV는 주로 저가의 센서를 사용하므로 오차 보정 알고리즘이나 보조항법 센서를 적절하게 활용할 필요성이 있다.

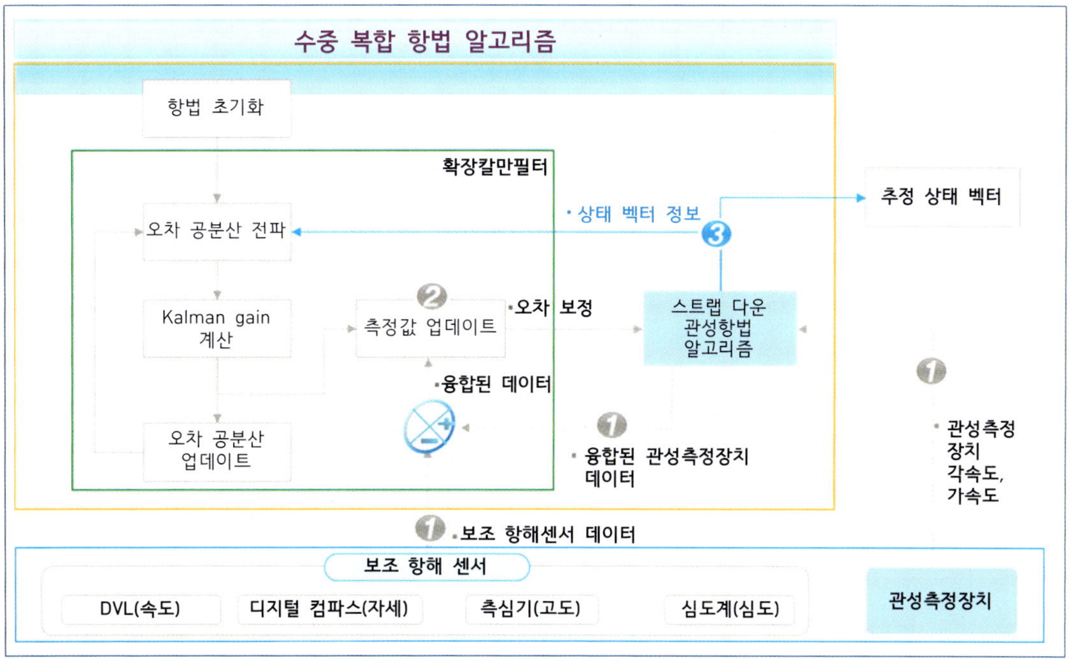

그림 3-64 관성항법 장치의 구성 및 오차 보정 알고리즘 흐름도

세 번째는 지형대조항법(Geophysical Navigation)이다. AUV를 운용하려는 해저 지형이나 물리적 특성을 사전에 조사하여 그 자료를 활용하여 항법을 유지하는 방법이다. 항법의 정밀도를 매우 높일 수 있지만 운용되는 해역의 특성을 사전에 조사 및 파악해야 된다는 어려움이 있다. 특히 물속의 지형이나 물리적 특성을 조사하고 파악한다는 것은 쉬운 일이 아니다. 그러나 지형 및 물리적 특성을 조사하는 센서의 발달 그리고 얻어지는 자료의 신속하고 정확한 처리 기술의 발달에 따라 미래에는 물속의 항법으로 자리 잡을 것으로 판단된다.

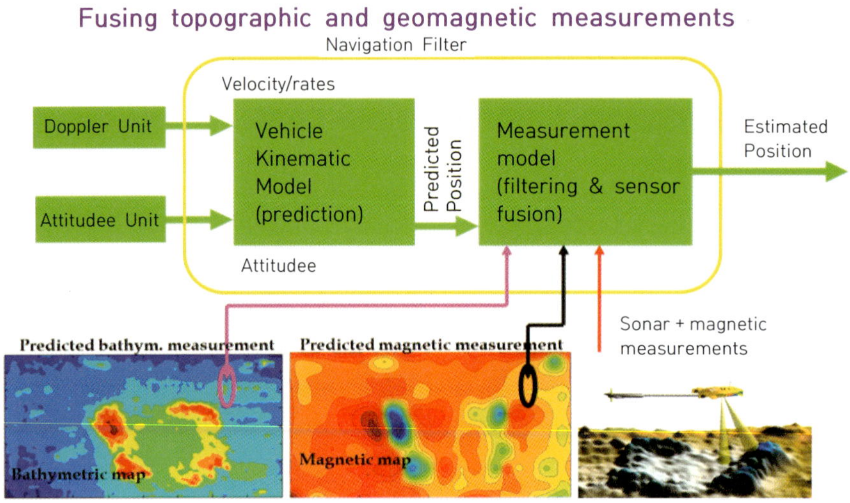

그림 3-65 Geophysical Navigation 흐름도

수중 항법은 위에서 언급한 3가지 방법을 사용하여 자신의 위치 찾아내는 것을 말하는데 수중에서 이동 중인 AUV의 정확한 위치를 실시간으로 추적하는 것이 쉬운 일은 아니다. 수중에서 위치 오차는 실제적인 위치와, 오차를 유발하는 각종 원인으로 실제 잘못 계산된 위치 간의 차이를 오차로 정의할 수 있다. 일반적으로 항법의 오차는 실질적 위치에서 센서 자체의 오차, 측정 및 계산 오차, 그리고 수중의 조류나 물리학적 영향에 따라서 발생하게 된다.

음파를 사용하여 위치를 찾아내는 항법에 있어서는 음파가 전달되는 과정에서 굴절 등에 따라서 전달 지연이 있을 수 있으나 운용하는 거리가 수 km 이내의 LBL 방식의 경우에는 거의 영향을 미치지 못한다. 그러나 USBL 이나 SBL 방식에 있어서는 음향 수신 센서의 간격이 수 cm 또는 수 m이므로 이로 인하여 측정 시 발생하는 시간 및 위상각의 정밀도가 낮아져서 오차가 발생할 수 있다. 즉, 음파를 사용하는 수중 항법에서 오차는 센서 자체의 오차 보다는 측정 오차가 주된 원인이 될 수 있다.

관성항법(INS)의 경우에는 초기 값의 오차와 측정되는 센서의 오차가 지속적으로 누적되어 적분되므로 오차는 시간에 따라서 증가하게 된다. 이러한 오차를 줄이기 위해서는 센서 오차가 작은 센서를 사용하든지 아니면 다양한 센서를 사용하여 오차를 보정하는 방법을 사용하여야 한다. 또, 수학적으로 고안된 필터인 복합 항법 알고리즘을 사용하여 오차를 보정하기도 한다.

지형대조항법은 항법 오차가 작은 항법이다. 그러나 사전에 해저 환경을 조사하거나 많은 데이터를 확보해야만 사용이 가능하다. 미래에는 이러한 항법이 보편적으로 사용될 것으로 예측된다.

3.5.3 수중 장애물 회피

AUV가 비정형화된 미지의 물속 환경에서 주어진 임무를 수행하기 위해서는 사전에 계획된 경로를 따라 이동해야 할 뿐 아니라 이동 경로 상에 장애물이 나타났을 경우 이를 감지하고 회피하는 기능이 필요하다. 이는 AUV가 장애물에 부딪혀 파손 또는 유실되는 것을 방지하기 위해 필수적인 기능이다. AUV의 장애물은 인공 구조물이나 해저로부터 불쑥 솟아오른 지형지물 같이 고정된 것일 수도 있지만 또 다른 AUV 같이 움직이는 물체가 될 수도 있다. 어떤 형태의 장애물이든 AUV는 이를 감지하고 성공적으로 회피하여야 한다.

AUV의 임무 지역이 주어지면 운용자는 사전에 알려진 해당 지역의 해도나 해저 지형도 등의 정보를 바탕으로 AUV가 이동해야 할 경로를 계획하여 입력한다. 입력된 경로를 따라 AUV가 이동하는 동안 그 위치나 형상 정보가 사전에 잘 알려져 있지 않던 새로운 장애물을 만나게 되면 장애물과의 충돌을 피하기 위해 기존 경로를 수정하여 충돌 회피 기동을 해야 한다. 장애물의 특성과 수행해야 할 임무의 특성에 따라 수평면 상에서 회피 기동을 할 것인지, 수직면 상에서 회피 기동을 할 것인지, 또는 이들이 조합된 경로를 따라 회피 기동을 할 것인지를 결정하고 AUV의 동특성을 반영한 회피 알고리즘에 따라 회피 기동을 수행한다. 회피 기동은 장애물의 경계를 따라 이동하도록 제어하는 방법과 회피 경로를 생성하여 기존의 이동 경로를 수정하는 방법이 있다.

장애물 회피의 1단계는 장애물의 유무를 감지하는 것이다. 장애물의 감지 센서로는 이미지소나와 거리소나 같은 소나 방식이 주로 이용된다. 장애물 감지 목적으로 사용하는 소나는 이미지소나(Image Sonar), 전방감지소나(Forward Looking Sonar), 항법소나(Navigation Sonar) 등으로 불리는데 싱글빔스캐닝소나 방식과 멀티빔소나 방식이 있다. 싱글빔스캐닝소나 방식은 소나헤드를 기계적으로 회전시키면서 순차적으로 빔을 쏘고 받는 방식으로 멀티빔 방식에 비해 업데이트 주기가 길어 빠른 속도로 이동하는 AUV에는 적합하지 않다. 멀티빔소나 방식은 수 백 개의 배열 소나를 이용하여 동시에 여러 방향으로부터의 신호를 수신 처리하는 방법으로 싱글빔스캐닝소나 방식에 비해 이미지 업데이트 주기가 짧지만 가격이 상대적으로 고가이다. 거리소나 방식은 몇 개의 거리소나의 조합으로 방향에 따라 장애물의 유무와 장애물까지의 거리를 감지하는 방식으로 업데이트 주기가 상대적으로 짧고 가격이 저렴하지만 장애물의 형상이나 크기 정보를 얻기 어렵다. 최근에는 멀티빔 방식의 이미징소나의 가격이 낮아져 멀티빔 이미지 소나를 AUV의 장애물 감지용 센서로 많이 활용하고 있다. 멀티빔 이미지 소나로부터 얻어진 데이터로부터 장애물에 대한 정보를 얻기 위해 필터링(Filtering), 분할(Segmentation), 특징점추출(Feature Extraction), 추적(Tracking) 등의 처리 과정을 거치게 된다. 얻어진 장애물 정보는 디지털 지도를 업데이트하고 이를 회피하기 위한 회피 기동이나 경로 재계획을 위한 자료로 사용한다.

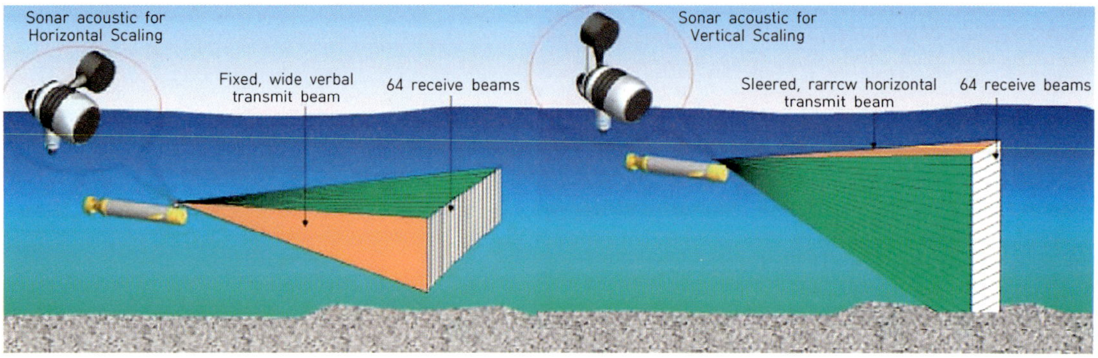

그림 3-66 잠수정 전방소나 활용방법

장애물을 감지하여 장애물에 대한 정보를 얻어 내면 장애물과의 충돌을 회피하기 위한 회피 기동을 하여야 하는데 이는 장애물의 경계를 따라 이동하는 장애물 경계 추종 방법과 경로 재계획에 의한 방법으로 나눌 수 있다. 장애물 경계 추종 방법은 장애물의 윤곽과 일정한 거리를 유지하도록 AUV의 선수각이나 고도를 제어하는 방식이다. 즉, 이동 경로 상에서 장애물을 만나면 경로를 벗어나 장애물의 경계를 따라 이동하게 되고, 장애물을 벗어나 기존 경로와 다시 만나게 되면 다시 기존 경로를 따르게 된다. 장애물의 종류에 따라 수평면 경계추종(Wall-following) 또는 수직면 경계추종(Terrain-following)을 할 수 있다. 경로계획 방법은 전역 경로계획(Global Path Planning)과 지역 경로계획(Local Path Planning)로 나누어진다. 전역 경로계획은 환경에 대한 정보를 바탕으로 임무 수행 이전에 충돌 없는 경로를 생성하는 방법이다. 장애물의 위치나 크기 정보를 미리 알 수 있고 변하지 않을 경우 이를 회피하도록 사전에 경로를 계획하여 입력해 두는 방법이 이에 해당한다. 오프라인(Off-line) 또는 정적(Static) 경로계획이라고도 한다. 지역 경로계획은 미지의 환경을 운항하거나 전역 경로계획 단계에서 알 수 없는 장애물을 회피해야 할 경우에 사용하는 방법으로 수중로봇 내에서 장애물의 감지 결과에 따라 실시간으로 이루어지는 경로 계획이 이에 해당한다. 정지된 장애물 뿐 아니라 움직이는 장애물에도 적용될 수 있다. 온라인(On-line) 또는 동적(Dynamic) 경로계획이라고도 한다. 통상적으로 전역 경로계획과 지역 경로계획을 조합하여 AUV 장애물 회피 경로의 계획이 이루어진다.

경로 계획 방법론에는 Potential Field Algorithm 이나 Cell Decomposition 방법 등이 있고, 부분적으로 알려진 환경에 센서로부터 얻어지는 장애물 정보를 더해 경로를 계획하는 D* 알고리즘이나 다이내믹 프로그래밍 등의 방법이 있다. 이러한 방법은 복잡한 실제 환경에 적용할 경우 연산이 복잡해져 많은 연산 시간을 소모하는 한편, 최적화 과정에서 국소 최저치(Local Minima)에 빠질 수 있는 한계를 가지고 있어 이를 해결하기 위해 여전히 연구가 진행 중이다. AUV 개발자는 그 특성을 잘 이해하고 적절한 방법을 선택하여 사용하여야 한다.

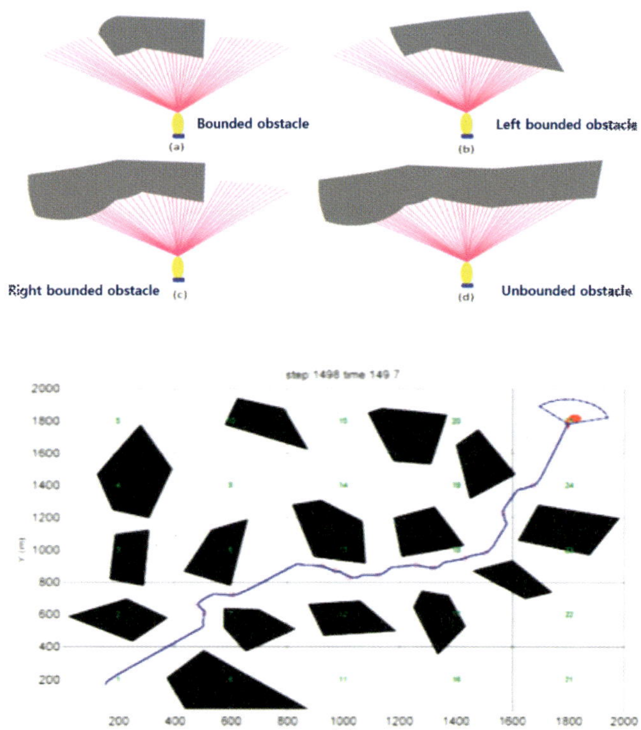

그림 3-67 장애물 탐지 및 장애물 회피 시뮬레이션

3.6 자율제어의 원리

3.6.1 수중에서의 자세

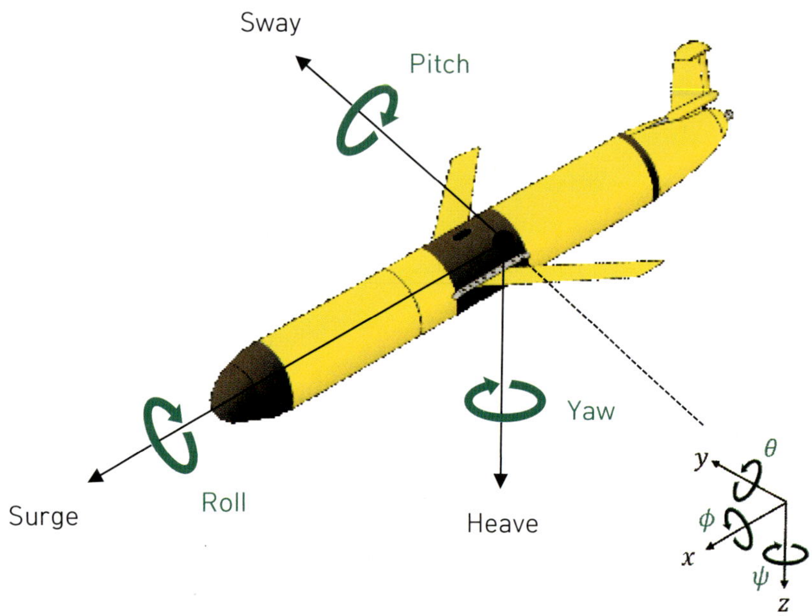

그림 3-68 몸체고정좌표계와 지구고정좌표계

3차원 공간상에서 AUV는 6 자유도 운동을 한다. AUV의 6 자유도 운동을 이해하기 위하여 그림 3-67과 같이 몸체 중심에 위치한 몸체고정좌표계와 지구고정좌표계를 정의할 수 있다.

좌표계의 방향으로 AUV의 진행방향을 x, 우현방향을 y 그리고 수심방향을 z로 설정하였으며, 각 축에 대한 병진운동과 회전운동을 고려하여 AUV의 운동을 표현할 수 있다. x, y, z축 방향으로 병진운동을 Surge, Sway, Heave라 표현하며, 회전운동은 Roll, Pitch, Yaw로 나타낼 수 있다. 표 3-4는 AUV의 속도, 위치, 자세를 나타내는 용어 및 기호를 보여준다.

표 3-4 The Notaion of SNAME for AUV

Degree of Freedom		Force & Moment	Linear & Angular Velocities	Positions & Euler Angles
Translational motion	Surge	X	u	x
	Sway	Y	v	y
	Heave	Z	w	z
Rotational motion	Roll	K	p	φ
	Pitch	M	q	θ
	Yaw	N	r	ψ

* SNAME : The Society of Naval Architects and Marine Engineers

수중에서 활동 중인 AUV는 항상 수면에서처럼 수평 자세로만 이동할 수는 없다. 선명한 사진 또는 동영상 취득을 위해 해저면과 일정한 거리를 유지해야 하므로 지면의 형상에 따라 AUV의 고도와 자세가 계속 변해야 한다. 작업 해역의 해저면이 비교적 평탄하다고 판단되면 모든 작업을 마치고 복귀한 AUV의 블랙박스를 열어 그 동안의 자세 데이터를 분석할 수 있으나, 해저 지형이 산악지대처럼 예측이 어렵고 위험 요소가 많은 경우에는 일정 시간 간격으로 AUV로 하여금 현재 위치와 자세 정보를 음향에 실어 수면으로 전송할 수도 있다(그림 3-69).

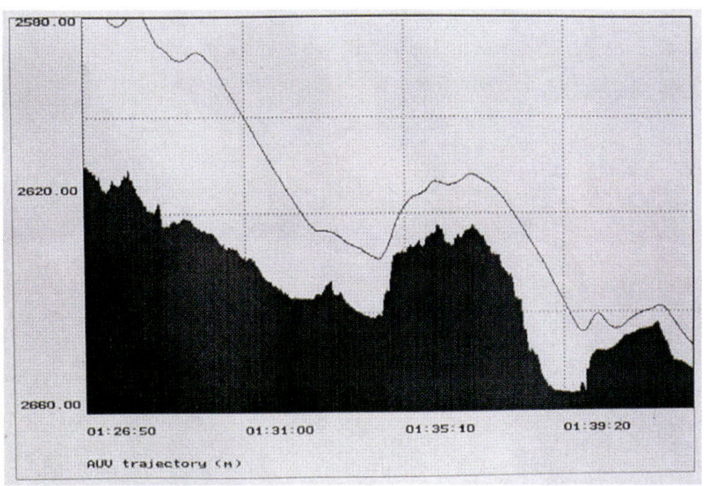

그림 3-69 해저산(Seamount) 표면에 근접하여 자율 이동하는 AUV의 궤적

3.6.2 음파를 이용한 실시간 수중위치 추적 방식(APS)

수중에서 AUV가 이동하는 동안 실시간으로 그 위치를 파악하는 것은 무엇보다 중요하다고 할 수 있는데 고가의 장비인 AUV를 분실할 가능성이 상존하기 때문이다. 실제로 수면에 위치한 지원 선박과 줄(Tether)로 연결된 ROV와 달리 AUV는 분실되는 일이 종종 발생한다.

수중에서는 공기 중에서와 같은 전파 통신이 불가능하므로 바다의 고래와 같은 포유류 동물의 통신 방식을 활용한다. 금속재료 중에는 외부 압력에 의해 전기를 발생하거나 전기를 인가하면 진동 현상이 생기는 경우가 있는데 이런 현상을 압전 또는 역압전 현상이라고 한다.

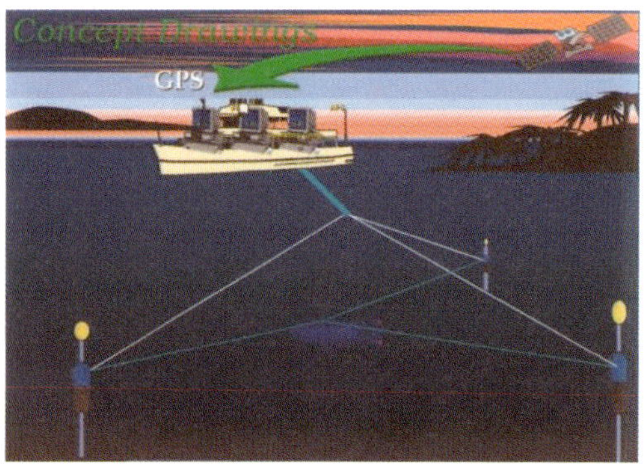

그림 3-70 수중 음향 채널 모식도

그림 3-71 부유식 해양시추 플랜트가 장기간 동안 수면 상의 정해진 위치를 지키기 위해 해저에 설치하는 센서(좌)와 수중음향 시스템(우)

깊은 바다의 해저에 이런 양방향 기능을 가진 트랜스폰더를 그림 3-71과 같이 3개 이상 투하하여 설치한 후 수면의 지원 선박에서도 1개의 트랜시버를 물속으로 늘어뜨려 일정 간격으로 소리를 내면 이 물질 파동은 해저까지 초당 약 1,500 m 속도로 전달되고, 해저의 각각의 트랜스폰더는 전달받은 음압에 반응하여 전기신호를 발생시킴과 동시에 이를 바탕으로 자기도 응답음을 발생시킨다.

이 음파가 수면에 있는 트랜시버에 다시 도착하면 음파가 수면에서 해저의 트랜스폰더까지 왕복 여행을 한 셈이 되고 두 지점 간의 거리가 계산된다. 이런 방식으로 해저에 설치된 다수의 트랜스폰더들이 응답하여 각각 시차를 두고 수면으로 도착하는 음향 신호들로부터 각 트랜스폰더의 좌표를 계산할 수 있다. 이런 가상의 수중 삼각뿔 또는 사각뿔 통신망 내에 AUV가 트랜스폰더를 장착한 채 이동하면서 음향 신호에 즉각 응답한다면 가상의 통신망 내에서의 유일한 이동체인 AUV의 실시간 위치를 수면의 지원 선박에서 추적할 수 있다.

수중 이동체의 위치를 실시간으로 파악하는 방법은 음향통신, 광통신, 관성항법 시스템 등이 있는데 고전 물리학에 기초한 수중음향통신에는 통상 다음과 같은 3가지 방식이 있다.

(1) 장기선 위치추적 방식 (Long Base Line Acoustic Positioning System, LBL APS)

이 방식은 수심이 상당히 깊고 AUV의 활동 반경이 크지 않을 때 그림 3-72와 같이 시스템을 설치하여 운용하는 방식이다. 여기서 해저에 미리 설치하는 3개 이상의 트랜스폰더는 수면에서 추를 매달아 서서히 해저로 내려 보내는데 하강 중 조류 등의 영향으로 연직 하방으로 내려갈 수는 없으므로 3~6 km 정도의 거리를 갖도록 3개 이상을 투하한

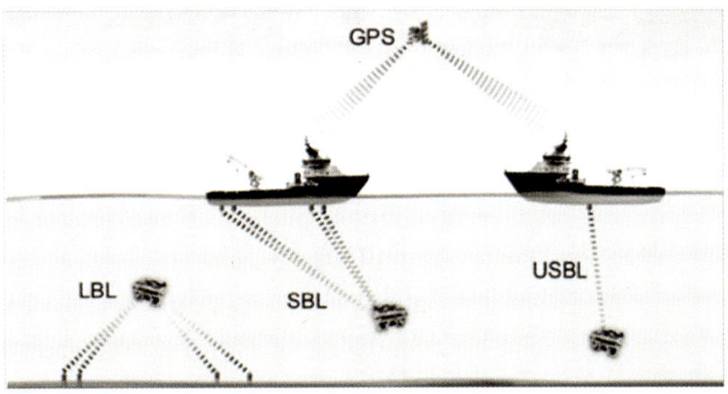

그림 3-72 음향통신을 활용한 수중로봇의 위치추적 방식

후 해저에 도착하면 쌍방향 통신이 원활한 지 점검을 한다. 해저에 설치된 트랜스톤더들의 지구 좌표를 알기 위해 수상 지원 선박이 트랜스폰더 사이로 항해하면서 각 트랜스폰더까지의 직선거리를 수차례 측정하여 연산으로 3차원 좌표를 확인한다. 이렇게 수면의 수상 지원 선박과 해저의 트랜스폰더들을 꼭짓점으로 하는 가상의 삼각뿔을 구성한 후 그 공간 속으로 음향 신호를 주고받을 수 있는 AUV를 내려 보내는 것이다.

이 방식의 장점은 해저에 고정 설치된 센서의 상대 운동이 없으므로 수면의 수상 지원 선박이 정위치를 유지한다면 유일한 운동체는 AUV뿐이므로 실시간 수중 위치를 비교적 정밀하게 추적할 수 있다. 단점으로는 트랜스폰더를 해저로 설치하는 과정에서 조류의 영향으로 해저의 굴곡면 뒤쪽으로 가라앉아 서로 음향 통신이 어렵거나 불가능해지는 경우도 발생할 수 있는데 이런 경우에는 정확도는 떨어지지만 최하 두 개의 트랜스폰드로도 AUV를 운용하게 된다.

(2) 단기선 위치추적 방식 (Short Base Line Acoustic Positioning System, SBL APS)

수상 지원 선박과 AUV의 거리가 2~3 km 이내이고 넓은 해저 영역에 대한 작업이 필요하면 앞에서 설명한 LBL APS 방식의 해저 트랜스폰더들을 수면의 수상 지원 선박에 설치함으로써 수중의 가상 삼각뿔 또는 사각뿔을 거꾸로 형성하여 실시간 위치추적을 하게 된다. 이때 수상 지원 선박에 설치하는 트랜스폰더들의 상호 거리는 수상 지원 선박의 외형적 크기를 최대한 활용하여 넓게 설치하게 된다. 이 방식의 장점은 해저에 트랜스폰더를 설치할 필요가 없으므로 수면에 위치한 수상 지원 선박과 수중의 AUV는 서로 통신하면서 넓은 지역을 이동하며 연속적으로 활동할 수 있다는 것이나 단점으로는 정밀도 확보를 위해 작업 수심에 제한이 따르고 날씨 또는 수상 지원 선박의 크기에 따라 삼각뿔의 바닥면을 형성하는 수상 지원 선박의 운동이 커지면 또한 위치추적 오차가 커질 수 있다.

(3) 초단기선 위치추적 방식 (Ultra Short Base Line Acoustic Positioning System, USBL APS)

이 방식은 그림 3-73와 같이 SBL 방식을 더 작게 축소한 형태이다. 즉, 가상의 삼각뿔을 SBL 방식처럼 수상 지원 선박의 크기를 활용하지 않고 손바닥 면적 정도의 평판에 삼각뿔 또는 사각뿔을 형성하도록 트랜스폰드를 3~4개 배치한 후 이 평판을 수면 하부에 아래쪽 방향으로 고정 설치하여 통신한다. 이 방식의 최대 장점은 음향 통신 시스템이 매우 작고 가벼워 설치와 회수가 간단하다는 것이나, 또한 삼각뿔 바닥면의 크기가 작아 수상

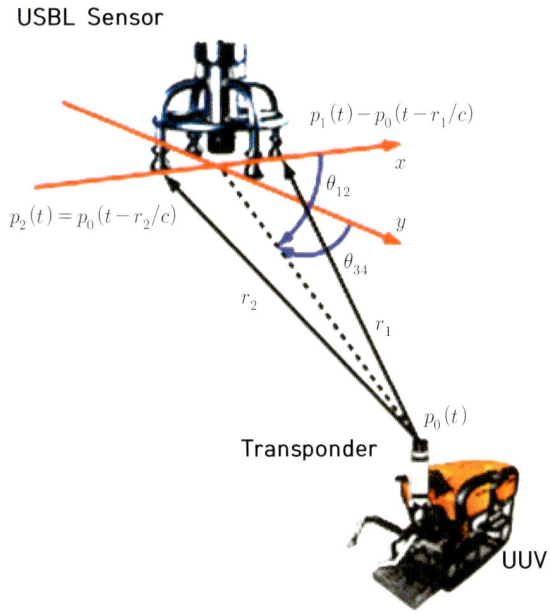

그림 3-73 수면 하부의 음향센서와 수중로봇이 음향신호로 상대 위치를 파악하는 원리

지원 선박의 운동으로 작은 평판이 함께 움직이면 각 트랜스폰더의 통신을 통한 수중 이동체 AUV의 실시간 위치 추적의 정밀도가 급격히 떨어진다. 일반적으로 트랜스폰더 간의 거리가 짧을수록 주고받는 음향의 위상차가 작고 정확도가 떨어지므로 사용 수심과 바다의 상태에 따라 사용에 제한이 따르게 된다.

3.6.3 장애물 회피를 위한 속도제어

수중에서 스스로 상황을 판단하며 행동해야 하는 AUV에도 눈이 꼭 필요하다. AUV는 곧 수중로봇이므로 탑재된 센서들이 상황을 인지하는 눈의 역할을 하게 된다. 수중에서 이동 중 원하는 목표물을 찾거나 또는 위험한 장애물들을 인지하고 회피하는 방식도 대부분 음파를 활용하게 되는데 우리가 확성기를 입에 대고 이야기하듯 수중에서 음파를 만들 때에도 방향성을 제어할 수 있다. 그러므로 AUV가 전진하는 앞쪽뿐만 아니라 옆쪽과 아래쪽으로 지속적으로 음파를 발신하여 장애물로부터 반사되어 오는 음향 신호를 계측하여 장애물까지의 거리를 연산하게 된다. 이 정보를 바탕으로 AUV가 얼마나 물체에 가까이 위치하는지, 어느 방향으로 회피하여야 하는지 등을 스스로 판단하여 움직이게 한다.

그림 3-74 수중에서의 거리 측정용 음향 센서

이러한 장애물까지의 거리와 방향을 파악하는 데 사용되는 센서를 레인지 소나(Range Sonar)라 부르고 그 형태는 그림 3-74와 같다.

일정한 시간 간격으로 전원을 이 소나에 인가하면 내부에 들어있는 압전소자(Piezoelectric Ceramic)가 진동을 하고 이 진동 에너지는 그 진동 방향으로 해수에 충격을 주게 되는데, 이 충격파가 장애물로부터 반사되어 되돌아와 소나에 진동을 주면 그 진동 형태 그대로 전기가 발생되므로 AUV는 음파가 수중에서 왕복 여행을 한 시간으로부터 장애물까지의 거리를 파악하는 구조이다. 각 방향마다 안전한 자율운항을 위한 최소 접근거리를 운용자가 프로그램으로 미리 입력해 두면 AUV는 그 접근거리에서 회피 동작을 시작하게 되는 것이다.

또, AUV의 현재 위치 파악도 중요하지만 움직이고 있는 속도도 중요하다. 현재 속도가 빠르고 장애물까지의 거리가 가깝다면 급정지 행동 - 예를 들면 추진기의 역회전 - 을 하더라도 장애물과 충돌할 수 있기 때문이다.

그림 3-75 회전날개 방식의 속도 계측 센서

AUV의 속도를 파악하는 장치 또는 센서는 여러 종류가 있다. 그림 3-75는 가장 오래된 형태의 아날로그 방식의 속도계를 보여준다. 영구자석이 들어있는 십자형 회전자가 단위 시간당 자력선을 가로지르는 횟수를 헤아려 특정 형상의 AUV의 전진 속도를 계측하는 방식이다.

3.6.4 수중에서의 위험 요소의 검출 및 비상조치

(1) 위험 요소의 분류

임무를 수행하는 도중에 시스템적 오작동을 유발할 수 있는 위험 요소들은 아래 표와 같이 내부적 요소와 외부적 요소로 분류된다.

표 3-5

위험 요소 분류	주요 위험 요소
내부적 요소	• 전력 공급 이상 • 운용 장비 및 센서 이상 • 누수 (Leakage) • 추진기 과부하 및 전력 공급 이상 • 프로그램의 오작동 • 통신 오류
외부적 요소	• 조류에 의한 추진기 과부하 • 급격한 지형 변화 • 염도 변화에 따른 부력 변화

위험 요소의 판단 방법은 아래 표와 같이 구분할 수 있고, 별도의 점검용 소프트웨어 모듈로 구성한다.

표 3-6

판단 시스템	판단 방법
Digital I/O 및 통신에 의한 판단	• 누수 여부 및 추진기의 과부하 여부와 Digital I/O로 확인 가능한 오류와 주변 기기와의 통신 오류를 함께 측정
A/D 변환 데이터에 의한 판단	• 전력 공급 이상은 A/D (Analog to Digital) 변환 데이터의 +24 V, +12 V, +5 V 및 접지 전압 등으로 이상 여부를 확인 • 각 전압마다 경고 전압과 이상 전압을 각각 설정하여 경고 전압의 범위를 초과한 경우에는 시스템 이상 발생을 기록만 하면서 임무 수행을 지속하게 하고 설정된 이상 전압의 범위를 임계 시간 동안 초과할 경우 수행 중인 임무를 포기하고 AUV를 수면으로 부상시킴

표 3-6 연속

판단 시스템	판단 방법
센서 데이터에 의한 판단	• AUV의 동작 수심이 임계 수심을 초과할 경우 수심 센서로 판단 • 잠수 시간을 초과할 경우 타이머 데이터로 판단 • 소나 센서 데이터가 임계치 초과의 경우에는 데이터로 판단
환경 및 항주 상태의 추정에 의한 판단	• 항법 오차(수심, 방위각, 속도)는 수심 센서 및 하방 소나 센서를 이용한 고도 데이터와 자이로 센서 및 속도 센서를 이용한 항주 상태를 기준으로 판단 • 급격한 지형 변화는 계측된 소나 센서 데이터들과 이전 데이터들을 기준으로 추정되었던 동작 환경의 비교를 통하여 판단
감시(Watch-dog) 타이머	• 주요 센서 인터페이스 모듈과 동작 제어 모듈들에는 각자의 Watch-dog 타이머를 할당 • 특정 모듈이 오작동하거나 특정 시간동안 실행되지 못하였을 경우 해당 모듈을 복구한 후 임무 수행을 재 개시함

(2) 위험요소에 대한 비상조치

AUV가 위험을 발견하면 해당 위험 요소가 AUV의 안전에 심각한 위험을 초래할 수 있는가와 그에 따른 임무 수행이 가능한가를 판단한다.

AUV의 안전에 심각한 영향을 주는 요소로는 누수와 압력 용기의 파괴가 있다. 특히 누수의 경우에는 AUV의 누수량의 총합이 부상용 금속 추의 무게보다 클 경우 AUV가 부상할 수 없게 된다. 임무 수행 불능 요인으로는 대체 장비가 없는 계측 장비(예를 들어 항주를 위한 레인지소나 등)의 고장과 추진기 고장, 항로 유지 불능과 배터리 용량 부족 등이 있다. 이런 위험 요소 그룹에 속한 요인들이 발생할 경우에는 주어진 임무를 포기하여야 한다. 이 외에 대체 장비가 있는 계측 장비의 고장이나 부가 장치의 고장이 발생할 경우에는 특정 임무를 포기하거나 새로운 임무를 지시받도록 한다. 그림 3-76에서와 같이 위험 요소에 대한 처리 과정은 위험 요소의 탐지 및 감내 한계 판단, 임무 지속 및 포기 또는 대체 임무 수행 등으로 구성된다.

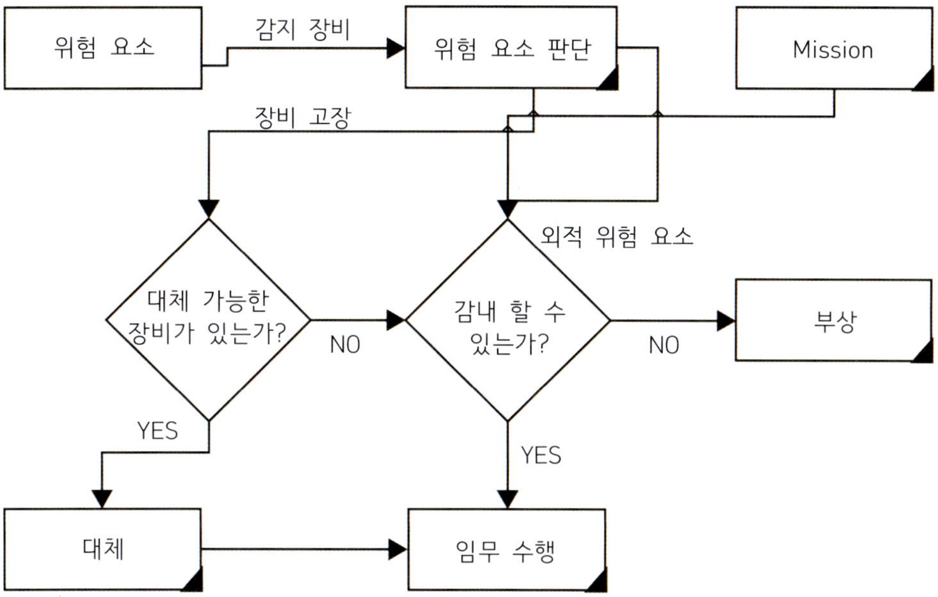

그림 3-76 시스템 오류에 대한 처리 과정

3.6.5 센서의 수면모드 설정과 활용

AUV가 수면에 떠 있을 때 AUV의 위치는 두 가지로 표현할 수 있겠다. 즉, 현재의 수심은 OO m이고 해저로부터의 고도는 △△ m라고 표현한다. AUV가 해저로 하강하지 않고 수면 근처에서 작업을 하거나 시험을 반복한다면 주로 고도 보다는 현재의 수심으로 AUV의 거동을 표현한다. 하지만 AUV가 깊은 해저로 접근을 하거나 해저 근처에서 활동 중일 때는 수면까지의 깊이보다 해저로부터의 고도가 더 큰 관심사이다. 선명한 영상 촬영이나 해저와의 충돌을 예방하기 위해 수면에 늘 존재하는 파도로 인해 변화 중인 수심보다 정밀한 고도 관리를 더 잘하라고 AUV에게 지시해 두는 것이다. 이를 두고 수심 모드(Depth Mode) 또는 고도 모드(Altitude Mode)라고 지칭하고 적절한 깊이에서부터 모드를 전환하여 임무를 수행하도록 한다.

3.7 수중통신의 원리

지상에서 통신을 위해 주로 사용하는 전자파를 수중에서 사용하는 경우, 흡수, 산란, 굴절 등으로 인해 급속히 감쇠된다. 주파수가 높을수록 감쇠율도 높아지기 때문에 극 저주파를 사용하더라도 신호 도달 거리는 수 km에 불과하다. 따라서 수중 무선 통신의 수단으로는 감쇠율이 낮은 음파를 주로 사용한다.

3.7.1 수중에서의 통신원리

(1) 수중 음향의 기초

1) 음속(Sound Velocity)

수중 무선 통신의 수단 중 가장 보편적인 방법인 음향 통신은 기타 수단보다 전파 속도가 낮은 단점이 있다. 따라서 수중 음향 통신에서 음파의 전달 속도를 예측하는 것이 중요하다.

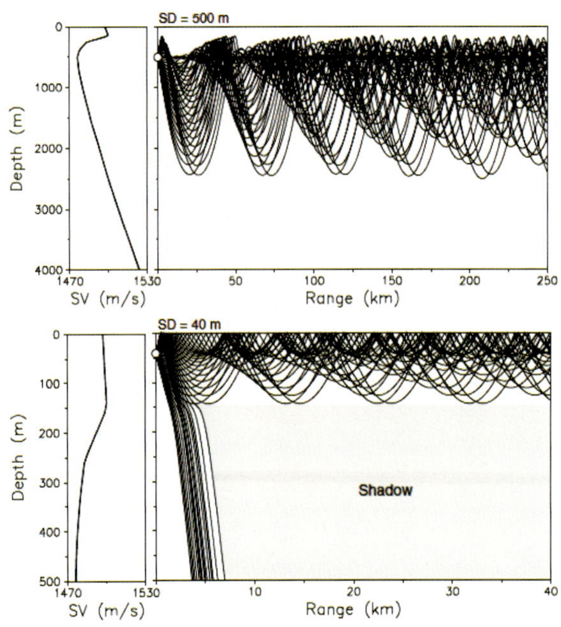

그림 3-77 음속 구조에 따른 음파 진행 경로

음속은 수온, 염도, 압력의 영향을 받으며, 이에 따라 그림 3-77과 같이 다양한 음속 구조(Sound Speed Profile, SSP)를 보인다. 그림 3-77의 각 그림에서 왼쪽 부분의 그래프는 수심에 따른 음속 구조를 나타낸 것이고, 오른쪽 부분의 그림은 음속 구조에 따른 음파 전달 경로를 그린 것이다. 스넬의 법칙으로 인해 음속이 느려지는 방향으로 음파가 굴절되기 때문에, 음속 구조에 따라 음파 전달 경로가 달라지는 것을 알 수 있다.

2) 음향 강도(Acoustic Intensity)

음향 강도는 음파의 진행 방향에 수직한 단위 면적을 통과하는 에너지의 시간 평균을 의미한다. 즉, 음향 강도는 단위 면적당 음향 출력(Acoustic Power)을 의미한다.

3) 데시벨 스케일(dB Scale)

데시벨(dB)은 기준 값에 대한 비를 상용로그로 표현한 상대적인 값이다. 수중 음향에서 다루는 음압이나 음향 강도의 범위가 매우 넓기 때문에 일반적으로 데시벨 스케일을 사용하여 물리량을 표현한다.

- 음압레벨(Sound Pressure Level) : $SPL = 10\log\frac{I}{I_{ref}} = 10\log\frac{p^2}{p_{ref}^2}$ dB re 1 μPa
- 음원레벨(Source Level) : $SL = 10\log\frac{I_1}{I_{ref}}$ dB re 1 m, 1 μPa
- 전달손실(Transmission Loss) : $TL = 10\log\frac{I_1}{I}$ dB re 1 m
- 음향출력레벨(Power Level) : $L_W = 10\log\frac{W}{W_{ref}}$ dB re 1 W

(2) 전달손실(Transmission Loss, TL)

전달손실은 음파가 수중에서 전달되는 과정에서 확산, 흡수, 산란, 굴절, 반사 등으로 인해 에너지가 손실되는 것을 의미한다.

전달손실은 분산손실과 흡음손실의 합으로 나타낼 수 있다. 여기서, 분산손실은 기하학적인 효과로서, 음파 신호가 음원으로부터 전파될 때 일정하게 약해지는 것을 의미하며 대표적으로 그림 3-78과 같은 구형파와 원통형파 형태의 전파가 있다. 일반적으로 깊은 수심은 구형파, 얕은 수심은 원통형파로 간주한다.

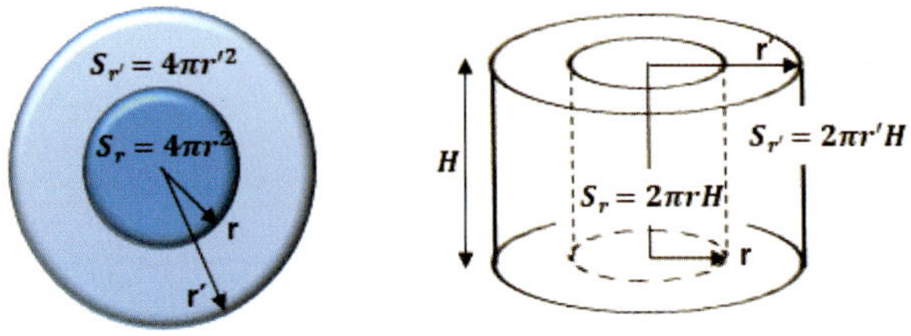

(a) 구형파 (b) 원통형파

그림 3-78 분산손실(TL) 모델

이와 같은 단순한 모델에서 음향 출력은 음원으로부터 거리와 관계없이 일정하다고 하면, 음파 강도는 거리 r 에서 음원을 둘러싼 면적에 반비례한다. 반경 r 인 구와 높이 H 의 원통의 표면적이 각각 $4\pi r^2$, $2\pi r H$이므로 전달손실은 다음과 같이 로그함수로 나타낼 수 있다.

구면파 : $TL = 20\log r$, **원통형파 :** $TL = 10\log r$

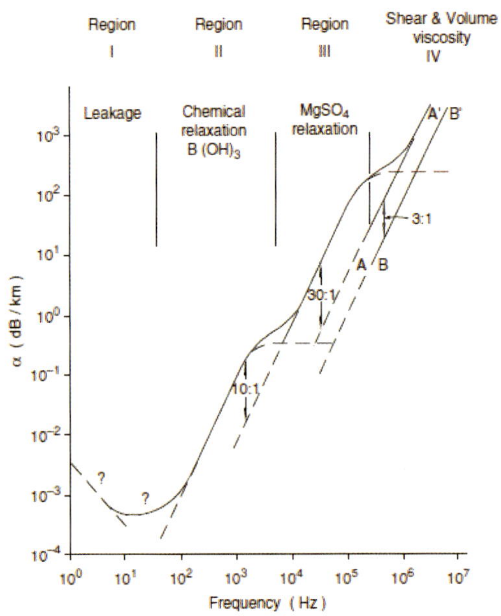

그림 3-79 주파수 대역별 흡수계수

흡음손실은 음향에너지가 열에너지로 변환되면서 발생하는 손실로, 흡음 계수 α(dB/km)와 거리 r의 곱으로 나타낼 수 있다. 점성, 물 분자구조, $MgSO_4$, $B(OH)_4$가 흡음손실에 영향을 미치며, 그림 3-79에서 주파수 대역별로 흡음 계수의 경향과 가장 큰 영향을 미치는 요인을 확인할 수 있다. 이러한 흡음 계수는 압력, 온도, 염도에 따라 달라지며, 일반적으로 주파수의 제곱에 비례한다.

(3) 음파의 반사(Sound Reflection)

음파가 수중에서 전파되는 중에 해수면 또는 해저면과 만나게 되면 반사 및 투과되면서 에너지의 손실이 일어난다.

그림 3-80과 같이 서로 다른 매질이 평면으로 접하고 있다고 가정하고 이 평면과 평면으로 들어오는 음파의 각도(Grazing Angle)를 θ라 할 때, 두 매질의 밀도비(ρ_2/ρ_1)와 음속비(c_1/c_2)를 통해 반사계수μ_r와 투과계수μ_t, 반사손실L_r을 구할 수 있다. 그림 3-81은 심해 바닥에서의 지표 각에 따른 반사손실을 나타낸 것이다.

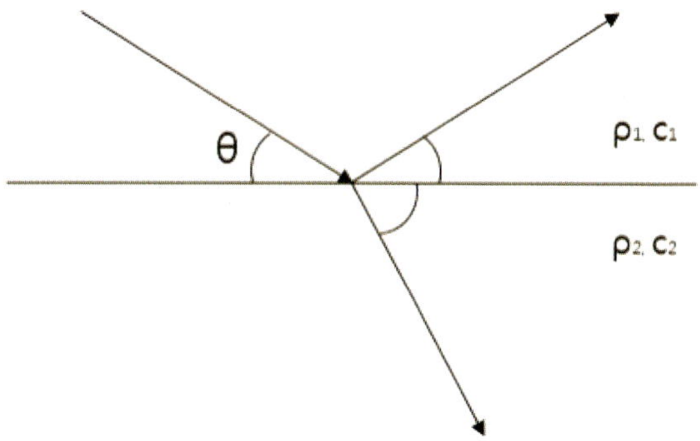

그림 3-80 두 매질 사이에서 음파의 반사와 투과

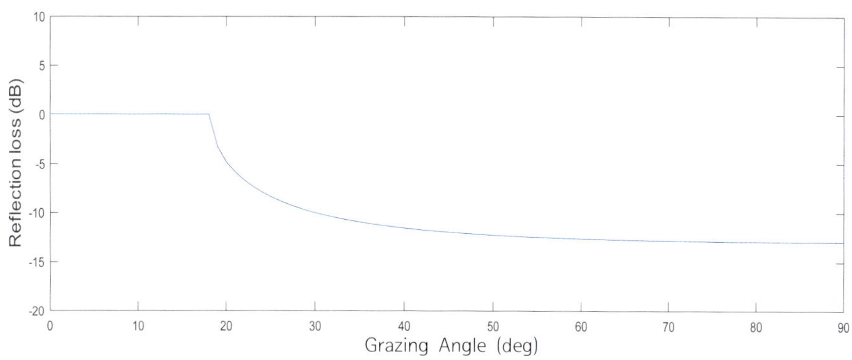

그림 3-81 지표 각(Grazing Angle)에 따른 반사손실 예

3.7.2 안정적 수중통신을 위한 고려사항

안정적인 수중 음향 통신을 위해서는 도플러 효과에 의한 신호 왜곡을 완화시켜야 한다. 송·수신부 사이의 상대속도에 의해 신호의 주파수가 변하게 되는 도플러 효과는 각 주파수 성분들 사이의 간섭을 일으킨다. 또한, 다른 통신 수단에 비해 전파 속도가 느리고 다중 경로를 가지는 음향 통신에서 이러한 도플러 효과는 더 큰 영향을 끼친다.

수중 음향 통신에서는 주파수 대역별로 다양하게 신호 수신을 방해하는 소음원들을 고려해야 한다. 그림 3-81 Wenz Curve는 심해에서의 주파수별 소음원 및 소음 수준을 표시한 것이다. 10 Hz 이하의 주파수 대역에서는 지진, 화산폭발, 난류에 의한 소음, 10 ~ 100 Hz에서는 선박 통행에 의한 소음, 100 Hz ~ 100 kHz에서는 바람에 의한 소음, 100 kHz 이상에서는 해수의 분자 활동에 의한 열 소음 등이 주요 소음원이다. 또한, 해양 생물이 내는 소리, 얼음이 깨지는 소리 등이 소음원이 되기도 한다.

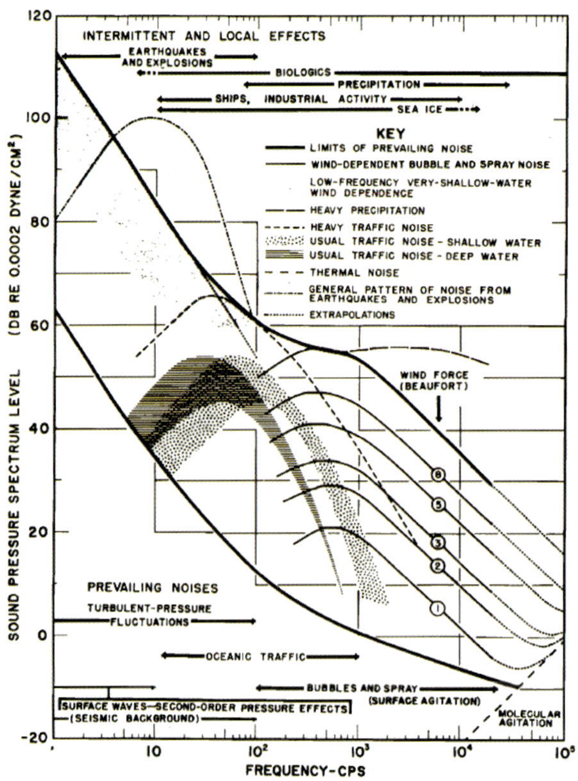

그림 3-82 Wenz Curve

3.7.3 수중통신용 장치

수중 음향 통신을 위해서는 수중 음향 통신 모뎀이 필요하다. 수중 음향 통신 모뎀은 디지털 신호와 아날로그 신호(수중 음향 신호) 간 변환을 위해 필요한 장비로 ADC (Analog to Digital Converter), DAC(Digital to Analog Converter), 디지털부(소프트웨어 및 하드웨어), 아날로그부(통과대역 필터, 증폭기), 수중 음향 트랜스듀서 등으로 구성된다.

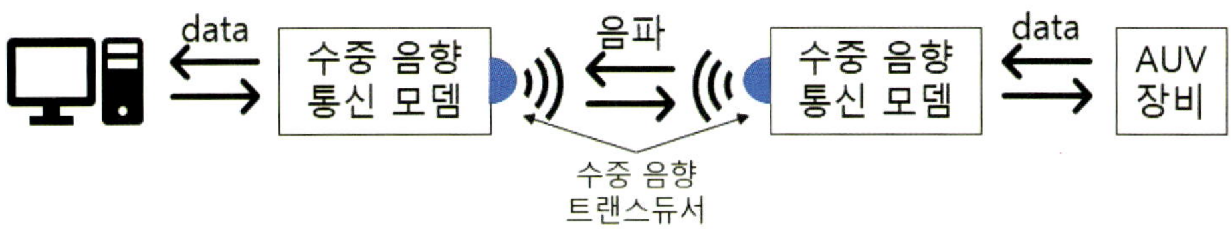

그림 3-83 기본적인 수중 음향 통신 모델

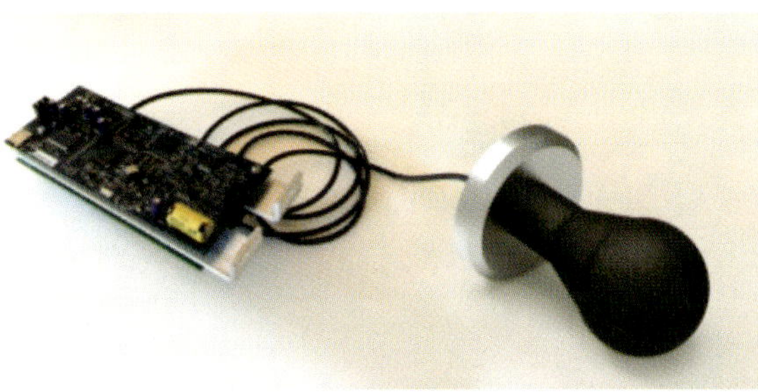

그림 3-84 AM-AUV

그림 3-85 ATM-903

AUV에 적용 가능한 수중 음향 모뎀의 예시로는 AquaSeNT사의 AM-AUV(그림 3-84), Teledyne Benthos사의 ATM-903(그림 3-85) 등이 있다. AM-AUV는 OFDM 변조 방식을 사용하며, 데이터 전송률 375~1500 bps, 주파수 21~27 kHz, 운용 범위 5 km이다. ATM-903의 데이터 전송률은 MFSK 변조 방식으로는 140~2400 bps, PSK 변조 방식은 2460~15,360 bps이며, 가용 주파수 대역은 9~14 kHz, 16~21 kHz, 22~27 kHz, 운용 범위는 2~6 km이다.

수중 음향 트랜스듀서는 전기 신호를 음향 신호로(송신기) 또는 음향 신호를 전기 신호로(수신기) 변환시키는 장치이다. 이러한 트랜스듀서의 종류로는 압전형(Piezoelectric), 자기변형(Magnetostrictive) 트랜스듀서 등이 있다.

압전형 트랜스듀서는 압전체에 힘을 가하여 전기 신호를 발생시키거나 또는 전압을 가하면 형태가 변하는 압전 효과를 이용한 것이다. 압전체를 분극 처리하여 분극 방향과 반대로 전압을 가할 경우 압전체가 팽창·수축을 반복하는 압전 진동자로 만들 수 있다.

자기변형 트랜스듀서는 자성체에 자기장을 변화시켜 힘을 발생시키거나 힘을 가하여 자기장의 변화를 발생시키는 자기변형 현상을 이용한 것이다.

3.7.4 데이터 수중전송 기술

수중에서 음파는 해수면·해저면에 의한 반사 및 굴절에 의해 다중 경로로 진행하기 때문에 신호가 왜곡된다. 이를 극복하기 위해 다중 경로의 영향을 받지 않는 비동기(Incoherent) 위상방식을 사용하거나, 등화기(Equalizer)를 통해 다중 경로 현상을 보정하여 동기(Coherent) 위상방식으로 통신을 한다.

비동기 위상방식으로는 FSK(Frequency Shift Keying)가 대표적인 방식이다. 이는 음파가 수중에서 전파될 때 위상과 진폭은 변화하는 반면 주파수는 변하지 않는 것을 이용한 방법이다. 초기에는 200 bps 이하의 낮은 데이터 전송률을 보였지만, Baggeroer 등이 FSK 방식으로 1200 bps로 데이터 전송에 성공하였다. 또한, 미국 WHOI에서는 MFSK(Multiple Frequency Shift Keying) 방식으로 5.4 해리에서 200 bps로 데이터를 전송하는데 성공한 바 있다. 이러한 방식은 신뢰성이 높고 구성이 단순하여 AUV 조종에 적합하지만, 데이터 전송률이 낮아 비디오 데이터와 같이 용량이 큰 데이터의 전송에는 부적합하다.

동기 위상방식으로는 PSK(Phase Shift Keying), QAM(Quadrature Amplitude Modulation) 등이 있으며 데이터 전송률 은 200~20,000 bps, 전송 범위는 0.06 ~ 50 km이다. 동기 위상방식은 비동기 위상 방식에 비해 높은 데이터 전송률을 보이지만, 다중 경로에 의한 ISI(Inter-Symbol Interference)를 극복하기 위해 별도의 등화기를 사용해야 한다. AUV의 경우 탑재 장비의 경량·저전력화가 필요하기 때문에 단순한 구조의 등화기를 사용해야 하며, 이를 위해서 FDM(Frequency-Division-Multiplexing)나 OFDM(Orthogonal Frequency - Division-Multiplexing)과 같은 다중반송파 방식을 사용할 수 있다.

3.8 AUV의 운용과 관리

AUV는 컴퓨터 시스템과, 민감한 센서들, 그리고 구동 장치들이 통합된 복잡한 복합시스템이므로 이를 활용하여 임무를 성공적으로 수행하기 위해서는 적절한 운용과 관리가 중요하다. 특히, AUV는 해상에서 끊임없이 움직이는 선박에서 운용되기 때문에 선박의 운동과 선상에서의 온습도 변화, 직사광선 등에도 대비해야 한다. 장거리 이동 시 차량이나 선박의 진동으로부터 파손을 방지하기 위한 진동 대책의 수립도 필요하다.

AUV의 크기에 따라 그에 적합한 진수/인양 장치가 배에 장착되어야 하고, AUV의 수중 위치를 추적하기 위한 수중 위치 추적 장치(USBL 등)와 이를 절대 좌표로 변환하기 위해 DGPS가 설치되어야 한다. 이들 위치 센서는 선박에 설치한 후, 위치 캘리브레이션을 통해 설치 위치를 보정해야 하고, 심해의 경우 수심별 음속을 측정하여 장비에 입력하여 오차를 보정한다. 무선 통신을 위한 음향 트랜스듀서 센서가 선박에 장착되어야 하고, 수중 AUV를 통제하기 위한 원격제어 콘솔이 선상에 설치되어야 하며, 운용자는 운용과정의 모든 이벤트를 기록하여 관리하여야 한다.

AUV는 육상의 정돈된 연구실이나 공장에 항상 머물 수는 없다. 늘 움직임이 있는 수상 지원 선박으로부터 변화하는 힘을 지속적으로 받고 있을 뿐만 아니라 태양으로부터의 직사광선, 높은 습도의 해수증기에 노출되어 있다. 즉 AUV에 탑재된 모든 센서와 장비들이 열악한 환경에 노출되어 있고 그럼에도 불구하고 어느 한 가지 센서나 장치라도 오작동하는 경우에 전체 AUV 시스템은 정상적인 임무를 수행할 수 없게 되는 것이다. 예를 들어 바다 위에서 컴퓨터, 배터리, 카메라 등을 각각의 하우징에 잘 넣은 후 완벽한 방수를 하였더라도 바다 밑으로 내려가면서 수온이 0℃ 근처로 떨어지므로 하우징 내부의 갇힌 공기와의 온도 차이가 이슬을 만들어 카메라의 시야를 흐리게 하거나 AUV의 두뇌에 해당하는 컴퓨터의 전자기판(PCB)에 이슬이 맺혀 전자회로의 정상적 작동을 방해할 수도 있다. 이런 경우를 예방하기 위해 하우징 뚜껑을 닫기 전에 육안으로 보이지는 않지만 공기보다 무겁고 인체에 무해한 질소 가스를 가득 충진한 후 뚜껑을 닫으면 이슬 문제가 해결된다.

또 수압이 존재하는 수중에서 전력 공급 및 장치 구동 신호들을 정상적으로 주고받기 위한 전선들과 그들의 접점들이 많은데 통상 심해용 장비들은 전원이나 신호를 분배하는 분배상자(Junction Box)를 둔다. 분배상자는 투명한 뚜껑으로 덮어 내부를 육안으로 관찰할 수 있도록 하고 불활성 절연 유체를 가득 채워 상자 외부압력이 내부로 전달되도록 압력을 보상한다. 오랜 기간 AUV가 방치되거나 운송되다 보면 이러한 압력 보상용 유체들이 오염되거나 조금씩 발생한 기포가 축적되기도 한다. 갑자기 깊은 물속으로 투하되었을 때 기포의 수축으로 압력 보상 기능이 작동하지 않아 구조물이 변형되거나 파괴될 수도 있다. 그러므로 보관이나 운송 중일 때에도 지속적인 관찰과 정기적인 유지 보수가 꼭 필요하다고 하겠다.

3.8.1 운용 해양 환경

AUV가 어떤 것인지 알려면 먼저 해양 환경부터 이해할 필요가 있다. 물론 바다 이외의 다른 곳에서 이용되고 있는 AUV도 있지만, AUV가 어떠한 것인지 제대로 이해한다면 보다 다양하게 이용할 수 있을 것이다. 그림 3-86에서 볼 수 있듯이 지구의 표면적은 5억 1064 km^2이며 그 가운데 육지가 차지하는 면적은 29%에 불과하다. 육지와 바다의 비율은 위도에 따라 다른데 북반구에는 육지의 약 68%가 편중되어 있고 남반구의 경우에는 북반구의 2배나 되는 바다가 분포하고 있다.

전 세계 바다의 평균 깊이는 대략 3800 m이다. 지금까지 인류가 찾아낸 바다 중 가장 깊은 곳은 태평양 마리아나 해구에 위치해 있으며 그 깊이는 1만 1034 m에 달한다. 우리나라 근해 중에 가장 깊은 수심을 기록하고 있는 동해의 평균 깊이는 1350 m, 가장 깊은 곳은 4049 m에 이른다. 잠수정을 이용하여 작업을 수행할 경우 운용 수심에 맞는 압력을 견딜 수 있도록 선체를 설계하여야 한다.

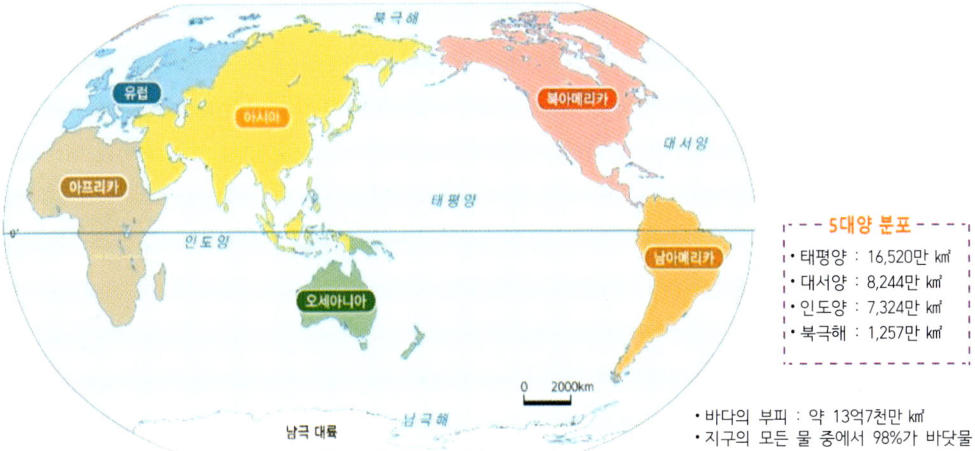

그림 3-86 바다와 육지의 비율

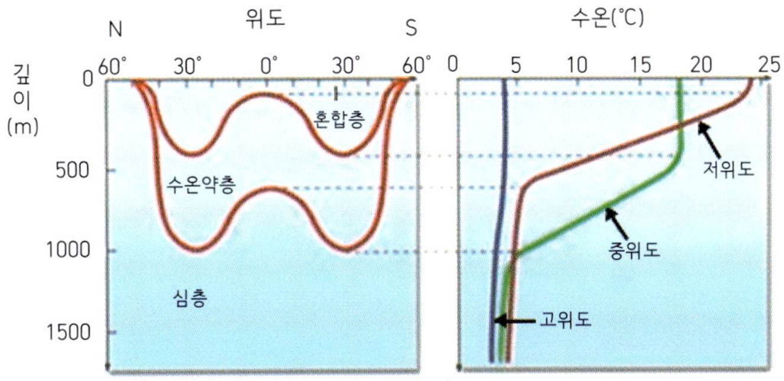

그림 3-87 위도와 수심에 따른 해수온도 변화

해수의 온도는 항상 -2℃ 이상 ~ 최대 30℃, 깊은 바다의 경우 -1℃ ~ 4℃를 유지한다. 그림 3-87은 위도와 수심에 따른 해수 온도 변화를 나타내며 수심에 따라 혼합층, 수온약층, 심층으로 구분 가능하다. 혼합층의 경우 해수 전체의 2%에 불과하며 표면으로부터 수십~수백 미터로 온도 변화가 거의 없다. 수온약층은 혼합층과 달리 수온 변화가 무척 많은 곳으로, 적도 지방에서는 얕고, 중위도 지방에서는 깊으며 추운 고위도 지방에서는 거의 없다. 수온약층은 특히 여름에 깊어진다. 심층은 수온약층 하부에서 해저까지이며 4℃ 이하로 온도 변화가 거의 없다. 바다의 경우 카메라 또는 광학 장비를 이용한 정보 취득이 용이하지 않기 때문에 음향 장비를 많이 사용한다. 음향 장비를 사용하는 경우 바다의 수온과 밀도는 음향 장비의 성능에 영향을 미치기 때문에 운용 해역의 수온 분포를 잘 파악하는 것이 중요하다.

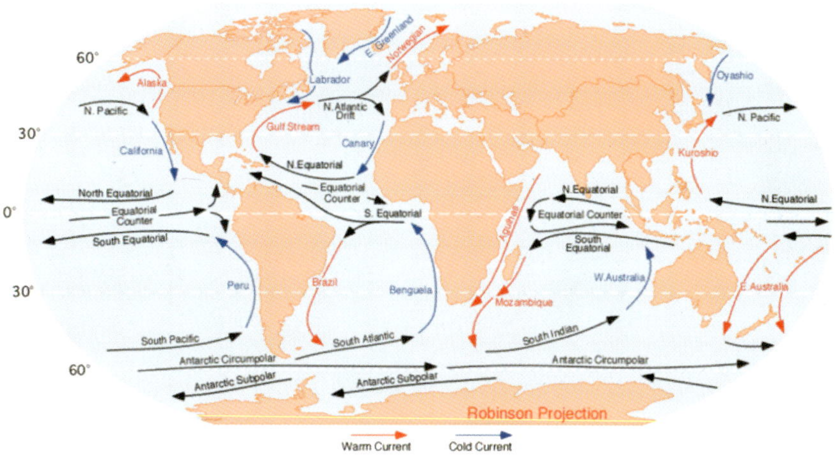

그림 3-88 전 세계 해류의 흐름

물은 항상 움직이고 또 변화한다. 또한 해수 운동은 매우 강하고 복잡하며 그 원인이 되는 힘에 따라 조석과 조류, 표면파, 폭풍해일, 지진해일 등과 같이 여러 가지로 분류된다. 해수 운동은 하나의 원인에 의해 발생하는 것이 아니고, 여러 가지 원인이 복합적으로 작용해 다양하게 발생한다. 그림 3-88은 전 세계 해류의 흐름을 나타낸다. 해수의 대순환은 바람에 의해 상층부에 형성되는 표층 순환과 밀도 차이에 의해 하층부에 형성되는 심층 순환이 있지만, 엄밀하게 단정 지어 두 가지를 구별하기는 어렵다. 그 이유는 상층부의 해수 순환으로 인해 발생하는 해수의 양은 전체의 10% 정도에 불과하고, 나머지는 심층부에서 매우 느리게 순환하기 때문인데, 표층 순환과 심층 순환은 일반적으로 그림 3-89에 나타난 방향으로 움직인다고 알려져 있다. 이와 같이 해수의 운동은 바람이나 파도 또는 해양 온도차, 조수의 차 등과 같은 다양한 요인들에 의해 예상하기 힘든 형태로 발생하기 때문에 정확히 예측하는 것은 매우 어려운 일이다.

그림 3-89 열염 순환 경로

3.8.2 사전 장비점검과 리허설

AUV는 물속에 투입되면 인양이 쉽지 않고 통신의 제약으로 시스템의 건전성을 실시간으로 파악하는 데 많은 어려움이 따르므로 육상로봇에 비해 진수 전 사전 점검과 리허설의 중요성이 크다. 사전점검은 사전점검리스트(Pre-Diving Checklist)에 따라 수행되며 수밀건전성, 통신상태, 센서 작동 상태, 구동기 작동 상태 등을 순차적으로 확인하고 기록하는 과정이다. 사전점검 과정에서 이상 징후나 문제가 발생하면 반드시 이를 해결한 후 진수를 진행하여야 한다.

리허설은 임무 프로그램과 연동하여 AUV의 동작 상태를 종합적으로 시험하고 수중에서의 임무 수행 과정을 공기 중에서 시뮬레이션해 보는 과정이다. 사전 프로그램된 임무가 순차적으로 연결되는지 비상 상황이 발생했을 경우 계획대로 대응하는지 등을 종합적으로 판단한다. 일반적인 심해용 AUV의 예를 들면 다음과 같은 순서로 임무가 수행된다.

진수 - 잠항 - 목표수심 도달 - 1차 무게추 투하 - 자항시작 - 경로추종 시작 - 데이터취득 - 장애물 회피 - 경로추종 완료 - 2차 무게추 투하 - 부상

그림 3-90 잠수정 점검 및 운용장비

각 임무의 단계 전환 시 필수적으로 이루어져야 하는 동작들이 잘 이루어지는지는 하드웨어와 소프트웨어를 연계해서 시험하게 된다. 이때 전체 임무 수행 시간이 10시간이라면 이를 단축하여(예를 들면 10분) 전체 과정을 시뮬레이션 하는 등의 방법으로 리허설 시간을 단축한다. 리허설 과정에서 발생하는 이상한 점은 반드시 그 원인을 확인하고 기록해야 하며 이상한 점을 해결한 후 진수하여야 한다.

임무를 마치고 인양된 후에는 AUV의 사후 점검을 실시한다. 사후 점검은 사전에 작성된 사후점검리스트(Post-Diving Checklist)에 따라 수행한다. 외관, 수밀 건전성, 통신상태, 센서 작동 상태, 구동기 작동 상태 등을 순차적으로 확인하고 사전 점검 결과와 비교하여 기록으로 남겨 보관한다. 사후점검리스트는 다음 잠항 준비에 참고한다.

3.8.3 임무 부여

AUV의 임무는 임무 파일에 코딩되는데 AUV가 해야 할 일을 시간이나 위치 또는 우선순위에 따라 기록한다. 임무는 작은 여러 개의 세부작업으로 분할하고 세부작업은 더 작은 단위작업들로 이루어진다. 세부작업들은 시간에 따라 순차적으로 수행돼야 하는 것과 실행 조건이 발생했을 때 우선순위에 따라 수행돼야 하는 것들로 나누어진다. AUV는 임무 프로그램을 읽어서 순차적으로 임무를 수행하다 우선순위가 높은 작업이 수행될 조건이 되면 이를 우선적으로 처리하게 된다. 예를 들면 잠수해서, 경로점(Way Point)을 따라 이동하며 데이터를 수집하고 부상하는 일은 시간에 따라 순차적으로 수행한다. 그러나 장애물을 만났을 경우에는 순차적으로 수행하던 일에 우선하여 장애물 회피 기동을 수행하게 되고 전원 부족이나 누수 등 생존을 위협하는 심각한 비상 상황이 발생할 경우에는 장애물 회피 기동에 우선하여 처리하게 된다.

임무 파일은 그래픽 인터페이스로 구성된 임무설정 프로그램을 이용하여 작성하기도 하고 텍스트로 직접 작성하기도 한다. 임무설정 프로그램을 이용하면 경로점 입력이나 경로계획 등을 편리하게 할 수 있으며 임무 파일을 자동으로 생성할 수 있다. 임무 파일이 생성되면 이 파일을 AUV로 전송하여 AUV에 임무를 부여하게 된다. 임무 파일의 전송은 유/무선 네트워크 통신을 통해 이루어진다.

일반적으로 잠수정이 미지의 3차원 수중 공간에서 임의의 임무를 수행하기 위해서는 임무 계획, 임무 구체화를 통한 전역 경로 계획, 장애물 회피를 위한 작업 공간의 환경정보 수집과 지역 경로 계획, 획득 정보 및 임무의 송수신, 진수 및 회수 등의 일련의 과정이 자율적으로 이루어져야 한다. 그 중에서도 경로계획, 항법, 그리고 계획된 경로를 정확히 추종할 수 있는 경로제어가 필수적이다. 잠수정의 수중 장애물 인지는 일반적으로 해저지형 또는 운용수심에 존재하는 장애물을 알고 있는 경우와 장애물의 여부를 알지 못하는 경우가 있다. 장애물을 탐지하고 거리와 범위 등을 측정하기 위해 전방주사소나 또는 수중카메라를 이용하고, 지역 경로계획을 통해 장애물을 회피한다.

장애물 회피 알고리즘의 개발을 위해서는 잠수정의 운용특성, 제약조건, 구현성 등의 관점에서 동시에 고려하여야 한다.

실제로 AUV가 해저까지 내려가 해야 하는 임무는 매번 다를 수 있다. 임무 자체가 해저의 물리 화학적 환경만 측정하는 것처럼 단순할 때도 있지만 장시간 해저를 누비며 방대한 데이터를 수집하여 지도를 그리거나 목적물(침몰체, 해저화산 등)을 탐색해야 하는 경우도 있다. 그러므로 수상 지원 선박에서 이러한 임무 프로그램을 AUV에 옮긴 후 원하는 빠른 속도로 임무를 수행시켜 AUV가 해저 면 근처에서 금속 추를 떨어뜨리는지, 자세를 바로 잡거나 주어진 임무 방향대로 전진하기 위해 추진기 회전 방향을 조절하는지 등을 육안으로 확인한 후 이상이 없으면 AUV를 물속으로 투하한다(그림 3-91).

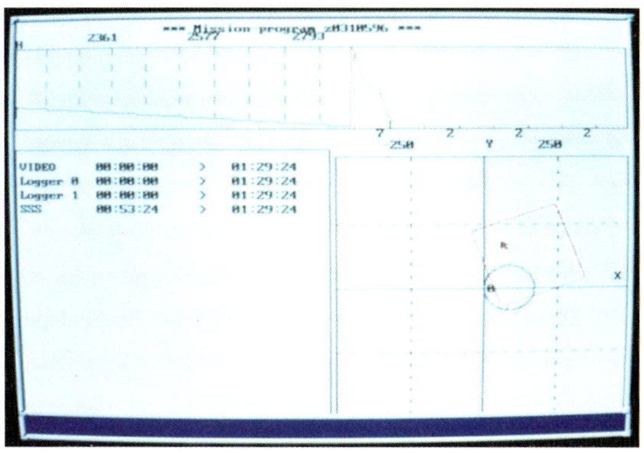

그림 3-91 AUV가 해저 면으로 내려가는 수직궤적(위)과 해저 근처에서 사각형 형태로 운항하는 수평궤적(아래)

3.8.4 진수(Launching)와 회수(Recovery)

바다에서의 작업은 호수나 댐 등의 수계와 달리 항상 파도가 존재한다. 이로 인해 수상 지원 선박도 늘 움직이는 상태에서 AUV를 내리고 올리는 작업을 해야 하는데 수상 지원 선박의 크기가 상대적으로 작은 경우에는 장비를 운용하는 데 더 큰 어려움과 위험이 수반된다. 그래서 파도 중에서도 용이하고 안전하게 AUV를 내리고(launching) 올리는(recovery) 일은 AUV를 활용한 임무의 성공적 달성에 간접적으로 커다란 변수가 되고 있다. 그림 3-92부터 그림 3-96은 이러한 작업을 도와주는 방식들이다.

그림 3-92와 그림 3-93은 대우중공업 방식으로서 AUV를 진수할 때는 수상 지원 선박 갑판에서 줄을 당겨 크레인과 AUV를 분리시키고 작업 후 회수할 때에는 요원이 바다로 내려가

인양후크(그림3-94)를 연결하게 되는데 파도가 클 때는 다소 위험한 방식이라 할 수 있다.

그림 3-95는 노르웨이 콩스버그(Kongsberg)사의 방식인데 미끄럼대에 얹어 진수하고 회수할 때에는 고리를 쏘아 머리 부분을 걸어 당겨 미끄럼대를 이용하여 선상으로 올리는 방식이다.

그림 3-92 대우조선해양의 진수 방식

그림 3-93 크레인에 매달린 AUV

그림 3-94 대우조선해양의 회수 방식

그림 3-95 콩스버그사의 진수 방식

그림 3-96 콩스버그사의 회수 방식

3.9 잠수정 활용 관련 국내외 법령

1967년 유엔총회에서 몰타(Malta) 대표인 파르도(Arbid Pardo) 대사는 공해 지역의 심해저와 그곳에 부존되어 있는 자원을 인류의 공동유산으로 제안하였다. 이 제안을 바탕으로 국제 해양법 질서의 전면적인 개편이 시작되어 유엔해양법협약(United Nations Convention on the Law of the Sea)이 1982년 12월 10일 채택되고 1994년 11월 16일 발효되면서 새롭게 정착되었다. 동 협약의 주된 내용은 연안국에 주변 200해리 수역의 개발과 관리에 관한 주권적 권리와 배타적 관할권을 부여한 것이다. 이로써 종래의 영해(12해리)와 공해(12해리 밖)로 나누어지던 수역이 영해(12해리), 배타적 경제수역(200해리), 공해(200해리 밖)로 구분되었다. 이와 함께 유엔해양법협약은 육지의 자연적 연장에 따라 200해리 밖의 해저와 하층토의 경우 최대 350해리 또는 2,500 m 등심선으로부터 100해리를 넘지 않는 범위까지 대륙붕을 규정하고 있으며 연안국은 대륙붕을 탐사하고 천연자원을 개발할 수 있는 주권적 권리를 갖도록 하였다. 2018년 현재 동 협약에 가입한 국가는 168개국이며 우리나라는 1996년 1월 29일에 84번째로 비준하였다.

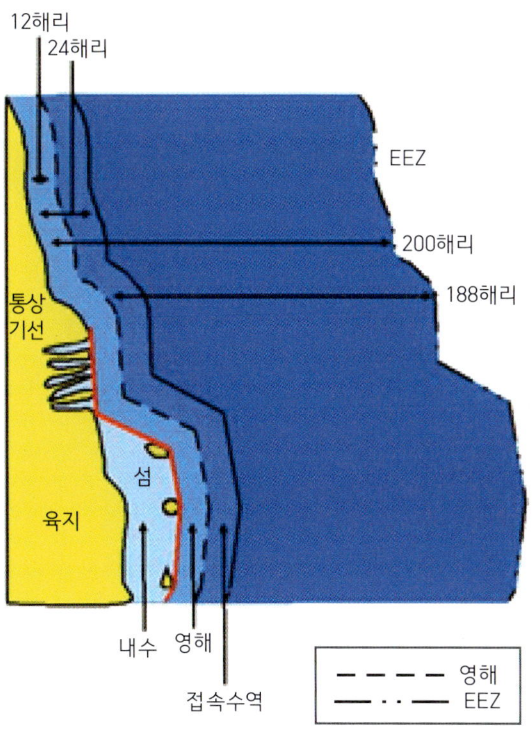

그림 3-97 해양관할권도

유엔해양법협약에는 해양과학조사(Marine Scientific Research) 제도와 관련된 내용이 제13부에 독립된 장으로 규정되어 있으며, 해양과학조사 수행에 대해 공간별로 구분하여 국가 및 권한이 있는 국제조직의 권리 및 의무를 규정하고 있다.

유엔해양법협약이 발효됨에 따라 회원국들은 해양과학조사에 관한 자국의 국내법을 제정하였으며, 국내법이 없거나 국내법에 명시되지 않은 사항의 경우에는 동 협약을 적용하는 것이 가능하다. 우리나라는 유엔해양법협약 상 해양과학조사 제도를 전반적으로 수용한 해양과학조사법을 1995년 1월 5일 법률 제4941호로 제정하였으며, 동년 7월 13일에 시행령(대통령령 제14733호)을, 동년 11월 28일에 시행규칙(총리령 제529호)을 제정함으로써 해양과학조사제도에 관한 국내 입법을 완비하였다. 동 법은 유엔해양법협약 상의 관련 규정과 마찬가지로 해양과학조사가 수행되는 수역별로 외국인이 수행하는 해양과학조사를 구분하여 규율하고 있다. 한편, 우리나라 수역에서의 우리나라 국민에 의한 해양과학조사는 다른 법률에 특별한 규정이 있는 경우를 제외하고는 자유롭게 실시할 수 있도록 보장(제20조)하고 있다.

표 3-7 유엔해양법협약상 해양과학조사제도의 조사요건

수역 구분	조 사 요 건	우리나라*
영 해	연안국의 명시적 동의(Express Consent) 필요	허가
군도항로대 및 국제항행용 해협	연안국의 사전허가(Prior Authorization) 필요	허가
배타적 경제수역 및 대륙붕	연안국의 동의(Consent) 필요	동의
공해 및 심해저	모든 국가와 권한 있는 국제조직이 자유로이 해양과학조사활동 수행 가능	

* 우리나라 해양과학조사법상의 조사요건

우리나라 수역(영해, 배타적 경제수역 또는 대륙붕)에서 AUV 등의 해양 장비를 테스트하거나 또는 탐사를 실시할 경우에는 다른 법률에 특별한 규정(항행금지구역, 항해제한구역 등)이 없는 한 특별한 신청 절차 없이 자유롭게 실시할 수 있다. 그러나 우리나라는 주변국과의 경계가 확정되지 않은 경계 미확정 수역이 있으며 이곳에서 탐사 등을 실시할 경우 외교부와 해양경찰청에 탐사에 관한 계획을 사전에 알려줌으로써 만약의 경우에 국가로부터 보호받을 수 있도록 해야 한다. 그러나 외국의 관할수역에서 탐사를 실시할 경우에는 관할국의 해양과학조사법 등 관할 법에 따라 사전에 탐사에 대한 허가나 동의를 취득한 후에 수행하도록 해야 한다. 신청 절차와 관련해서는 우리나라 외교부나 관할국의 주한 대사관에 문의할 수 있다. 참고로 한국의 주변국인 일본과 중국의 해양과학조사법에서 요구하는 사항을 표 3-8에 수록하였다.

표 3-8 한 · 중 · 일 · 북한의 외국인의 해양과학조사에 대한 법제도 비교

구 분	한 국	일 본	중 국	북 한
규정형식	해양과학조사법	국가관할권하의 지역에서 해양과학조사를 수행하기 위한 지침	중화인민공화국 섭외해양과학 연구관리규정	조선민주주의 인민공화국 경제수역에서의 외국인과 외국배, 외국비행기들의 경제활동에 관한 규정
	단일법제	단일법제	단일법제	한개 장으로 관리
영해 조사요건	허가	동의	허가(공동조사)	허가
조사계획 제출기한	6개월 전	6개월 전	6개월 전	1개월 전
영해외측 관할해역 조사요건	동의	동의	허가 (단독 또는 공동)	허가
조사계획 제출기한	6개월 전	6개월 전	6개월 전	1개월 전
동의여부 통보	4개월 이내	규정 없음	4개월 이내	규정 없음
대상해역	영해 대륙붕 배타적 경제수역	영해 대륙붕 배타적 경제수역	내수 영해 대륙붕 배타적 경제수역	경제수역

Reference

1. Krovel et al 2004, Drouen et al 2007
2. Cavallo and Michelini 2004
3. Anton et al 2010, Vepa, R. 2009, Bar-Cohen 2006, Liu et al 2005
4. Stevenson et al 2002
5. Aoki et al 2008, Maeda et al 2006, 2004
6. Maeda et al 2004
7. Bradley et al, 2000
8. 국립해양조사원
9. https://www.researchgate.net
10. 한국해양과학기술원 해양정책연구소 제공
11. 이용희 외. 1998, 국제법학회논총 43(2), p.182

4장

국내외 개발 동향

4.1 해외

4.1.1 미국과 캐나다

미국은 해양과학조사 분야와 군수 분야에서 AUV의 활용을 선도해 오고 있다. 미국의 우즈홀해양연구소(Woodshole Oceanography Institute, WHOI), 매사추세츠공과대학(Massachusetts Institute of Technology, MIT) 등에서는 일찍이 AUV를 개발하여 해양과학조사에 활용해 왔고, 기술을 상용화하여 Hydroid, Bluefin Robotics 등의 AUV 회사를 설립하였다. 미 해군에서는 군사용 AUV 기술을 꾸준히 연구 발전 시켜 오고 있고 최근에는 군수업체들과 함께 대형 급 AUV 개발에 박차를 가하고 있다.

우즈홀 연구소의 ABE(Autonomous Benthic Explorer)는 심해 해저를 조사하는 삼동형 자율 무인잠수정으로 1996년부터 2005년까지 200회 이상의 잠수를 기록하였고 평균 잠수 수심은 2,000 m, 매 잠수 마다 평균 16 km의 평균 운항 거리를 기록하였다. ABE AUV의 주된 임무는 미터 스케일의 해저지형 맵핑, 해저 마그네틱 맵핑, 열수의 유동 조사, 열수분출공 주변의 조사와 예측을 위한 계측 등이었다. ABE는 2010년 3월 5일 바다에서 임무를 수행하던 중 유실되었다.

그림 4-1 미국우즈홀연구소에서 개발한 ABE

Remus AUV는 우즈홀해양연구소에서 천해 수역 과학 조사를 목적으로 1997년에 개발하였고 2001년에 Hydroid사를 설립하여 상용화하였다. REMUS AUV는 이라크전쟁 당시 기뢰 제거용으로 투입된 바 있으며 현재는 100 m, 600 m, 3,000 m 및 6,000 m급으로 확장 개발되어 시판되고 있다. Hydroid사는 현재 노르웨이 KONGSBERG사에 합병되어 REMUS 기술은 HUGIN AUV 기술과 융합하여 발전되고 있다.

그림 4-2 하이드로이드사의 Remus AUV 시리즈

또한 미국 MIT AUV Lab.에서 Xanthos를 비롯한 다양한 Odyssey 계열의 AUV 및 해저 광물 탐사용 CETUS AUV를 개발하여 운영하고 있으며, MIT AUV Lab.의 기술을 바탕으로 1997년에 Bluefin Robotics사를 설립하여 AUV 기술을 상용화하였다. 대표적인 AUV로 Bluefin-21과 Knifefish 장거리 AUVs 그리고 Proteus AUV가 있다. Bluefin-21은 어뢰 형 다목적 AUV로 한 번에 16시간까지 운용 가능하며 군용, 과학조사 및 구조 등에 활용될 수 있다. 2014년에는 말레이시아 항공기 수색에 활용되기도 했다.

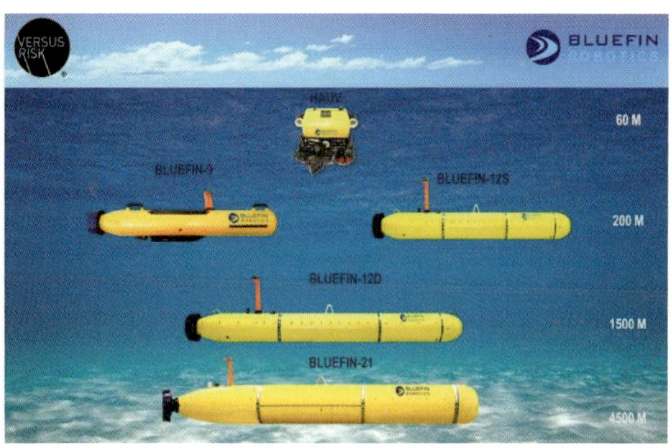

그림 4-3 Bluefin Robotics사의 Bluefin AUV 시리즈

Knifefish AUV는 2012년 General Dynamic Mission System과 Bluefin Robotics가 AUV 기술을 바탕으로 미 해군에서 기뢰 제거에 활용할 목적으로 개발했다. Proteus AUV는 2016년에 선보인 대형 AUV이다. 해군의 특수 군사용으로 개발된 3.6톤짜리 이 AUV는 유인잠수정으로도 활용하여 사람을 실어 나를 수도 있고 화물을 나를 수도 있다.

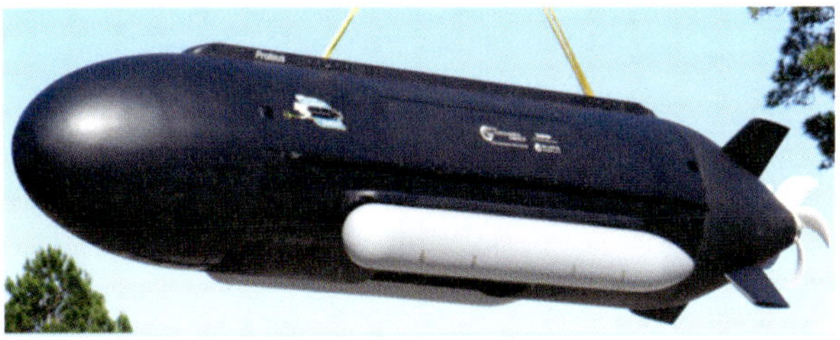

그림 4-4 Proteus AUV

보잉사는 2001년 길이 5.5 m의 Echo Ranger를 개발하였다. Echo Ranger의 임무는 해저의 고해상도 소나 영상 촬영 등 데이터 취득과 워터(Water) 샘플링 등이고 부력조절 장치와 장애물 회피 기능을 가지고 있다. 몸체의 단면은 폭과 높이가 각각 1.27 m인 사각형이고 중량은 5톤, 최대 잠항수심은 3,000 m, 28시간 연속 운항가능하며 최대 130 km 운항거리를 가진다.

그림 4-5 Boeing사의 Echo Ranger

보잉사는 2015년 Echo Ranger를 기반으로 군사용으로 9.75 m짜리 Echo Seeker를 개발하였다. Echo Seeker의 주 임무는 적의 해안으로 접근하여 감시·정찰 활동을 하거나, 환경 위험 탐지를 위하여 해저 촬영 등의 임무를 수행하는 것이다. 높은 수준의 자율기능과 고해상도 소나를 장착하고 있다. 몸체의 단면은 폭과 높이가 각각 1.8 m인 사각형이고 최대 잠항 수심은 6,000 m로 향상되었다.

그림 4-6 Boeing사의 Echo Seeker

보잉사는 Echo Seeker를 기반으로 수 개월간 연속 항해가 가능한 초대형 급 AUV Echo Voyager를 개발하였다. Echo Voyager는 미래 해군 작전 수행의 중심 역할을 수행하도록 자율성을 향상시켜 사람과 교신 없이 수 개월간 운항이 가능하다. 능동형 부력조절 장치, 장애물 회피 기능, 지형 추종 제어가 가능하고 적재 가능 화물이 8톤에 이른다. 길이가 15.5 m, 폭과 높이가 각각 2.6 m, 최대수심 3,000 m, 최대항속 8노트, 운항 거리는 280 km이다.

그림 4-7 Boeing사의 Echo Voyager

캐나다의 ISE(International Submarine Engineering)에서는 Explorer급 AUV와 Theseus급 AUV 두 종류의 AUV를 생산 판매하고 있다. Explorer AUV는 수심 300 m에서 6,000 m까지 맞춤형으로 제작되며 중앙선체는 내압 구조물로 선수 및 선미 부분은 물이 들어오는 방식으로 모듈 설계방식을 채택하여 목적에 따라 쉽게 변형 적용이 가능하도록 하였다.

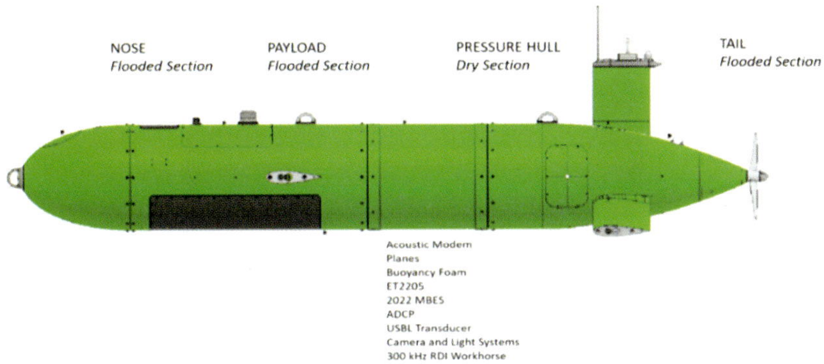

그림 4-8 캐나다 ISE의 Explorer급 AUV

Theseus AUV는 미국-캐나다 스피나이커 공동 프로젝트의 일환으로 캐나다 국방부와 계약을 맺고 개발된 AUV이다. Theseus의 요구 조건은 북극의 만년설 아래에 광섬유 케이블을 길게 설치하는 것이었다. 2.5 m 두께의 얼음 아래 600 m 깊이에서 220 km에 이르는 여러 개의 케이블을 설치하며 60시간 이상 AUV 운용 기록을 세웠다.

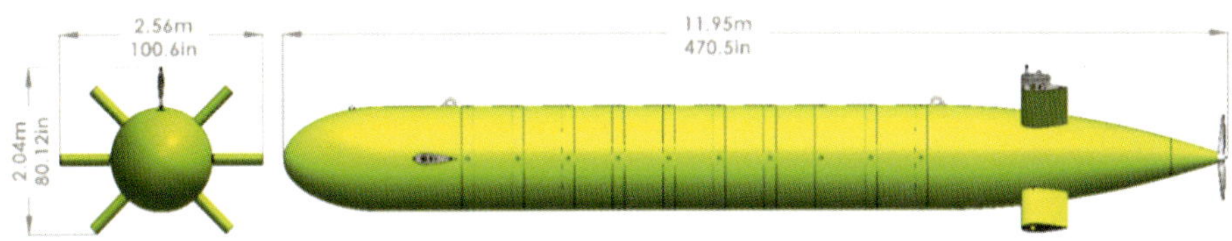

그림 4-9 캐나다 ISE의 Theseus급 AUV

4.1.2 일본

일본의 수중로봇은 대부분 Univ. of Tokyo와 JAMSTEC(Japan Agency for Marin -Earth Science and Technology)에서 주도하고 있다. 일본의 수중로봇은 1970년대 경제 성장 이후 발전하기 시작했다. JAMSTEC은 1971년 설립되었고 1990년대에 본격적으로 심해 탐사용 로봇을 개발하였다. Underwater Technology Research Center, Institute of Industrial Science, The University of Tokyo는 1984년 Tamaki Ura 교수를 필두로 하여 여러 형태의 로봇을 개발하기 시작하였다.

(1) 도쿄대학교

그림 4-10 PTEROA 150

도쿄대학이 개발한 대표적인 수중로봇들을 소개하자면, 첫 번째 수중로봇으로 PTEROA 150인데 1990년 11월에 첫 실 해역 잠수에 성공하였다. 4개의 음향 측심기를 통해 50 m 이내의 해저 면을 인식하고 수심을 일정하게 유지할 수 있다. 이 로봇은 실용적인 순항 형식 AUV의 가능성을 제시하고, 관련한 기술에 대한 기본 연구 모델을 제공하는 데 의의가 있다. 따라서 PTEROA 150의 디자인은 높은 글라이딩 성능과 심도를 유지하는 것에 초점이 맞춰져 있다.

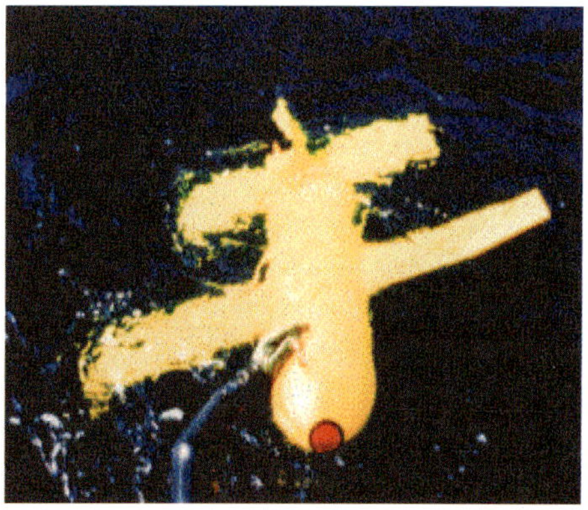

그림 4-11 ALBAC

그림 4-11의 로봇은 ALBAC이라는 로봇으로 물속에서 수직으로 움직이며 정보를 탐색하는 임무를 수행할 수 있다. 특정 깊이로 내려가 다시 표면으로 돌아오는 작업은 수중에서 수심을 유지하면서 지속적으로 수평으로 움직이는 작업보다 간단하다. 이는 장애물에 지속적으로 주의를 기울일 필요가 없어지기 때문이다. 따라서 ALBAC은 추진기 없이 원통

형 본체에 주 날개가 있고, 꼬리 쪽에 수직 수평 핀이 부착된 형태로 디자인되었다. 날개를 이용하여 미끄러지듯 수평으로 움직이는 방법을 채택하여 배터리 셀의 용량이 크지 않고, 무게 중심 위치를 변경하여 로봇을 제어한다. 1993년 1월 Numazu에서 수온 측정 실험을 성공적으로 완수하였다.

그림 4-12 TWIN-BURGER

TWIN-BURGER는 심해역의 조사 관리, 특정 지점의 상세한 지도 생성, 다른 로봇 및 다이버들과의 협력 작업 등의 좀 더 일반적이고 지능적인 임무를 수행하기 위해 만들어졌다. 특징으로는, 카메라 및 추진기들을 유연하게 변경하거나 재배치가 가능하고, 고 사양의 컴퓨팅 능력을 가지고 있다.

그림 4-13 AUV R1

R1 프로젝트는 "R1 로봇"이라는 이름의 긴 내구성과 운영 시간을 가지는 AUV를 만드는 것이다. 이 로봇은 하루 동안 해저 부근의 CTDO 측정을 포함하여 넓은 범위의 해저 능선 조사를 목적으로 한다. 이 프로젝트는 1990년에 시작되어 총 6년 동안 진행되었다. 전력, 용기, 제어, 유지 보수, 비용 등을 고려하여 주 압력 용기는 어뢰 모양으로 제작되었다. 전체 시스템의 작동 깊이는 400 m 정도이고 유지 보수를 위해 6개의 부품으로 분리가 가능하다.

Tri-Dog 1은 1999년에 개발된 전체 길이 약 2 m의 소형 AUV이다. 6대의 추진기를 통해 전후좌우 상하 방위의 4개의 자유도를 가지고 있는 것이 특징이다. 이런 호버링 타입 유형의 AUV는 항해형 AUV에 비해 운동 자유도가 높기 때문에, 좁은 범위의 조사에 적합하다. 특히 장애물 회피능력 등의 고급 제어 시스템이 장착되어 있다. 관측 시스템으로는 촬영용 카메라 2대와 시트 레이저를 사용하는 해저 지형 측정 장치를 갖추고 있다. Tri-Dog 1은 관성 항법 장치를 가지고 있지 않아 로봇의 절대적인 위치를 파악할 수 없지만 프로파일링 소나 혹은 레이저를 이용하여 랜드 마크를 인식함으로 상대적인 위치를 파악하는 방법을 사용한다. 최대 수심은 110 m이며 0.7 m/s의 속도를 낼 수 있다. 수조 실험용으로 만들어졌으나 실 해역 조사 능력도 갖추고 있다.

Tantan은 호수 환경 모니터링의 목적으로 제작된 AUV이다. 총 길이는 2 m이고, 공기 중에서의 무게는 180 kg이며, 물속에서 최대 속도는 2노트이다. Tantan은 수중 잠수정 현미경을 사용하여 플랑크톤 분포를 모니터링하고, CTD 센서로 경계층의 수질을 모니터링하는 임무를 가지고 있다. 획득된 데이터와 이미지는 초음파를 사용하여 연구 선박으로 전송된

그림 4-14 AUV Tri-Dog 1

그림 4-15 AUV Tantan

후 연구소로 전송된다. Tantan은 USBL을 사용하여 수중에서의 위치를 파악할 수 있고, 수면에서는 GPS를 사용하여 로봇의 위치를 파악한다. 또한 ADCP(Acoustic Doppler Current Profiler) 센서를 장착하여 호수 바닥에 비례한 속도를 측정할 수 있다. 장애물을 감지하고 충돌을 피하기 위한 장치로는 6개의 음향 측심기를 사용하고 있다.

지속적인 수중로봇 개발과 실험을 통해 AUV는 점점 더 해저 영역을 조사하고 개발하는데 실질적인 수단이 되었다. 그런데도 실제 적용 범위를 넓히는 것에서 여전히 어려움이 있었다. 이러한 이유로 IIS에서 AUV의 개발 및 현장 작업의 성공을 기반으로 r2D4라는 차세대 AUV 프로젝트를 시작하였다. r2D4의 목적은 고도의 지능과 신뢰성 높은 AUV를 개발하고, 해저 열수광상을 측량하는 것이다. 여러 번의 조사 작업 후 피드백을 통해 해저 열수광상 탐사를 위한 최적의 AUV로 수렴되었다. 2003년 7월 첫 현장 임무 수행을 하였고, 성공적으로 스캐닝 소나 센서를 이용하여 고품질의 해저 지형 이미지를 얻는 것에 성공하였다. 개발 목적과 별개로 해저에서의 분실물 발견, 해저 화산 조사 등의 여러 가지 해저 임무를 수행할 수 있을 정도로 작은 크기와 편리한 시스템으로 제작되었다. r2D4의 전체 길이는 4.4 m 무게는 1,600 kg으로 소형 AUV에 속한다. 광학 자이로 센서와 도플러 음향기기를 병합하여 높은 신뢰성과 안정성을 가지고 다양한 센서를 통해 복잡한 수중 환경 변화에 뛰어난 인지 능력을 가지고 있다. 최대 수심은 4,000 m로 기존의 R1 프로젝트와 비교하여 10배 정도의 수심에서 임무를 수행할 수 있다.

그림 4-16 AUV r2D4

그림 4-17 TUNA-SAND

2007년 침몰선 탐사, 열수광상 관측 및 샘플링을 목적으로 TUNA-SAND가 개발되었다. 1,500 m까지 수심에 견딜 수 있게 설계되어 있다. 정밀한 항법 장치, 조류에 견딜 수 있는 추진력, 오픈 프레임 구조를 가지고 있는 것이 TUNA-SAND의 특징이다. 이러한 기능들로 극한 환경에서도 지정한 위치로 움직일 수 있다. TUNA-SAND는 해저 지형을 참조하는 측위 기술이 탑재되어 있는데, 이는 해저 부근까지 잠항할 때 발생하는 드리프트(Drift) 오차로 인해 생기는 위치의 부정확성을 해저 지형에 대한 광역지도를 생성함으로써 해결하였다.

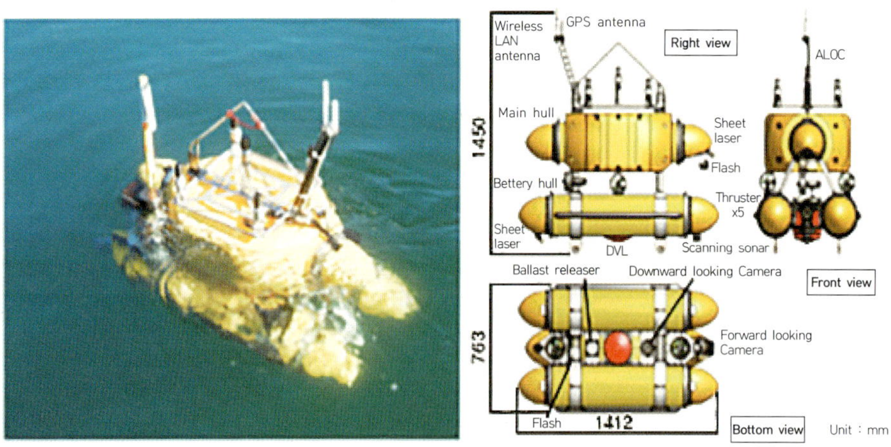

그림 4-18 AUV Tri-TON2

2013년 완성된 Tri-TON2 AUV이다. 최대 수심이 2,000 m로 강화되었다. Tri-TON2 AUV의 경우 Tri-Dog 1의 후계기로 개발되었다. 이 로봇 또한 해저 지형의 탐색, 열수광상의 탐색 등의 임무를 수행 할 수 있다.

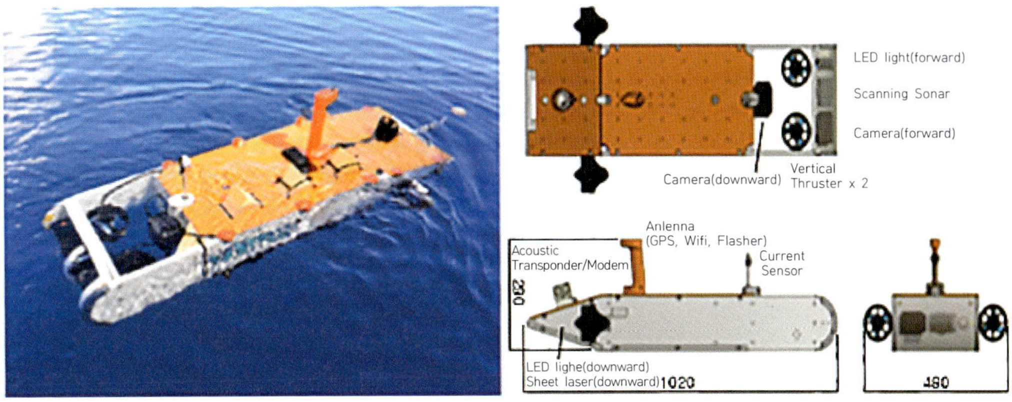

그림 4-19 AUV HATTORI

HATTORI는 저렴한 가격으로 개발된 AUV이다. 소형이고 경량이기 때문에 크레인이 없어도 던지는 형태로 운용이 가능하다는 것이 특징이다. 또한 범용성을 위해 일반적으로 쉽게 구할 수 있는 부품과 ROS(Robot Operating System)를 채용하였다는 것도 특징이다.

(2) JAMSTEC

일본의 해양연구개발기구 JAMSTEC은 1971년 설립된 해양 연구개발 및 관련 지구 물리학 연구를 위한 국가 기관이다. 다수의 연구선을 운영하여 해양 환경 관측 프로젝트를 진행하고 있으며, 유인 탐사기와 함께 해저 탐사를 위한 무인 탐사기를 운용하고 있다. 연구 플랫폼 운용 개발부의 해양공학센터에는 100여 명의 연구자와 기술자, 해양 담당자, 기획자가 참여하여 수중로봇을 이용한 해양 조사 연구를 진행하고 있다.

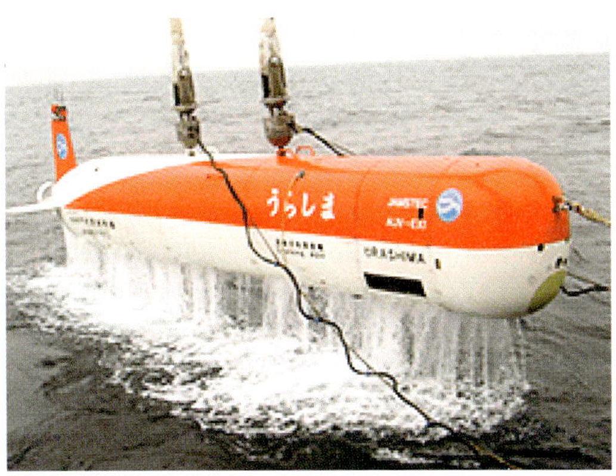

그림 4-20 AUV Urashima

Urashima는 길이 10 m, 무게 7.5톤으로 최대 3,500 m까지 잠수가 가능하며, 항속 거리가 300 km나 되는 자율 순항 형 수중로봇이다. 특이한 점은 이 수중로봇은 초 장거리 항해를 위하여 전력원으로 소형 연료전지 시스템을 탑재했다. 이 연료전지는 600시간의 연속 발전실험을 수행하여 효율 63% 이상을 달성하였으며, 바다에서 적용되어 2005년 당시 항속거리 최대기록인 317 km를 기록하는 데 큰 기여를 하였다. 하지만 높은 가격과 무게, 폐기물 생성 문제 등의 이유로 무게와 항속거리를 낮추고 리튬 이온 배터리를 장착하여 운용하기도 한다.

조사 장비로는 자동 채수 장치, CTOD 센서, 저조도 카메라, 사이드 스캔 소나 등이 있으며, 탑재된 사이드 스캔 소나를 이용하여 지진에 의한 해저 산사태 흔적을 발견한 바 있다.

그림 4-21 ROV PICASSO

PICASSO는 심해의 생물 조사를 목적으로 제작된 소형 ROV이다. 길이 2 m, 무게 200 kg에 최대 1,000 m까지 잠수가 가능하다. 고해상도 카메라와 LED, 수중 현미경 등이 장착되어 있어 심해의 플랑크톤이나 마린스노우 등을 추적하고 관찰할 수 있다. 특이한 점으로는, 붉은 LED를 장착하고 있는데, 이는 심해의 물고기는 붉은빛의 영향을 거의 받지 않기 때문이라고 한다. 배터리는 장착되어 있지만 조종은 광섬유를 통해서 이루어지는 수중로봇이다. ROV이지만 이미지에 의한 생물 인식이나 자율 추적 항해 등의 기능을 더하여 AUV로 개발 중이다.

Jinbei는 지구 과학 조사를 위해 개발된 AUV이며, 길이 4 m, 무게 1.7톤으로 최대 3,000 m 깊이까지 잠수가 가능하다. 해수의 염분과 수온을 측정할 수 있으며, 더불어 pH 및 CO_2 농도를 측정할 수 있다. 특히 운용 중에 pH가 낮은 해수지역이 감지되면 해수 속 CO_2 농도를 정밀하게 측정하게 된다. 또한 멀티 빔 소나 및 사이드 스캔 소나 등도

그림 4-22 AUV Jinbei

갖추고 있어 광범위한 해양 영역을 항해하여 해저지형과 해수의 CO_2 농도 등을 조사할 수 있다.

장착된 pH/CO_2 센서의 정확도를 위하여 저속(약 0.7노트)으로도 안정적으로 항해할 수 있으며, 상황에 따라 속도를 저속에서 고속으로 전환하며 움직일 수 있다.

그림 4-23 ROV 오토히메

오토히메는 길이 2.5 m, 무게 850 kg, 최대 심도 3,000 m의 수중로봇이다. Jinbei와 같이 pH 및 CO_2 를 측정할 수 있는 하이브리드 센서가 탑재되어 있으며, 이와 함께 전 방위 카메라와 스테레오 비전 카메라가 장착되어있다. 또한 앞부분에는 배에서 컨트롤할 수 있는 원격 로봇 팔이 있는데, 광섬유로 연결되어 연구자들이 카메라 영상을 보며 조작하여 샘플을 수집할 수 있다. 광섬유로 연결된 형태도 가능하지만 선을 제거하고 500

~1,000 m 거리에 고속 음향 통신 중계 장치를 두어 자유롭게 탐사를 수행할 수 있다. 장착된 스테레오 비전 카메라는 2대의 고성능 카메라를 다른 위치에 두고 물체를 촬영하여 3D 정보를 수집할 수 있다.

그림 4-24 AUV 유메이루카

유메이루카는 해저의 메탄 하이드레이트 또는 해저 열수광상 등의 자원을 탐사하기 위한 수중로봇이며, 길이 5 m, 무게 2.7톤, 최대 심도 3,000 m이다. 해수의 염분과 수온, pH를 측정할 수 있는 센서가 있으며, 공룡이라고 명명된 새로운 형태의 소나를 장착하여 1 km 떨어진 거리의 야구공이 보일 정도의 해상도를 가진 소나 영상을 얻을 수 있다.

그림 4-25 AUV-NEXT

기체의 앞과 뒤에는 각각 4개의 날개가 있어 총 8개의 날개 움직임이 가능한데, 이는 자세를 항상 수평으로 유지하면서 운행할 수 있도록 해주기 때문에 소나의 방향이 항상 안정적인 한 방향을 유지할 수 있도록 해 준다.

AUV-NEXT는 JAMSTEC의 최신 수중로봇이며, 길이 5.6 m, 무게 2.3톤에 최대 심도 4,000 m, 4.5 kt의 속력을 가지고 있다. 이 기체는 Shell Ocean Discovery Xprize라는 국제 대회에 출전하였는데 이 대회는 Xprize 재단이 주최하는 수중로봇을 활용한 해저 탐사 기술을 겨루는 국제 대회이다.

이 AUV는 무인 해상 중계기인 ASV와 복수의 AUV가 동시에 운용되는 해양탐사 시스템을 구축하였으며, 효과적으로 넓은 지역의 해저를 빠르게 탐사할 수 있다.

4.1.3 유럽

유럽 국가들의 수중로봇 연구는 거의 모든 회원국들이 독자적으로 혹은 국가별 컨소시엄을 통하여 매우 다양한 형태의 AUV형 수중로봇을 개발하여 군사용뿐 아니라 산업용 및 해양 과학에 활용하고 있다. 유럽 국가들 중에서도 해양 강국인 영국에서 수중로봇에 대한 연구 및 운용이 활발하며 프랑스와 독일을 비롯하여 스칸디나비아 반도의 스웨덴과 노르웨이가 주된 연구를 하고 있다. 노르웨이, 스웨덴, 영국, 독일, 프랑스 및 포르투갈의 수중로봇 연구 개발 및 운용 현황은 다음과 같다.

(1) 노르웨이

수산 대국인 노르웨이는 수중로봇을 활용한 수산학 연구가 가장 활발한 나라 중 하나이다. 노르웨이 해양연구소가 1998년 HUGIN-2 수중로봇을 사용하여 노르웨이 서쪽 연안의 산호초 지도를 작성하였고, 2005년에는 레이저 영상 플랑크톤 계수기(Laser Optical Plankton Counter, LOPC)를 장착한 수중로봇을 사용하여 이전에는 볼 수 없었던 대양 해류와 해저 형상이 동물성 플랑크톤 분포에 미치는 영향에 대한 연구를 수행한 바 있다. 세계적인 해양시스템 회사인 Kongsberg사에서 연구 개발한 Hugin 시스템과 기뢰 제거용 수중로봇인 Minesniper 등 다양한 수중로봇을 독자적으로 혹은 다른 유럽 국가들과 컨소시엄 형태로 개발하여 운용하고 있다. 노르웨이의 대표적인 수중로봇이며 1992년 처음 선을 보인 Hugin 시리즈는 처음에는 기뢰 제거, 잠수함 대항 및 수중의 감시정찰과 같은

표 4-1 노르웨이 Kongsberg의 Hugin 시리즈

모델	Hugin 1000 MR	Hugin 3000	Hugin 4500

제원	• 4.5 m(L)×0.75 m(d) • 650 kg in air	• 5.5 m(L)×1 m(d) • 1,400 kg in air	• 6.0 m(L)×1 m(d) • 1,900 kg in air
성능	• 운용속도 : 2~6 kts • 운용시간 : 24시간@4kts • 최대수심 : 1,000 m	• 운용속도 : 2~4 kts • 운용시간 : 60시간@4 kts • 최대수심 : 3,000 m	• 운용속도 : 2~4 kts • 운용시간 : 60시간@4 kts • 최대수심 : 4,500 m
특징과 임무	• 동력 : 리튬-폴리머 배터리 (15 kWh) • 항법 : IMU, DVL, Depth, USBL, GPS, TerrNav • 센서 : MBE, SSS, SBP, SAS, CTD, ADCP, Camera, Turbidity sonar • MCM, Hydrography, Offshore, Research	• 동력 : 알루미늄-산소 준-연료전지(45 kWh) • 항법 : IMU, DVL, Depth, USBL, GPS, TerrNav • 센서 : MBE, SSS, SBP, ADCP, Camera • Offshore, Research	• 동력 : 알루미늄-산소 준-연료전지(60 kWh) • 항법 : IMU, DVL, Depth, USBL, GPS, TerrNav • 센서 : MBE, SSS, SBP, CTD, ADCP • Offshore, Research

군사용으로 개발되었지만 현재는 해양탐사나 조사 등 100가지 이상의 상업용 임무를 수행하고 있다.

표 4-1은 노르웨이의 대표적인 AUV인 Kongsberg의 Hugin 시리즈의 제원과 성능을 보여준다.

(2) 스웨덴

스웨덴은 여러 형태의 민수용 및 군사용 수중로봇 시스템 관련 기술들을 개발해 왔다. 스웨덴의 대표적 해양시스템 개발 회사인 Saab Underwater Systems는 우수한 성능의 수중로봇인 Double Eagle을 비롯하여 TSM 2022 Mk 기뢰 제거용 소나 등을 개발하였다. 2000년 초에 어뢰모양 잠수함 진수 및 회수 가능한 수중로봇 모델인 AUV-62F UUV를

표 4-2 스웨덴 Saab의 주요 AUV형 수중로봇

Model	제원 및 특징
Double Eagle Mark 3 	• 600 kg (+200 kg payload) • 최대속도 : 8 kts, 운용시간 : 10시간(50 km) • 동력 : 리튬-이온 배터리 • MCM, REA, ISR
AUV62F 	• 3~7 m(L)×0.53 m(d), 700~1,500 kg in air • 운용속도 : 0~10 kts, 최대수심 : 200 m • MCM, ISR, 인공 잠수함 타깃

스웨덴 해군에 인도하여 잠수함을 통하여 광범위한 시험을 수행하였다. 또한 탐색된 기뢰를 제거하기 위하여 폭약을 탑재한 소모형 기뢰제거용 수중로봇인 소형 Minesniper를 개발하였으며, 복합개구면소나(SAS)를 세계최초로 개발하여 수중로봇에 적용하였다.

(3) 영국

영국의 수중로봇은 Southampton 대학이 해양탐사용 수중로봇인 Autosub 개발 프로젝트를 1988년에 시작하여 1996년에 Autosub-I를 개발하였고, 1999년에 수심 1,600 m 급의 Autosub-II를, 그리고 2007년에는 6,000 m급의 Autosub 6000을 개발하였다. 영국의 NOC(National Oceanography Center)에서는 Autosub로 2005년 2월 남극의 Fimbul 빙하 밑을 약 25 km에 걸쳐 탐사한 바 있다.

군사용 수중로봇으로는 12인치 중어뢰형 수중로봇인 Marlin 시스템을 1998년에 영국의 해양 시스템 대표기업인 BAE에서 개발하였으며, Archerfish를 탑재한 Talisman도 개발하여 2005년에 시연한 바 있다. Marlin은 여러 개의 교환할 수 있는 모듈을 분리 결합하여 다양한 임무를 수행할 수 있는 성능을 구비하고 있다. 현재는 Marlin 시스템 개발을 기초로 하여 BAUUV(Battlespace Access Unmanned Underwater Vehicle) 시스템을 개발하고 있다. BAUUV는 잠수함, 수상함 및 다른 플랫폼들이 연안 작전에서의 위험성을 줄이고 은밀한 작전을 수행하는 것을 목표로 진행하고 있다. 표 4-3은 영국의 대표적인 수중로봇인 NOC의 Autosub 시리즈의 제원과 성능, 그리고 표 4-4는 BAE Systems의 해상 수중 양용 수중로봇인 Talisman의 성능과 제원을 보인 것이다.

표 4-3 영국 NOC의 Autosub 시리즈

모델	Autosub-1	Autosub-2	Autosub 6000

제원	• 6.8 m(L)×0.9 m(d) • 1,400 kg in air	• 6.8 m(L)×0.9 m(d) • 2,200 kg in air	• 5.5 m(L)×0.9 m(d) • 2,000 kg in air
성능	• 최대수심 : 500 m	• 최대수심 : 1,600 m • 운용시간 : 40시간@1.35 m/s • 운용거리 : 750 km	• 최대수심 : 6,000 m • 운용시간 : 8.6일@1 m/s • 운용거리 : 1,000 km@1.7 m/s
특징과 임무	• Sensor platform • 과학연구용	• 센서 : ADCP, Alitimeter, CTD, SBS, SBP • 어업연구(얼음밑 크릴조사) • 빙산연구(빙산두께)	• 센서 : DVL, CTD, SBS • 항법 : USBL, INS • 동력 : 리튬-폴리머 배터리 (최대 60 kWh) • 해양조사, 수로학, 해저연구 • 빙산연구(빙산두깨)

표 4-4 영국 BAE Systems의 Talisman

Model	제원 및 특징
Talisman M 	• 4.75 m(L)×1.7 m(W)×1 m(H), 1,000 kg in air • 최대속도 : 7 kts, 운용시간 : 24시간, 최대수심 : 300 m • 반잠수정 운용모드, Talisman L/archerfish 진수수상 지원 선박 • 군용(MCM, REA, ISR) 및 상업용 조사
Talisman L 	• 1.5 m(L), 50 kg in air • 군용(MCM, REA, ISR), 수상 지원 선박/모기지 보호

(4) 독일

독일은 HERION Systemtechnik GmbH에 의해 개발된 DAVID와 같이 수중 구조물 작업용 복합 수중로봇 등 다양한 형태의 수중로봇들을 개발하여 운용하고 있다. 독일은 STN-ATRAS Electronics가 소모성 기뢰 제거용 수중로봇 SeaFox를 세계 최초로 개발하였으며, Maridan UUV 기반의 기뢰 대항전용 SeaOtter와 SeaWolf 그리고 UUV-DeepC 등의 다양한 수중로봇을 독자적으로 혹은 다른 유럽 국가들과 컨소시엄 형태로 개발 및 운용하고 있다. 표 4-5는 독일의 대표적인 수중로봇의 제원과 성능을 보인 것이다.

표 4-5 독일의 대표적인 AUV형 수중로봇

모델	Deep C	SeaOtter Mark 2	SeaWolf A
	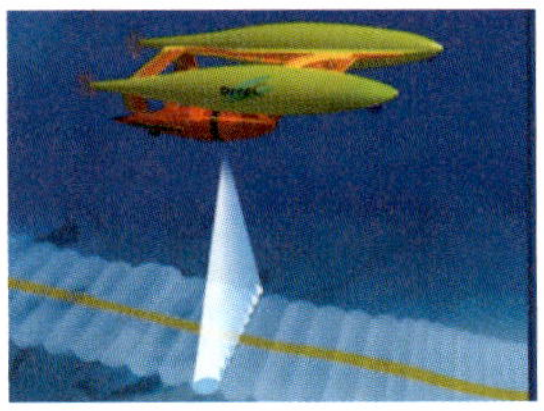		
제작기관	• Atlas Elektronik	• Atlas Elektronik	• Atlas Elektronik
제원	• 2,500 kg	• 3.45 m(L)×1 m(W) • 1,100 kg in air	• 2 m(L)×0.3 m(d) • 112 kg in air (+30 kg payload)
성능	• 순항속도 : 4 kts • 운용시간 : 40시간@4 kt (400 km) • 최대수심 : 4,000 m	• 최대속도 : 8 kts • 운용시간 : 24시간@4 kt • 최대수심 : 600 m	• 최대속도 : 8 kts • 운용시간 : 3시간@ 4 kt • 최대수심 : 300 m
특징과 임무	• 동력 : PEM 연료전지 • 유전, 가스전 탐사	• 동력 : 36 kWh 배터리 • 센서 : SBS, SSS • 항법 : INS, DVL, DGPS, LBL & USBL, SLAM • MCM, REA, ISR	• MCM, REA, ISR • 상업적 조사

(5) 프랑스

프랑스의 과학 및 산업용 수중로봇의 연구 개발은 해양연구소(IFREMER)가 주관하고 있으며 군사용 수중로봇의 연구 개발은 DCN 및 ECA사가 주도하고 있다. ECA사는 1981년 최초로 음향으로 제어하는 6,000 m급의 수중로봇 Epaulard를 개발하였다. IFREMER는 SINERE와 Hybrid 수중로봇인 SWIMMER를 개발하였는데 해저구조물의 검사와 수리 및 정비용 복합 수중로봇의 상업용 SWIMMER는 Cynernetrix사와 함께 개발하였다.

군사용 수중로봇으로는 DCN-GESMA 주관으로 1996년 기뢰 대항전용 수중로봇인 Redermor를 개발한 바 있다. ECA는 2002년에 기뢰 탐색 및 은밀 정찰 기술시범용 AUV인 Alister-MDV를 개발하였으며, 신형 기뢰 제거 수중로봇인 K-Ster를 개발하여 생산하고 있다. 2008년에는 잠수함 발진 및 회수 개념의 중 어뢰형 ASM-X 수중로봇을 개발한 바 있다. 프랑스도 미국과 같이 무인화된 해양 전장 환경을 고려하여 2020년을 목표로 약 40여 개의 핵심기술과제를 포함하여 수중로봇 체계 개발을 추진하고 있다. 표 4-6은 프랑스의 대표적인 수중로봇의 제원과 성능을 보인 것이다.

표 4-6 프랑스의 대표적인 AUV형 수중로봇

모델	Alister	Alister 3000	ALIVE

제작기관	• ECA	• ECA	• Cybernetix
제원	• 4.5~5 m(L)×0.9 m(d) • 800~960 kg	• 5 m(L)×1.45 m(W)×1.7 m(H) • 2,300 kg(payload 150 kg)	• 4 m(L)×2.2 m(W)×1.6 m(H) • 3,500 kg
성능	• 최대속도 : 8 kts • 운용시간 : 12~24시간 @4 kt • 최대수심 : 300 m	• 최대속도 : 4 kts • 운용시간 : 24시간@2 kt • 최대수심 : 3,000 m	• 최대수심 : 3,000 m • 운용시간 : 10시간
특징과 임무	• 모듈형 • 동력 : 리튬-이온 배터리 • MCM, REA, ISR	• 센서 : SSS, SBS, SBP, Camera, CTD or SVP • 항법 : OAS, INS, DVL • 심해조사선(유전, 가스전)	• 복합조종AUV • 심해 유전/가스전 지원

ALIVE : Autonomous Light Intervention Vehicle

4.1.4 러시아와 중국

(1) 러시아

1991년 이전의 (구) 소련으로 지칭되는 소비에트 사회주의 연방공화국(이하 USSR)에서는 잠수함에 대한 수중에서의 물리적 현상과 동역학적인 거동을 모사하기 위한 자율 무인 이동체 모델의 개발이 촉진되었다. 그러한 초기 모델들은 학술원 회원이었던 A. N. Krylov 박사의 이름으로 레닌그라드(지금의 Pertersberg)에 위치한 CSRI(Central Scientific Research Institute)에서 1950년대 후반에 다수 개발되었다.

그러나 1970년대에 국가기관인 FEB RAS(Far Eastern Branch of Russian Academy of Science) 산하의 IACP(Institute of Automation and Control Processes)에 근무하던 M. D. Ageev 박사에 의해 진정한 의미의 실용적 AUV가 개발되기 시작하였다. 이후 1988년에 Ageev 박사는 AUV를 위한 전문 연구기관인 IMTP(Institute of Marine Technology Problems)를 설립하였는데 지금은 러시아의 대표적 수중로봇 연구기관으로 자리 잡았다.

1974년에는 대륙붕에서의 연구 사업을 지원하기 위해, 프로그램으로 제어하고 수중 소나로 운항하는 USSR의 최초 AUV인 Skat-Geo가 탄생하였는데 바이칼 호수의 수중 환경을 모니터링할 수 있는 가능성도 보여주었다.

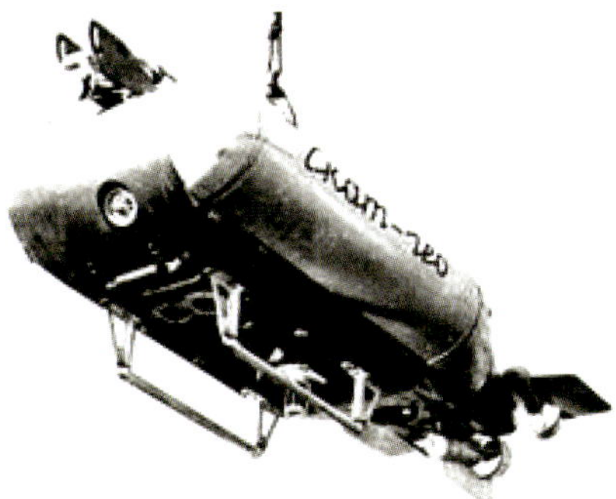

그림 4-26 AUV Skat-geo

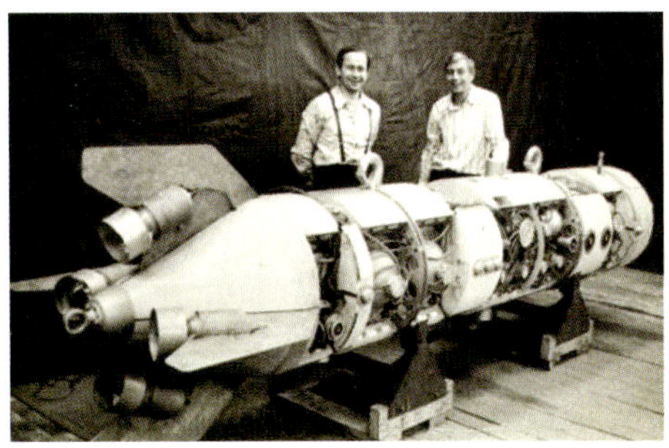

그림 4-27 AUV L-2 개발자 M.D. Ageev(우) 와 N.I. Rylov(좌)

그 시기에 분절형 몸체를 갖는 AUV 제작 기술이 발달하기 시작하였는데, 1980년대 초에 분절형 몸체를 갖는 L-2 AUV가 최초로 개발되었다. 이 AUV는 157회의 성공적인 잠수를 기록하였는데, 다수의 음향측심기, 저주파 측면주사음향탐지기, 사진기 그리고 장기선 수중위치파악 시스템(Long Base Line Acoustic Positioning System)을 탑재하였다. 또한 L-2 AUV는 1982년에 대서양에 침몰되어 있던 핵잠수함 K-8의 잔해를 조사하기도 하였는데, 1987년에는 사르가소 해역(Sargasso Sea)의 수심 5,500 m에서 핵탄두를 장착한 채 가라앉아 있던 핵잠수함 K-219를 세계 최초로 찾아내는 쾌거를 달성하였다.

이 당시 USSR 내에서는 다른 기관들도 AUV 개발을 시도하였는데, 1986년에는 레닌그라드의 Malakhit사가 2기의 Yantar AUV를 개발하였다. 이 AUV의 목적은 공해상의 해저를 정밀 탐사하여 미래의 광물자원 분포를 조사하고 특수한 임무를 달성하기 위한 것이었는데, 7톤 무게의 이 AUV는 화물 180 kg을 싣고 11시간 동안 수심 6,000 m에서 활동할 수 있었다. 탑재된 장비들로는 도플러 로그(Doppler Logger), 2중 주파수 측심 소나(Echo Sounder), 400 m 폭으로 해저 초음파 영상을 얻는 저주파 측면주사음향탐지기, 스테레오 카메라, 초음파 Profiler 등으로서, 해양을 조사하는 큰 역할을 기대하였으나 무거운 몸무게와 유지 보수, 운용상의 어려움 등으로 실용적으로 사용되지는 못하였다.

1980년대 후반에 IMTP는 다중 제어가 가능한 다목적용 AUV들을 개발하였는데 그 시리즈의 첫 번째는 그림 4-28, 4-29에서 볼 수 있는 MT-88 AUV 이었다. 이 AUV는 미국 샌디에고에서 개최된 'INTERVENTION/ROV '90'에서 우수한 기능과 수중로봇 분야에 기여한 공로를 인정받아 최우수 개발상을 수상하였다. 1989년에는 태평양 클레리온/클리프턴(C-C) 해저의 망간단괴 밀도를 조사하는 용도로도 활용되었다.

그림 4-28 AUV MT-88

그림 4-29 AUV MT-88과 함께한 러시아와 미국의 과학자

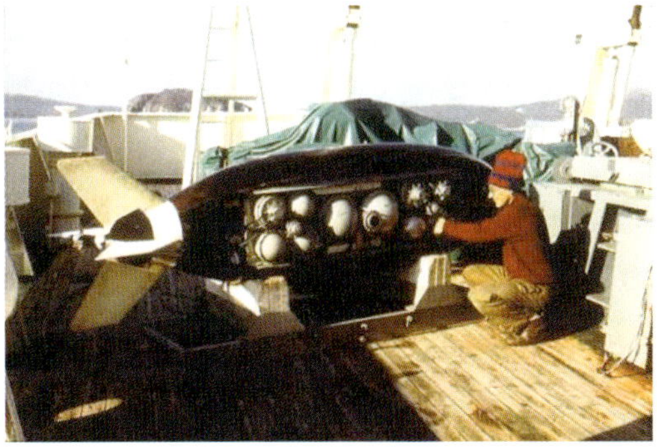

그림 4-30 AUV Typhlonus

이즈음 더욱 향상된 자율기능을 가지는 'Typhlonus' AUV(그림 4-30)가 IMTP에 의해 개발되었다. 이 AUV의 목적은 100 km이상의 거리를 이동하며 해저 수심도 측량, 수중 중량 측정, 수중 음향 구조측정, 극지 해역의 빙 하부의 조류 변화 측정 등을 수행하는 것이었다.

1994년에는 Hibbard Marine의 요청으로 TSL(Tunnel Sea Lion)(그림 4-31)이 개발되었는데 이는 세계 최초의 AUV-ROV 복합기능을 갖는 수중로봇이었다. 자체 에너지 공급원을 가지는 AUV이면서 수상 지원 선박과 광케이블로 연결된 ROV이기도 한 복합 기능체이었다. 초기에는 수중에 설치된 수로관 내부를 검사하는 목적이었으나 아무 저수지에서나 활용이 가능하였다. 이 기술의 영향을 받아 미국은 마리아나 해구를 조사한 두 번째 로봇인 'Nereus'를 개발하기도 하였다.

IMTP는 또 작업 환경 내에서 자체적으로 에너지를 조달하는 AUV를 개발하기 시작하였는데 미국 AUSI와의 협업으로 태양에너지를 활용하는 'SANPA-1' AUV(그림 4-32)를

그림 4-31 해저 케이블을 조사하고 있는 AUV TSL

그림 4-32 시운전 중인 AUV SANPA-1

개발하였다. 이 AUV는 1999~2001년 사이에 항법, 제어 그리고 에너지 공급을 위해 다수의 엄밀한 실험을 하였는데 결국 일본 근해의 Peter the Great Bay에서 여러 날 동안 연속적으로 활동할 수 있는 SAUV-1를 최종 개발하였다. 이 노력과 기술들은 또 다시 국제적 표준의 자율무인선박인 USV(Unmanned Surface Vessel)의 개발에 영향을 주었다.

그 시기에 러시아의 분절형 몸체 기술을 활용하여 중국의 Shenyang Institute of Automation과는 CR-01 AUV와 CR-02 AUV를, 한국의 대우중공업과는 'OKPO-6000' AUV를 개발하였다.

2000년대 초반에 IMTP는 최신 자율수단, 음향 항법과 통신수단, 맞춤형 제어시스템과 목적별 장비를 탑재하여 심해저 탐사 및 조사, 지도 제작, 해저 구조물 및 케이블 검사 등을 위한 심해 6,000미터급 다목적 AUV인 'Klavesin-1R' (그림 4-33)을 추가로 개발하였다.

이 AUV는 2007년에 일본 근해의 깊은 해구인 Kuril-Kamchatka에서 반복 실험을 실시하고, 2009년에는 오오츠크(Okhotsk)해 해저에 가라앉은 방사성동위원소 물체를 조사하였으며, 2010년에는 Tatar 해협에서 군용기 조사를 하였고 2008~2015년 기간 동안에는 해저 케이블들을 조사하였다.

이 AUV는 동급 AUV 중에서 특히 우수한 기록을 세웠는데, 최대수심 6,083 m, 120시간 동안 330 km를 운항하며 연속 작업을 수행한 점이었다.

그림 4-33 북극해에서 핵 쇄빙선의 지원으로 작업 중인 AUV Klavesin-1R

지난 10여 년 동안 러시아뿐만 아니라 세계 각국은 AUV의 적극적 활용에 많은 관심을 가지게 되었다. IMTP뿐만 아니라 수중 기술을 가지고 있는 많은 기업과 기관들이 이 새로운 노력에 참여하였는데, St. Petersburg에 위치한 CDB(Central Design Bureau) 산하의 Rubin사가 IMTP가 개발했던 'Klavesin-1R'을 한층 개량하여 'Klavesin-2R' AUV(그림 4-34)를 개발한 점이 주목할 만하다. 또, 이 기관의 'Vityaz-D' AUV(그림 4-35)도 관심이 큰데 이 AUV는 지구 최대 수심 해역인 마리아나 해구까지 내려가 실시간으로 비디오 영상을 수면으로 전송하였다.

대륙붕 해역이거나 상대적으로 수심이 얕은 해역에서는 소형 AUV도 활용도가 높다. 예를 들어 1,000 m 내려가는 Rubin사의 'Junona' AUV(그림 4-36)는 무게가 80 kg밖에 되지 않으며 6시간 동안 작업할 수 있는데 서양의 'Gavia' AUV와 비슷하다. 'Aurora' AUV(그림 4-37)는 St. Petersburg의 SPA(Scientific Production Association)사가 개발하였다.

또한 St. Petersburg시의 Oceanos JSC사는 몸무게 150 kg의 'Sea Shadow'라는 글라이더(그림 4-38)를 개발하였는데 6~8개월 동안 동력 공급 없이 운용 가능하고 평균속도는 1 km/h, 탑재무게는 13~17 kg이다. 또한 소형 AUV와 음향전송 장치를 탑재할 수 있다.

그림 4-34 AUV Klavesin-2R

그림 4-35 AUV Vityaz-D

그림 4-36 AUV Junona

그림 4-37 AUV Aurora

이 회사의 또 다른 흥미 있는 개발품은 수중용 전기 구동식 5 자유도 팔(Manipulator)(그림 4-39)인데, AUV에 연결하여 최대 20 kg의 힘으로 자율운항 상태에서 수중 작업을 할 수 있다.

그러므로 이 팔이 연결된 AUV는 장시간 해저에 머물며 해저 구조물의 조사뿐만 아니라 유지 보수 작업도 가능하도록 세계적인 협력 프로젝트로 진행되고 있다.

그림 4-38 Glider Sea Shadow

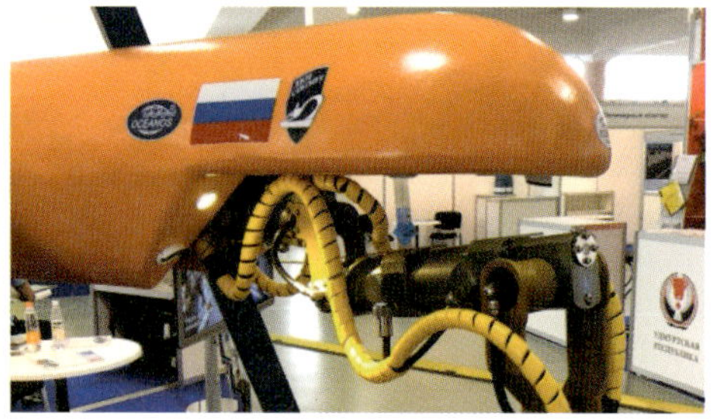

그림 4-39 Manipulator installed on AUV

그림 4-40 해저 유전개발장치 제조사인 TechnipFMC와 공동으로 개발 중인 팔이 탑재된 AUV의 모식도

(2) 중국

최근 중국 정부가 해양시스템의 연구개발에 대대적으로 투자를 하여 다양하고 깊은 수중로봇 연구개발이 진행되고 있다. 중국은 1990년에 1,000 m급 수중로봇인 Explorer 1000 m를 연구 개발한 이후에 1990년 초 러시아의 극동해양연구소(Institute of Marine Technology Problems, IMTP)의 기술지원으로 6,000 m 심해 탐사가 가능한 CR-01 수중로봇을 개발

그림 4-41 중국의 해저 탐광용 AUV형 수중로봇 CR-02

하였다. 이후 성능이 개선된 6,000 m급 연료전지 구동 수중로봇인 CR-02를 개발하여 중국 공학원이 해저탐광 및 장비 지원 목적으로 운용하고 있다. 이외에도 5,000 m 장거리 운행이 가능한 Qianlong-1 수중로봇을 개발하였다. 또한, 극해에서도 운용이 가능한 Arctic ARV(Autonomous/Remote Vehicle)을 개발하여 활용하고 있다.

4.1.5 호주

호주 해군도 미국이 사용하고 있는 모든 분야에서 ANV를 운용하려는 시도를 하고 있다. 그러나 호주 해군이 자체적으로 개발하여 사용하고 있는 경우는 매우 찾아보기 어렵다.

호주 해군이 기뢰의 탐색, 식별 그리고 제거를 위해 사용하고 있는 Double Eagle MK II가 있는데, 이것도 스웨덴 SAAB사의 제품이다. 해양 자료 수집을 위하여 Slocum 수중 글라이더를 사용하고 있지만 이것 또한 미국이 개발한 제품을 호주 해군이 사용하고 있는 실정이다.

그림 4-42 호주 해군이 기뢰 대항전에 사용하는 Double Eagle MK II

호주 해군은 미국뿐만 아니라 영국 해군과도 긴밀한 협조를 통하여 해양무인체계를 운용할 예정이다. 프랑스 탈레스사와 영국의 BAE사가 공동으로 개발하고 있는 다양한 수중로봇을 도입하여 해군 작전에 운용할 예정이다. 그림 4-43은 프랑스 탈레스사가 제공하는 AUV, ROV, 그리고 USV 등의 운용개념을 나타내는 개념도이다.

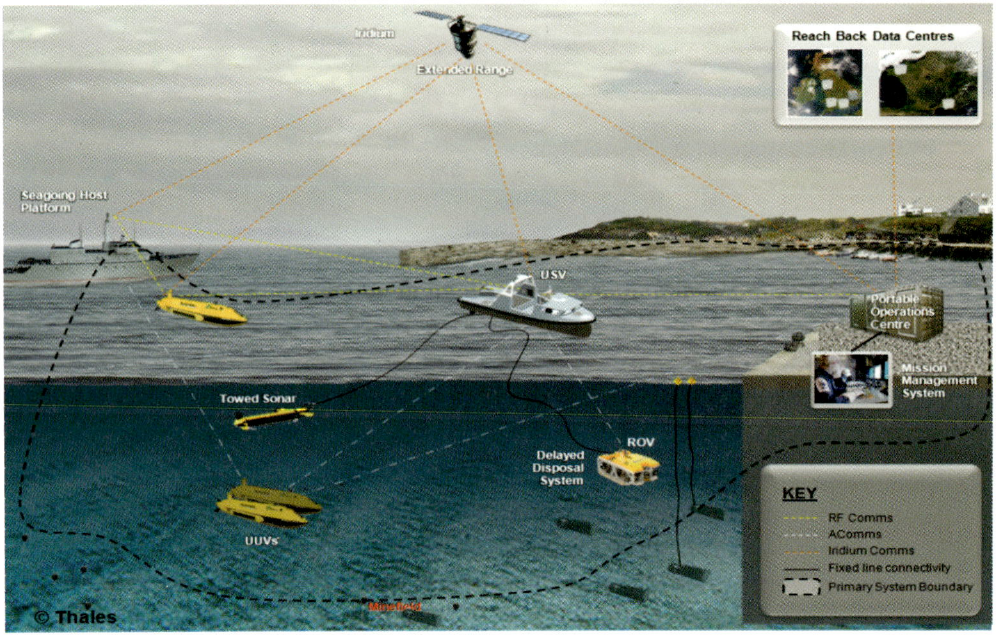

그림 4-43 호주 해군의 무인잠수정 AUV, ROV, 그리고 USV 운용개념도

4.2 국내

1990년대에 국내에서도 수중로봇의 연구개발이 시작되었으며, 2000년대에 들어서는 AUV에 대한 개발이 본격적으로 진행되었다. 특히 산업체, 연구소, 대학에서 많은 플랫폼을 설계 및 제작하고 실험을 수행하여 많은 성과를 내었다.

4.2.1 대우조선해양(주)(DSME)

대우조선해양(주)은 회사 명칭이 대우중공업(DHI)이던 1992년 러시아 과학원 산하 극동해양문제연구소(IMTP)와 기술이전 및 공동 상업화를 위한 계약을 체결하고 심해용 AUV를 개발하기 시작하였다. 1990년에 (구) 소련이 붕괴되면서 러시아와 CIS 국가들로 분리되었는데 반세기의 철의장막을 걷고 자본주의 국가들과 교류를 시작하면서 과학, 군사, 문화 분야 등에서 많은 계약들이 체결되었다. 하지만 오랜 기간 국가가 통제하던 공산주의 체제하에서의 국민들은 자본주의 국가들과의 거래에 서툴렀고 많은 (구) 소련의 기술들이 정당한 가치를 인정받지 못한 채 자본주의 국가들로 흘러 나가게 되자 러시아의 새로운 대통령은 국가의 유무형적 자산들을 강력히 관리하기 시작하였고 현재는 국가 간 교류가 많이 제한적 형태로 이루어지고 있다.

대우중공업은 1980년대 말 한국 해군을 위한 국산 잠수함 건조사업을 시작하게 되었고 또 유엔 산하 해저기구(ISA)에서 유엔 해양법 발효(1994년)를 앞두고 선행투자국 지위를 인정받은 대한민국에 태평양 동남부 C-C 해역의 대규모 다금속 망간단괴 개발 권리를 부여하고자 하였으므로, 심해저 광물개발을 위한 탐사 및 잠수함 건조용 모형으로 활용하기 위해 러시아와 계약을 체결하고 심해용 자율무인잠수정(AUV)의 개발을 시작하였다. 'OKPO-6000'으로 명명된 이 AUV 개발 사업은 1998년까지 약 6년간 계속되었고 그 과정에서 다수의 해양 시험과 독도 해저 탐사, 서태평양 해저 산악지대 조사를 성공적으로 수행하면서 대한민국에 무인잠수정의 시대를 최초로 열었다(그림 4-44).

그러나 1998년 한국에 닥친 IMF와 대우그룹의 해체로 '옥포-6000'은 상업화되지 못하였고 러시아와의 계약도 2000년에 해지되었다. 하지만 대우조선해양(주)는 2005년~2008년 사이에 다시 수심 3,000 m급 '옥포-3000', 수심 600 m급 '옥포-600', 수심 300 m급 '옥포-300' 등 3기의 잠수정을 자회사를 통해 추가로 연구 개발하였다.

대한민국 최초의 심해용 AUV인 '옥포-6000'은 현재 한국해양박물관에 역사적 유물로 인정받아 기증된 상태이며 우리나라의 해양탐사 역사를 대변하고 청소년들이 해양 개척의 꿈을 꿀 수 있도록 앞으로도 여전히 중요한 역할을 담당할 것이다.

그림 4-44 좌로부터 옥포-6000 개발전 개념도, 개발된 실물, 홍보용 자료

4.2.2 국방과학연구소(ADD)

국방과학연구소의 수중로봇 개발 현황을 언급하기 전에 우리 해군에서 현재 사용하고 있는 수중로봇에 대하여 설명하고자 한다. 우리 해군에서 기뢰를 제거하기 위하여 사용하고 있는 52기뢰전대의 Pluto Plus는 1970년대 초 이탈리아에서 개발된 ROV 형태의 기뢰 제거로봇(Mine Disposal Vehicle, MDV)으로서 1970년대 후반 우리 해군이 도입한 유일한 수중로봇이다. 그 후 수중 항법 시스템과 기뢰 제거 메커니즘의 성능을 향상 시킨 Pluto Gigas가 개발되었다. 우리 해군에서 운용되고 있는 Pluto Plus MDV에 대한 운용개념은, 소해 함정에서 소형 A-Frame을 이용하여 진수하면 탐색 식별된 기뢰의 위치까지 일정 거리 수상 항해를 하고 수중으로 잠수하여 기뢰에 접근한 다음 계류기뢰의 경우에는 절단기(Explosive Cutter for PLUTO, ECP)를 기뢰 고정용 밧줄에 설치하고 해저기뢰의 경우 기뢰 근처에 폭약(Charge Antimine for PLUTO, CAP)을 떨어뜨리고 MDV를 회수한 후 ECP와 CAP의 타이머 장치에 의해 기뢰를 제거하는 시나리오를 가지고 있다. 그러나 52전대의 대 기뢰전 운용개념은 Pluto Plus MDV에 잘 정립이 되어 있으나 우리 해역과 운용 환경에서 작성된 시나리오에 기반을 둔 자체 개발이 아니고 외국에서 도입한 것으로 운용의 기술적 한계로 많은 제약을 가지고 있다. 먼저 우리 해역의 조류에 매우 취약하여 ECP를

그림 4-45 우리해군이 운용하고 있는 Pluto Plus MDV, 운용 시스템의 구성도 및 ECP와 CAP를 장착하고 있는 MDV 모습

기뢰 고정용 밧줄에 설치하기가 어렵고 해저기뢰의 경우 우리 해역의 해저가 많은 부분이 개흙으로 되어 있어 접근 시 시야를 확보할 수 없어 운용에 많은 어려움이 있다.

이러한 어려움을 극복하기 위한 52전대 자체 노력으로 기뢰 고정용 밧줄에 ECP를 설치하기 용이하도록 ECP 입구의 크기를 넓혔고, 해저기뢰의 제거 용이성 증대를 위하여 시야확보 항해 방법으로 개구리 항해 전법을 개발해 사용하고 있다.

국방과학연구소 해양연구원(구 6연구본부)에서는 1996년부터 2년간 자율운항모델(Free Running Model, FRM) AUV를 개발하여 호수와 댐에서 시험한 경험이 있다. 주요 연구내용은 선형설계, 시뮬레이션 검증, 항법장치 개발, 조종제어 설계 등이다. 선형설계에서는 경험치에 의한 계수 추정 및 시뮬레이션을 통하여 검증하였다. 항법장치 개발에서는 자율제어 및 조종제어 알고리즘을 개발하여 호수에서 시험을 통하여 검증하였다. 국과연 에서 최초로 연구한 실적으로 의미가 있었으나 연구가 지속되지 못함으로써 많은 아쉬움을 남긴 연구이다.

2008년부터 2012년까지 KRISO와 대양전기공업(주)가 방위사업청 주관 하에 신개념 기술시범 사업(ACTD)으로 현재의 Pluto Plus MDV의 문제점을 개선하고 성능을 향상시키는 무인기뢰처리기 MDV를 개발하였다.

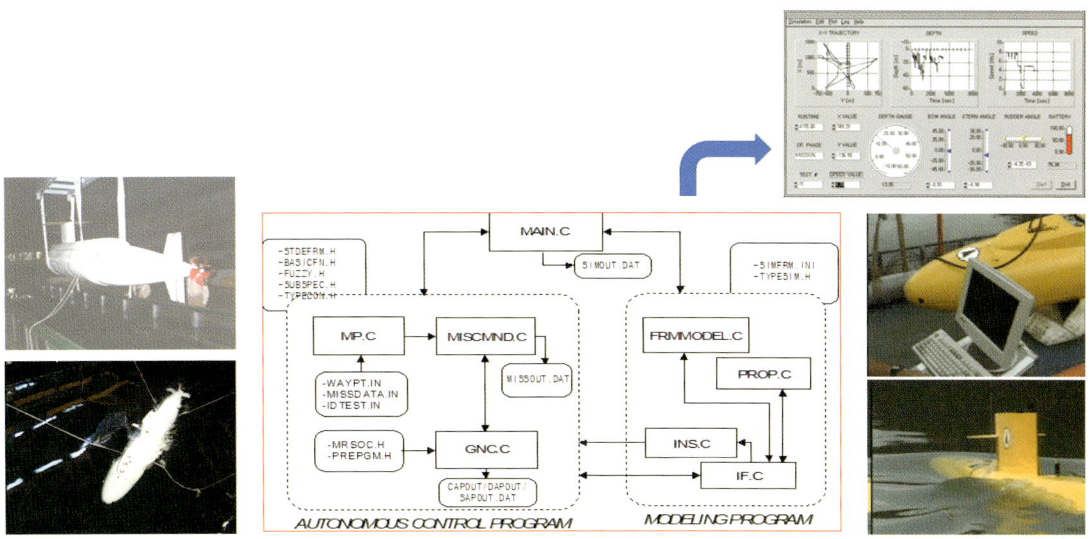

수조실험 시뮬레이션 해상시험

그림 4-46 국과연 6본부에서 최초로 연구한 FRM 수조시험, 시뮬레이션, 해상시험 장면

그림 4-47 방위사업청 주관 ACTD 사업으로 개발한 KRISO MDV와 ㈜한화의 기뢰 탐색용 AUV

그림 4-48 ㈜한화가 ACTD 사업으로 개발한 탐색용 AUV의 기뢰탐색 운용개념도

2011년에는 방위사업청이 주관하고 ㈜한화가 개발하여 성공한 ACTD 사업의 수중 탐색용 AUV가 있다. 이 AUV는 미국의 REMUS 100과 운용개념이 매우 유사하게 연안의 기뢰를 탐색하고 탐색된 정보를 모함에 전달하는 개념이다. 그림 4-48은 군사용 AUV의 운용개념과 시나리오를 보여주는 개념도다.

2011년에는 국방과학연구소 해양연구원이 주관하고 ㈜삼성탈레스, ㈜한화, 그리고 퍼스텍사가 공동으로 '대잠전용 무인잠수정 개념연구'를 수행하였다. 현재 진행 중인 본 과제(LDUUV)의 선행 개념연구 형태로 연구를 수행한 것으로 ㈜삼성탈레스는 대형급 무인잠수정을

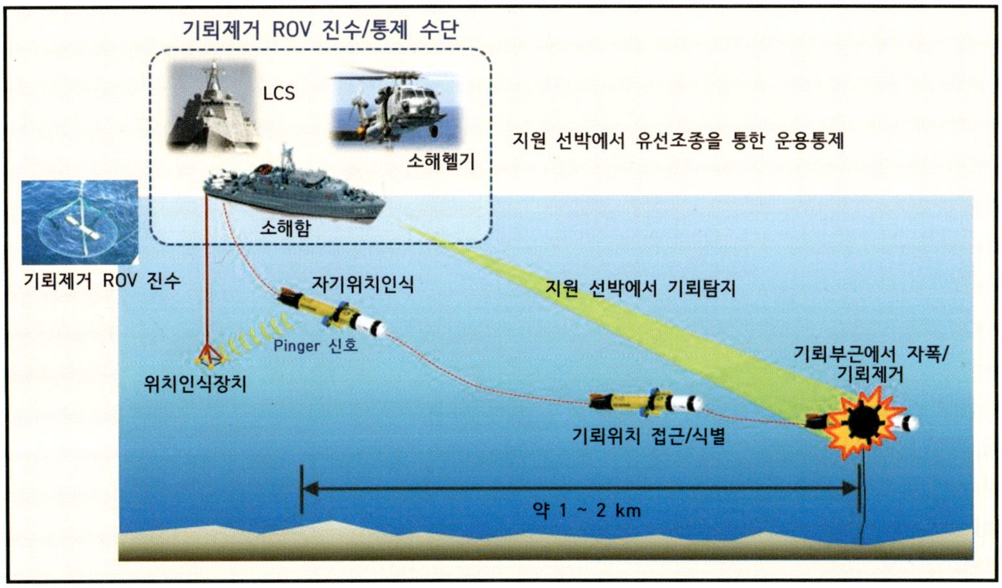

그림 4-49 기뢰제거기 Minekiller의 운용개념 및 시나리오 도출 개념도

위한 자율운항, 항법구성, 제어, 그리고 운용개념 및 시나리오 연구를 수행하였고, ㈜한화는 대잠전용 센서, 퍼스텍사는 수중 장기간 체류 가능한 연료전지 개념 연구를 수행하였다.

2013년에는 ㈜삼성탈레스가 노르웨이 MineSniper AUV와 매우 유사한 One-Shot 소모성 기뢰 제거기 Minekiller를 ACTD사업으로 수행하였다. Minekiller의 기술 개발에 앞서 우리나라의 대기뢰전 작전 환경을 분석하고 운용 개념을 도출하였으며 52전대 실무 경험자들과 운용 시나리오를 작성하여 운용 성능을 만족할 수 있는 요구 사항을 도출하였다. 도출된 요구 사항을 만족할 수 있는 기술 수준을 분석하고 52전대와 긴밀한 협조 속에 개발을 수행하였다.

또, 국방과학연구소 6본부에서는 2017년부터 5년간 대형급 대잠정찰용 AUV를 개발하고 있다. 주요 연구개발 내용은 수상/수중 상호 운용성 기반 AUV용 자율제어 기술, AUV용 수중 장기체류 에너지원 기술, 그리고 미래 해군에서 사용되는 운용개념, 임무, 그리고 운용 시나리오를 체계적으로 개발하는 내용이다. 기술 개발 내용 개념도는 그림 4-50과 같다.

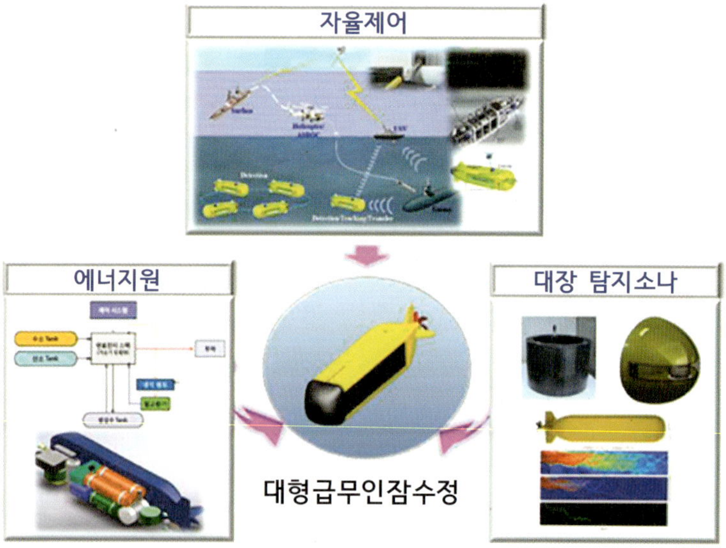

그림 4-50 대형급 AUV 기술 개발 개념도

4.2.3 선박해양플랜트연구소(KRISO)

선박해양플랜트연구소에서는 1990년대부터 AUV 기술을 개발해 오고 있으며, 일부 기술은 기업에 이전하여 상용화하였다. 1997년 AUV 테스트베드인 보람(Vehicle for Ocean Research and Monitoring, VORAM)을 개발하였다. 보람은 길이 2.8 m, 폭 1.1 m, 높이 0.4 m인 장방형이며 중량은 357 kg, 속도는 2.5노트, 작업 수심은 200 m, 작업시간은 4시간으로 설계됐고 AUV의 제어와 수중통신 등의 핵심기술 연구용으로 활용하였다.

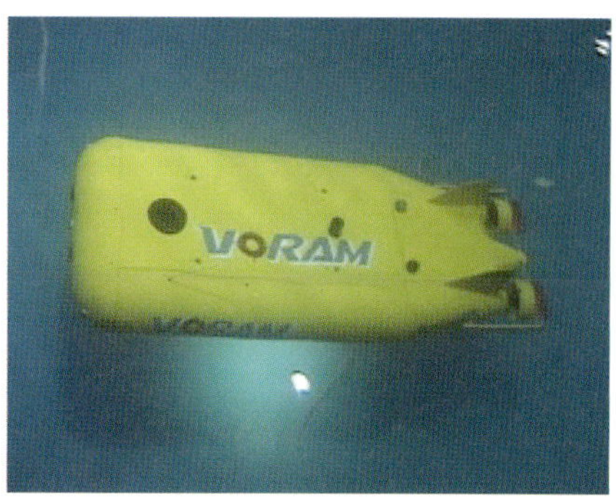

그림 4-51 보람(VORAM) AUV

2003년에는 ㈜대양 전기와 함께 민군겸용기술 개발과제를 통하여 DUSAUV(Dual Usage Semi Autonomous Underwater Vehicle)를 개발하였다. 민간용으로는 300 m까지의 천해수역 조사와 경 작업을, 군용으로는 기뢰 탐지 제거 작업을 목적으로 하였다. 이 기술은 이후 2011년에 개발된 MDV(Mine Disposal Vehicle) 기술의 기반이 되었다. MDV는 KRISO와 ㈜대양 전기가 방사청 사업을 통해 공동으로 개발한 기뢰 제거 잠수정으로 시험평가처의 군사적 실용성 평가를 통과하여 실전 배치되었다. MDV는 무선통신 부이를 이용하여 무선 원격제어 될 수 있으며 자율작업 기능과 유사시 자율복귀 기능을 내장하고 있다.

2005년에는 어뢰형 소형 AUV 이심이를 개발하였다. 이심이는 수조시험용 테스트베드로 최대운용 수심 20 m 최대 속도 3노트 운용 시간 3시간으로 설계되었으며 수치모델 추정, 자동제어와 유도제어 그리고 수중도킹 기술 개발에 활용되었다. 이심이 AUV 기술을 바탕으로 2009년에는 실 해역 시험용 테스트베드인 이심이100 AUV를 개발하였다. 이심이100은 길이 1.6 m, 지름 0.2 m, 중량 38 kg의 어뢰형으로 운항속도는 2노트, 최대운용 수심 100 m이며 실 해역 운용 실험을 목적으로 개발됐다.

그림 4-52 반자율형 잠수정 DUSAUV

그림 4-53 기뢰제거정 MDV

그림 4-54 이심이 AUV

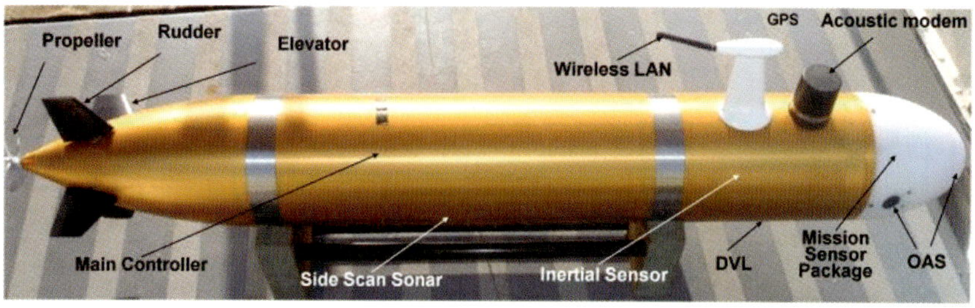

그림 4-55 이심이100 AUV

이심이100 AUV 기술은 2010년 ㈜한화에 기술 이전되어 상용화 버전인 HW200 AUV로 발전하였다. HW200은 기뢰 탐지를 목적으로 개발된 잠수정으로 길이 1.8 m, 직경 0.19 m, 무게 48 kg의 어뢰형이며, 최대 속도 7노트이고, 전방감지소나와 사이드스캔소나를 탑재하고 있다.

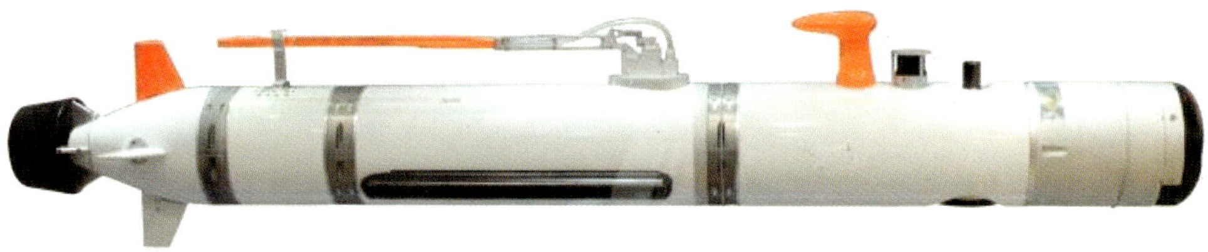

그림 4-56 한화 HW200 AUV

2012년에는 6,000 m급 AUV 이심이6000을 개발하였다. 이심이6000은 길이 3.8 m 직경 0.45 m의 어뢰형이며 과학조사 목적으로 3노트의 속도로 6시간 운항할 수 있도록 설계됐다. 주요 임무센서로 CTD, 사이드스캔소나, 메탄센서 등을 장착하였다. 이심이6000은 첫 해상 시운전 중 기상 악화로 유실되었으나 포항 앞바다에서 일부 선체와 하드디스크를 회수하여 당시 운항 정보를 얻을 수 있었다.

그림 4-57 이심이6000 AUV

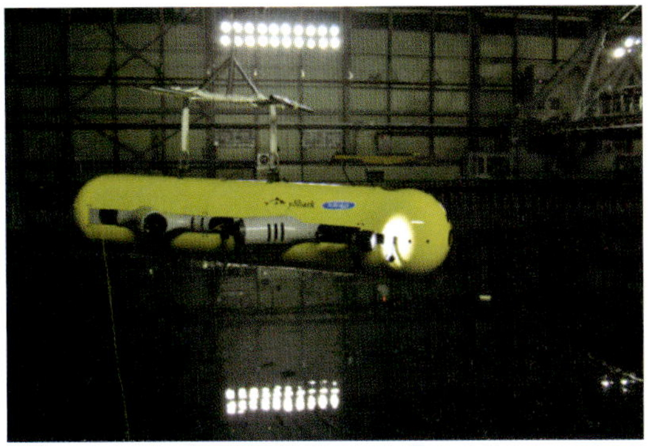

그림 4-58 호버링형 yShark AUV

그림 4-59 호버링형 iTutle AUV

그 외에도 KRISO에서는 수중 지역 항법과 SLAM 알고리즘 등을 시험하기 위한 호버링형 AUV 테스트베드로 yShark와 iTurtle 등을 개발하였다.

4.2.4 한국과학기술원(KAIST)

한국과학기술원에서는 영상 모자이킹을 통한 수중검사를 위한 호버링형 AUV인 H-AUV를 개발하였다. H-AUV는 길이 1 m, 폭 0.8 m 높이 0.4 m, 무게 70 kg의 오픈 프레임형이며 최대 잠수 수심은 70 m이다. 수평 추진기 4개 수직 추진기 3개를 가지고 있으며 전진 속도는 1.5노트이다.

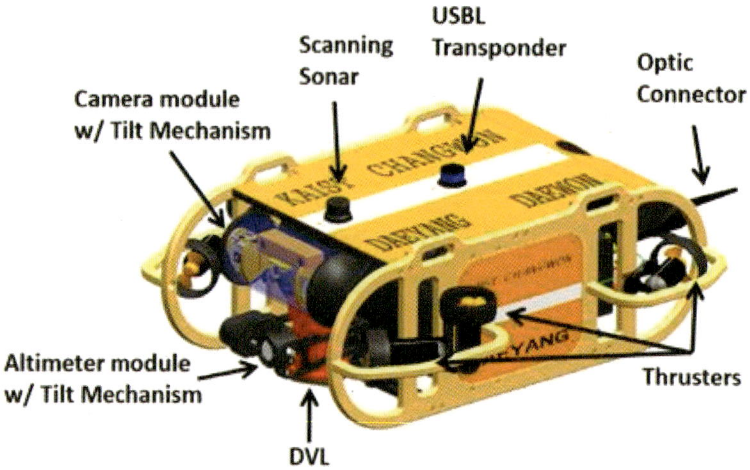

그림 4-60 KAIST의 호버링형 AUV H-AUV

4.2.5 서울대학교(SNU)

서울대학교는 조선해양공학과에서 2000년 ~ 2005년 과학기술부의 국가지정연구실 사업 연구과제 "ROV·AUV의 자율 제어와 음향 장비를 이용한 탐사"를 통해 AUV 관련 연구를 수행한 바 있다. 해당 연구와 관련하여, 길이 1.35 m, 지름 0.25 m의 소형 테스트베드 AUV인 SNUUV-Ⅰ을 그림 4-61과 같이 제작하였다.

그림 4-61 스누브-1(SNUUV-1)

SNUUV-Ⅰ은 운용 수심 100 m, 운용시간 1시간, 최대속도 2 m/s이며, 운항 자율성, 센서 및 제어기 성능 테스트, 유체 동역학적 계수 규명 실험에 활용하였다. 국내 대학 중 최초로 소형 AUV에 탑재하기 위한 OAS(Obstacle Avoidance Sonar)(그림 4-62)를 개발하여 SNUUV-Ⅰ에 탑재하였다.

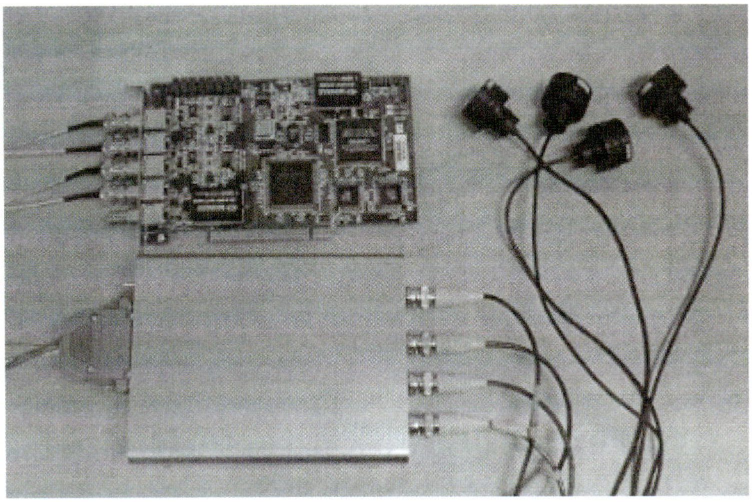

그림 4-62 스누브-1(SNUUV-1)에 탑재한 OAS

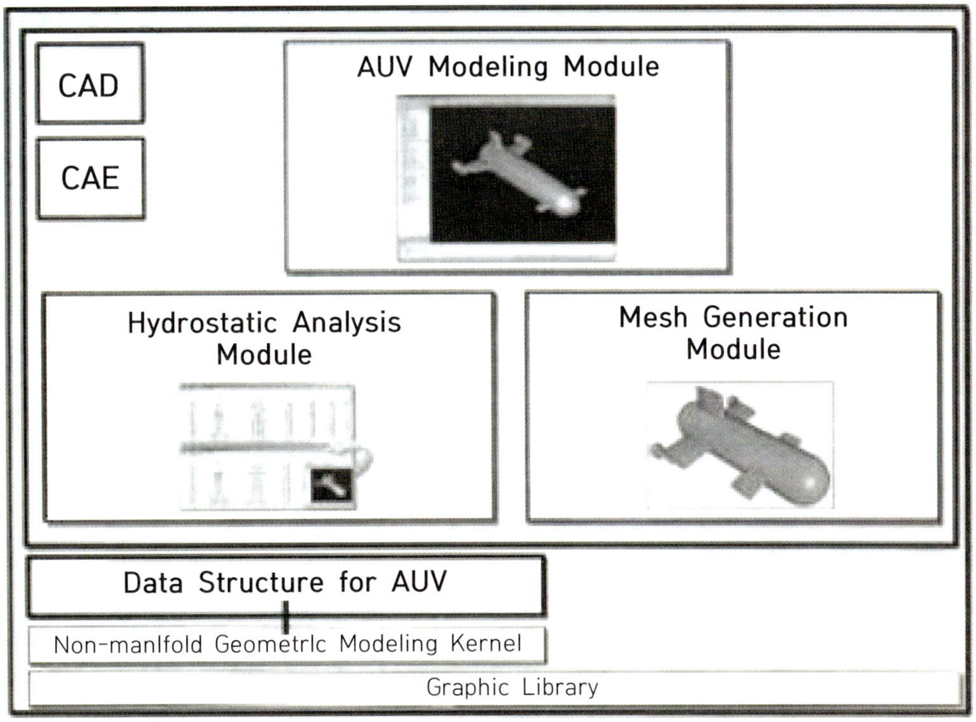

그림 4-63 AUV 모델링 시스템 구성도

이외에도 파라메트릭 설계 기법을 지원하는 AUV 모델링 시스템(그림 4-63) 및 HLA (High Lvevel Architecture) 기반의 AUV 시뮬레이터(그림 4-64)를 개발한 바 있다.

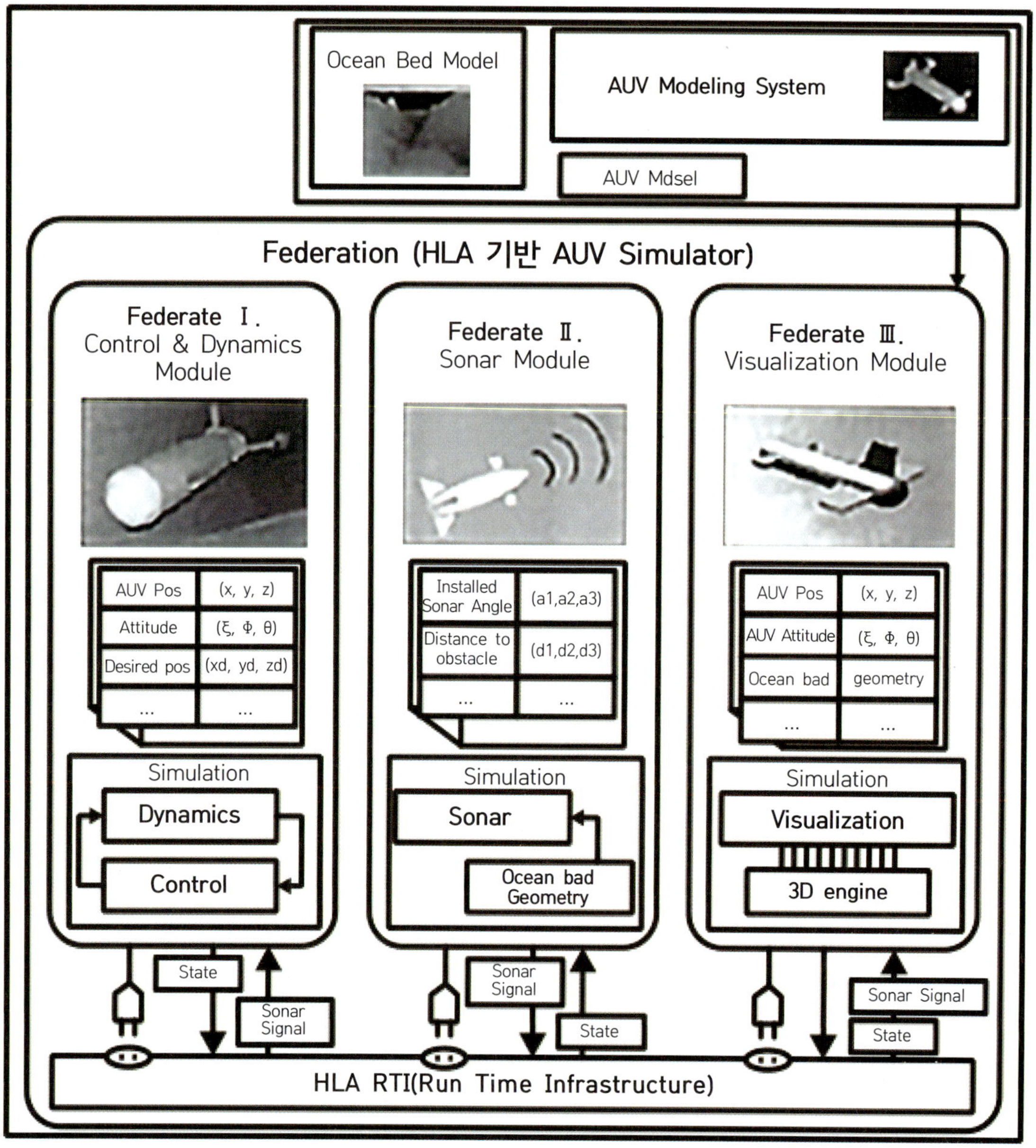

그림 4-64 AUV 시뮬레이터 시스템 구성도

4.2.6 한국해양대학교(KMOU)

한국해양대학교는 2000년대 초반부터 수중로봇에 관한 연구와 개발을 시작하여 다양한 종류의 수중로봇을 개발하였으며, 실 해역 성능시험을 통해 실용 가능한 수중로봇을 개발하고 있다.

Manta UUV는 한국해양대학교와 국방과학연구소가 2004년부터 9년간 공동으로 개발한 수중탐사 및 정찰용 수중로봇으로서(그림 4-65), 잠수함의 표면에 장착되어 이동한 후 작전 수행 시 표면에서 발진하고 임무 완료 후에는 잠수함 표면으로 복귀하는 기능을 갖고 있다. 제원은 길이 1.5 m, 폭 0.55 m, 높이 0.26 m이며, 중량은 40 kg, 최고 속도는 1.5 m/s이다. 주 추진기 1대가 후방에 탑재되어 있고, 방향타 1개 및 선수, 선미에 승강타 4개가 탑재되어 수심 제어 및 방향 제어가 이루어진다. 전원은 리튬폴리머 배터리를 사용하고 있으며, 항법을 위해 DVL, GPS, 수심 센서 및 방향각 센서를 탑재하고 있다. 실 해역 성능시험을 통해 수중에서 자세 제어 및 위치 제어 및 자율운항을 성공적으로 수행하였다.

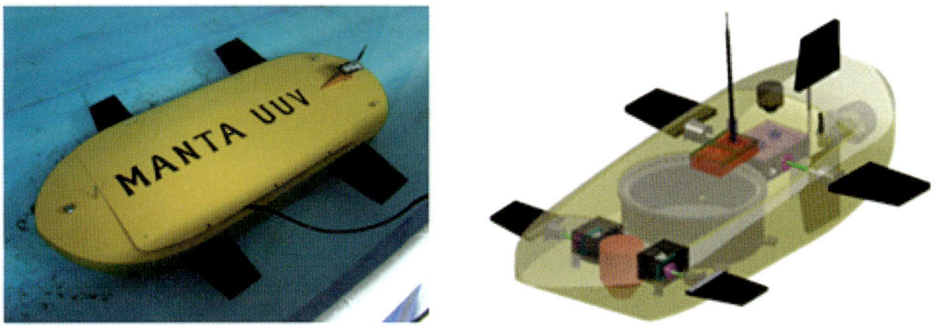

그림 4-65 Manta UUV

KAUV-1 AUV는 연근해 탐사 및 감시를 위한 수중로봇으로 어뢰형 선체를 하고 있으며(그림 4-66), 길이 1.6 m, 지름 0.18 m이며 중량은 22.5 kg으로 1인이 운용 가능한 크기와 중량을 갖고 있다. 작업 수심은 최대 200 m이며, 추진기는 좌우 회전이 가능하여 별도의 조타기 없이 방향각 조정이 가능하며, 선체 내부의 배터리를 전후로 움직이게 되어 있어 피치각을 조절할 수도 있다. DVL, AHRS 및 수심 센서를 탑재하고 있어 수중에서 방향각과 수심을 제어할 수 있고, 수상에서는 GPS 장치를 이용해 자율운항이 가능하다.

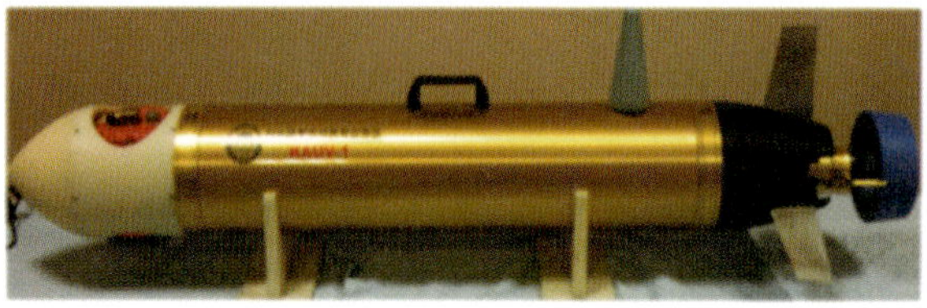

그림 4-66 KAUV-1 AUV

HAUV는 ROV와 AUV 겸용 수중로봇으로(그림 4-67) 호버링 제어가 가능하도록 수평 추진기 4개, 수직 추진기 3개를 장착하고 있다. AUV 모드에서는 길이 0.75 m, 폭 0.56 m, 높이 0.28 m, 중량 70 kg이며, ROV 모드에서는 길이 1.0 m, 폭 0.6 m, 높이 0.9 m, 중량 100 kg이다. 또한, ROV 모드에서는 전방에 로봇 팔이 장착되어 수중에서의 추가적인 작업이 가능하다. 최대 작업수심은 200 m이며, 항법센서로 DVL, IMU, USBL, 수심센서 및 GPS를 장착하고 있다.

그림 4-67 Convertible HAUV

OCTAGON은 호버링 형태의 수중로봇이며(그림 4-68) 수중의 정밀한 작업을 목적으로 설계되었으며, 해저의 장비 모니터링, 해저 지형탐사, 수중작업 현장 관리 등 다양한 분야에서 활용이 가능하다. 길이 0.73 m, 폭 0.73 m, 높이 0.60 m, 중량 50 kg이고 작업수심은 50 m이다. 수평방향 추진기 2대 및 수직방향 추진기 2대를 장착하여 4방향의 운동을 제어할 수 있으며, 리튬폴리머 배터리를 에너지원으로 이용한다. 항법장치는 DVL, GPS, 자이로컴퍼스 및 압력계 등을 장착하고 있어 수중 및 수상에서 자율운항이 가능하다.

그림 4-68 OCTAGON AUV

HUG(Hybrid Underwater Glider)는 한국해양대학교, 국방과학연구소, 한국해양과학기술원이 2013년부터 2년간 공동 개발한 수중글라이더이다(그림 4-69). 수중글라이더는 장시간 수중에서 운용할 수 있는 장점이 있으며, 일정 주기로 수면에 떠올라 취득 정보를 송신하고 임무변경사항을 수신한다. 평상시에는 최소한의 전력으로 작동하며 임무 수행 시에는 추진기를 작동하여 AUV로 작동하도록 설계되었다. 길이 1.9 m, 지름 0.22 m, 중량 50.5 kg이며, 글라이더 모드에서의 운용 속도는 0.5 m/s, AUV 모드에서는 1.5 m/s이다. 최대 작업수심은 200 m이고 최대 작업 거리는 1,000 km이며, 최대 운용일수는 20일이다. AUV의 자율운항 기능을 위해 추진기를 장착하고 있으며, AHRS, IMU, DVL, USBL, GPS, 수심계, 고도계 등의 항법센서를 장착하고 있다.

그림 4-69 Hybrid Underwater Glider

Ray-type Underwater Glider는 한국해양대학교와 항공우주연구원이 2016년부터 3년간 공동으로 개발하였으며, 가오리 형상의 넓은 날개를 동체로 갖는 수중글라이더이다(그림 4-70). 날개 속에는 장시간 수중잠수를 위한 배터리를 탑재하고 있으며, 수중 탐사 및 환경 데이터 수집 그리고 여러 임무를 수행하기 위한 항법센서 및 탐지센서를 탑재하고 있다. 제원으로는 길이 1.67 m, 너비 1.25 m, 높이 0.18 m이며, 운항 속도는 추진기 사용 시 2 m/s, 부력엔진만 사용 시 1 m/s의 속도를 낸다. 수중에서 피치각 제어와 수심 제어를 위해 피치각 센서와 고도계를 장착하고 있으며, 속도 향상을 위해 이중 부력엔진을 탑재하고 있다.

그림 4-70 Ray-type Underwater Glider

트랙기반 해저 중작업용 로봇(URI-R)은 한국해양대학교가 참여하고 한국해양과학기술원이 개발한 트랙구동 수중로봇이다(그림 4-71(a)). 한국해양대학교에서는 URI-R의 실험을 위해 시험용 소형 수중트랙 로봇을 개발하였다(그림 4-71(b)). 이것은 길이 0.6 m, 너비 0.5 m, 높이 0.25 m의 제원을 갖는다. 중량은 공기 중에서는 35 kg, 수중에서는 10 kg이다. 기본적인 구성으로는 배터리와 제어시스템, BLDC 모터와 모터 드라이브가 탑재되었고 관성항법장치가 장착되어 자율주행이 가능하다.

그림 4-71 (a) 트랙기반 해저 중작업용 로봇 URI-R (b) 시험용 소형 수중트랙 로봇

Hybrid USV & UUV System은 한국해양대학교와 한국항공우주연구원이 2017년부터 2년간 공동으로 개발한 시스템이다. Hybrid라는 이름에서 볼 수 있듯이 무인수상정(USV)과 무인잠수정(UUV)이 결합된 복합시스템으로서(그림 4-72), 해양탐사 및 해양개발을 위한 USV와 UUV가 가진 각각의 단점을 보완하기 위해 결합된 복합시스템이다. USV와 UUV의 제원은 길이 2.4 m, 너비 1.6 m, 높이 0.4 m이며, USV에는 GPS, USBL, AHRS, 통신장비와 LiDAR를 탑재했으며, UUV에는 Side Scan Sonar, AHRS, 카메라, 수심계를 탑재하고 있어 자율운항이 가능하다.

그림 4-72 USV 선체 내부

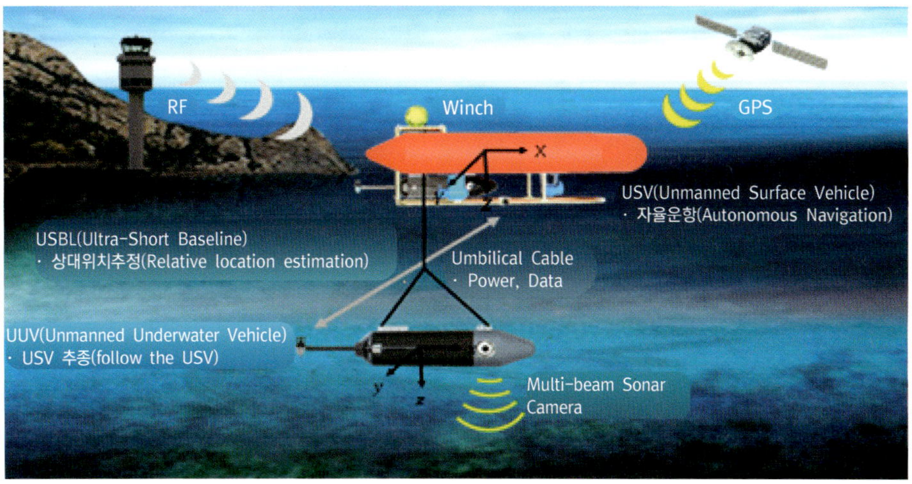

그림 4-73 USV-UUV 복합시스템 개념도

4.2.7 포항공과대학교(POSTECH)

포항공과대학교에서 개발된 수중로봇은 AUV '싸이클롭스(Cyclops)'와 'PETASUS'가 있다. 포항공과대학교 독자 기술로 개발된 싸이클롭스는 바다 속을 자유자재로 항해하며 해저 지도를 생성하고, 해양 데이터를 수집하는 첨단 해저 탐사용 수중로봇이다. 길이 1.2 m 높이 1 m 폭 1 m 크기의 호버링형 전자동 AUV로 최대 수심은 100 m이다. 싸이클롭스는 넓은 지역을 빠르게 탐사하는 로봇이 아니라 정해진 영역을 정밀하게 조사하는 수중로봇으로, 8개의 추진기가 부착되어 모든 방향으로 정밀 제어가 가능하다. 최대 속도 2노트로 유영이 가능하며 로봇의 속도는 DVL 초음파 센서에 의해서 측정이 된다. 물속에 로봇의 속도는 도플러 효과를 이용하여 측정을 하는데, 초음파를 해저 바닥 면에 주사하여 반사파와 입사파의 주파수 변화를 계측하여 속도를 계산한다. 로봇의 정밀한 자세추정을 위해 광섬유 자이로스코프(Fiberoptic Gyroscope)를 사용한다. 광섬유 자이로스코프는 사냑 효과를 이용하여 센서의 길게 감긴 광섬유의 회전에 따른 빛의 위상변화를 측정하여 각속도를 산출한다. 싸이클롭스의 방향은 자기 나침반을 이용하여 정북 방향을 기준으로 현재의 이동 방향을 인식한다. 수심은 압력계를 사용하여 수심에 따라 높아지는 압력을 역으로 계산한다. 환경 인식 센서로는 카메라, 스틸카메라, 초고해상도 소나 카메라, 프로파일링 소나가 탑재되어 있다. 수심이 얕은 환경이나 빛이 도달하는 바다에서는 카메라 센서를 사용하고, 물이 탁한 바다에서는 초음파를 사용하는 소나 센서를 사용하여 주변 환경을 인식한다. 또한 싸이클롭스에는 수질 센서가 부착되어 있어 바다의 염도, 산성도, 용존 산소량, 미생물 양 등을 실시간으로 측정할 수 있다.

그림 4-74 포항공과대학교의 첨단 AUV 싸이클롭스의 모습

싸이클롭스가 투입된 해양 탐사에서 추가로 획득이 가능한 해양 데이터는 초고해상도 해저 지도 모자이킹 사진, 그리고 위치기반으로 획득된 온도, 용존산소량, 염도, 클로로필 a, 질산염, 산성도 등이 있다. 모든 데이터는 로봇의 경로 정보를 토대로 위치기반으로 분석이 가능한 장점이 있다. 예를 들어 비정상적으로 온도가 높은 지역을 확인하고, 그 지역에 오염물질이 있는지, 미생물(클로로필-a) 수가 어떤 분포를 나타내는지 등을 한 번에 확인이 가능하다.

그림 4-75는 싸이클롭스가 생성한 10 m × 10 m 해저 지도 모자이킹 사진이다. 바다 속에는 해양 생물들이 부착하여 서식할 수 있는 인공어초(Artificial Fish Reef)를 설치하여 바다 사막화를 방지한다. 설치된 인공어초가 제대로 된 역할을 수행하는지, 인공어초에 어떤 해양생물들이 서식하는지 주기적으로 모니터링이 필요한데, 이것은 싸이클롭스의 주요 임무 중 하나이다. 싸이클롭스가 생성한 해저 지도를 통해 인공어초의 배치 상태, 인공어초에 부착된 생물군, 환경오염 상태의 확인이 가능하다.

물속이 탁한 경우에 카메라를 비롯한 광학 센서는 사용할 수가 없다. 싸이클롭스는 초고해상도 초음파 카메라를 이용해서 물속이 탁한 경우에도 주변 환경을 인식할 수 있다. 그림 4-76은 인공어초 지역에서 촬영한 초고해상도 초음파 카메라의 영상을 나타낸다. 초음파 카메라의 영상은 언뜻 일반 카메라 영상과 비슷해 보지만 이미지를 생성하는 방법에 있어 차이가 있다. 기존의 광학 카메라는 이미지 센서에 도달하는 빛을 저장하지만, 초음파 카메라는 주사 된 초음파가 반사되어 오는 시간과 진동의 세기를 통해 초음파 이미지를 재 생성한다. 따라서 흑백 영상이며, 초음파 특성상 회절과 간섭으로 인해 잡음이 뒤섞여 있다. 또한

그림 4-75 AUV 싸이클롭스가 생성한 인공어초 주변 해저 지도

빛은 직진을 하지만 초음파는 파동으로 확산하기 때문에 초음파 카메라의 정보로 물체를 정확히 인식하기 위해서는 첨단 기술이 필요로 하게 되며, 싸이클롭스는 초음파 카메라의 정보만으로 3차원 지도를 생성할 수 있는 기술이 탑재되어 있다.

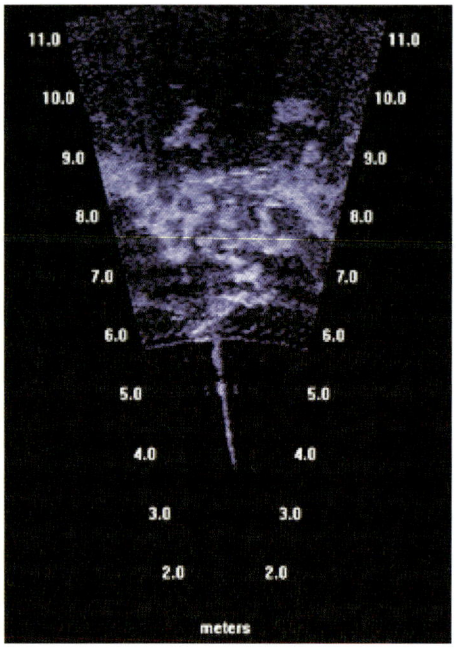

그림 4-76 AUV 싸이클롭스에 탑재된 초고해상도 초음파 카메라 영상

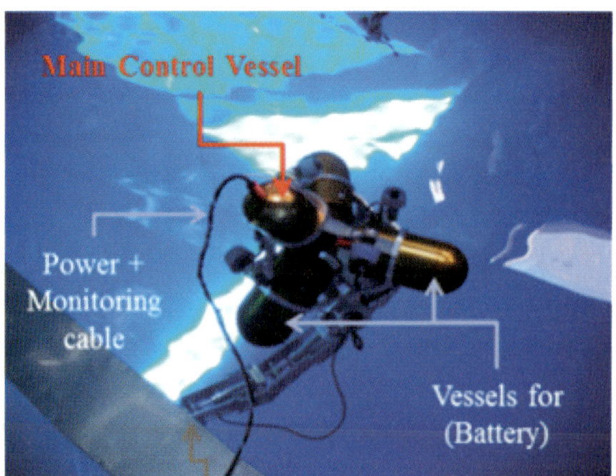

그림 4-77 포항공과대학교의 ROV 'PETASUS'

포항공과대학교의 또 다른 수중로봇으로 기계공학과에서 개발된 'PETASUS'는 가로 세로 높이가 0.7 m 크기인 천해 작업용 호버링 타입 ROV이다. 미국 하와이 대학과 3년간 공동연구를 통해 개발하였고, 5 자유도 로봇 팔을 부착하여 수중작업이 가능한 로봇이다. 해류 등 외란에 강인한 대처를 위해 6개의 추진기를 부착하여 이들 추진기의 벡터 합으로 3차원 공간에서 6 자유도 운동을 제어할 수 있다. 로봇의 상태를 감지하는 센서로는 가속도계, 각속도계, 컴퍼스, 압력계 등을 부착하고 있다. 이들을 통칭하여 항법센서라고 한다. 전체 로봇 시스템은 수중 안정성을 위해 무거운 로봇 팔을 아래쪽에 부착하고 가벼운 실린더를 위쪽에 부착하였다. 이는 무게 중심이 부력중심 아래에 위치하도록 하여 수중에서 강한 복원력을 생성하여 동체 안정성을 증가시키기 위해서이다. 로봇팔과 로봇 동체를 동역학 모델인 수식으로 표현하고, 이를 이용하여 로봇 팔 작업 시 발생하는 상호 영향을 효과적으로 보상하도록 하는 제어기가 탑재되어 있으며, 조류 등 외란까지 추정하여 수중작업 시 안정성 있게 임무를 수행하도록 개발되었다.

4.2.8 한국로봇융합연구원(KIRO)

한국로봇융합연구원은 대한민국의 로봇 핵심 기술의 전략적 확보를 위한 정부출연 연구기관이다. 정부의 로봇 기본계획의 비전과 연구원의 R&D로 4대 연구 분야를 꼽았는데, 의료로봇, 작업지원로봇, 문화로봇 그리고 수중로봇이다.

그림 4-78 수중 케이블 매설 로봇 URI-T

URI-T(Underwater Robot It's Trencher)는 한국로봇융합연구원에서 개발한 해저 케이블 매설을 위한 수중건설 로봇이다. URI-T는 해저에 설치되는 케이블이나 소구경 파이프라인 매설과 같은 수중 기초 토목 공사 등의 수중 공사를 경제적이고 안전하게 수행하기 위해 2016년 해양수산부 수중건설로봇 연구개발사업의 일환으로 개발된 로봇이다. 최대 수심은 2,500 m로 2,500 m 이내의 극한 건설 환경에서 다양하게 활용 가능하다. 케이블을 매설하기 위해 300 마력의 유압시스템과 600 마력의 수중 워터 제트 시스템이 동원된다.

현재 조력이나 파력 발전을 위한 해양 구조물이 점차적으로 수심이 깊은 곳으로 옮겨가고 있는 추세에 있다. 이런 상황에서 해저 구조물에 필요한 통신장비 및 전력공급을 위한 장비를 매설해야 하는데, 사람이 직접 작업을 못 하는 환경이 대다수이다. 이런 상황에서 중 작업용 수중 건설로봇은 커다란 도움이 될 수 있겠다.

그림 4-79 트랙 기반 해저 중 작업용 로봇 URI-R

URI-R(Underwater Robot It's Rocker)은 트랙 기반 중 작업용 수중로봇으로, 해저면 암반을 깨거나 단단한 흙을 부수는 작업을 하기 위한 중 작업용 로봇이다. 35톤급 중량을 지닌 이 로봇은 쉽게 말하자면 해저용 굴삭기라고 부를 수 있는데, 육상용 굴삭기와 마찬가지로 트랙을 활용해 해저 면에서 높은 정확도를 가지고 수중 이동 중 작업을 수행할 수 있다. 또한 트랙기반 수중로봇은 환경에 따라 로봇 팔(매니퓰레이터)을 교체할 수 있어 암반 커팅, 메우기, 고르기, 케이블이나 파이프라인을 매설하는 등의 여러 가지 역할을 수행할 수 있다. 2017년에 시제품을 개발하였고, 2018년에 동해의 수심 500 m 해역에서 실증실험을 성공적으로 완료한 이력이 있다.

무인 잠수로봇 P-SURO는 하천 오염이나 바다의 생태환경을 조사할 수 있는 로봇으로, 생태 조사 외에도 선박을 수리하거나 가벼운 해저케이블을 연결하는 상업용, 어뢰 제거 등의 군사용으로 폭넓은 용도를 지닌 로봇이다. 위성 항법 장치를 활용해 사용자가 현재

로봇의 위치 및 원하는 목표지점을 입력하게 되면, 로봇은 물속의 여러 장애물들을 피하고, 수류의 세기들을 파악해 적당한 힘으로 헤엄칠 수 있는 것이 특징이다.

최대 심도는 100 m로, 수중 비전, 수중 항법 등의 핵심기술이 적용되어 해양 탐사 및 수중 구조물 유지보수, 해양 감시 등의 다양한 목적으로 사용될 수 있다. 무게는 53 kg, 크기는 110 × 50 × 30 cm로 상당히 작은 몸집이다.

P-SURO II는 국내 최초의 하이브리드 수중로봇으로, 사람이 원격으로 조종하는 원격무인(ROV)이면서 동시에 자율적으로 임무를 수행할 수 있는 자율무인(AUV) 수중로봇이다. 2010년부터 2015년까지 5년간 개발한 로봇으로 지식경제부의 로봇산업 원천기술개발 사업으로 개발되었다. 주요 사양은 최대 심도 100 m, 적재 이동가능 하중 20 kg, 무게 134 kg, 크기 120 × 90 × 60 cm 이다.

그림 4-80 전시 중인 P-SURO

그림 4-81 잠수 중인 P-SURO II

이 잠수로봇은 해양탐사, 수중 구조물 유지 보수 및 해양 감시 등으로 해양 분야에 두루 쓰일 수 있는 로봇이다. 특히 하이브리드 기술을 채택해서 활용할 수 있는 자율 무인 모드(AUV Mode)는, 지상으로 올라가는 테더 케이블로 인해 기존 원격 무인 모드(ROV Mode)로 수행하기 어려운 수중임무를 수행할 수 있도록 해준다. 해저의 복잡한 구조물의 점검 및 유지 보수 같은 임무를 완수하기 위해서는 장애물 회피, 자율주행 등 높은 수준의 자율성이 요구되는데, 체계적인 알고리즘을 바탕으로 수중 하이브리드 관성 항법 시스템 및 동시 위치 파악 및 지도 작성(SLAM) 방법에 관한 연구도 진행 중에 있다.

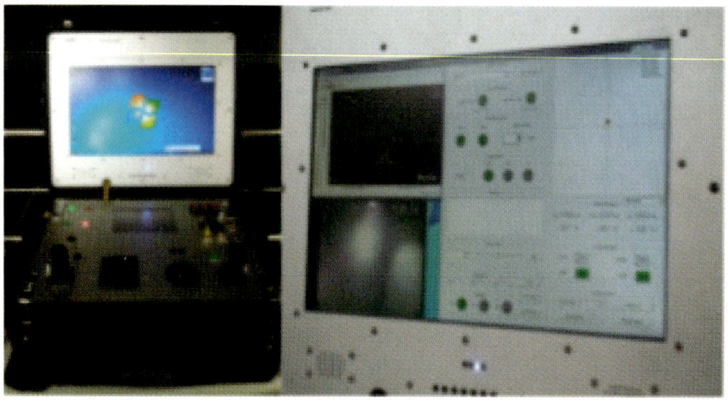

그림 4-82 P-SURO II의 컨트롤 유닛

그림 4-83 수중 청소 로봇 PIRO-U3

이동형 수중 청소 로봇 PIRO-U3는 사람이 직접 원격으로 조종하는 ROV 로봇으로, 사회 안전 및 극한작업용 로봇이다. 담수뿐만 아니라, 해양이나 수조 등 사람이 직접 작업하기에는 수심이 깊거나 유독성 물질이 포함된 수중에서 특수한 작업을 하기 위한 로봇으로 제작되었다. 수중 환경 속에서 이곳저곳으로 움직이기 위해서 몸통 아래에 설치된 캐터필러를 이용하여 구동한다. 몸통 중앙부 양옆에는 로봇의 수중 무게를 줄이기 위한 공기주머니가 달려있다. 몸통 내부에는 탁도 센서, 온도 센서가 장착되어 수중 환경의 정보를 모을 수 있고, 몸통 밖의 카메라와 조명 시스템은 육상에서 조종하는 사람으로 하여금 작업 환경을 자세히 관찰하게끔 해준다. 이 수중 청소로봇의 핵심 기술은 아래에 부착된 나선 형태로 회전하는 스크루와 펌프 시스템이다. 먼저 이물질이 밀집되어 있는 환경으로 로봇이 이동한 후 나선 형태의 스크루가 회전하게 되는데, 이 때 이 스크루는 이물질을 로봇의 중앙 흡입구로 모아주는 역할을 한다. 그 후 내장된 펌프시스템을 이용하여 로봇은 모아둔 이물질을 빨아들여 육상으로 전달한다. 과거 수조를 청소하기 위해서는 많은 양의 물을 수조에서 빼낸 후 작업자가 직접 바닥으로 내려가 청소를 하였는데, 이 로봇이 개발된 이후로는 수조의 물을 빼내지 않고 바로 청소를 할 수 있게 되었다.

4.2.9 레드원테크놀러지

기뢰 제거 로봇은 해상에 부설된 기뢰를 제거할 수 있는 소모성 AUV로 개발되었다(그림 4-84). 개발 사양은 기뢰의 매설 심도와 작전 해역의 평균 수심을 고려하여 작전 운용 효율을 높이기 위해 실제 기뢰전에서는 기뢰를 제거하는 작전 1회당 임무수행 목표 시간을 약 20분으로 한다. 길이 1.68 m, 폭 0.58 m, 높이 0.28 m이고, 중량은 45 kg이다. 4 자유도의 운동 모드를 갖고 있고, 수평 추진기 2대 및 수직 추진기 1대를 장착하고, 최대 작업수심은 100 m이다. 리튬폴리머 배터리를 장착하고 1.5시간 운용이 가능하다. 최고 속도는 7노트로, IMU, 수심계, 고도계, 카메라, 광학센서 등 다양한 센서를 탑재하여 수중 자율운항을 통해 임무를 수행한다. 기뢰 제거 로봇의 주행성능 분석, 위치정보 획득, 목표물 추적, 그리고 기뢰 제거 로봇에 대한 유효성을 높이기 위해 지속적인 개발 및 연구를 진행 중이다.

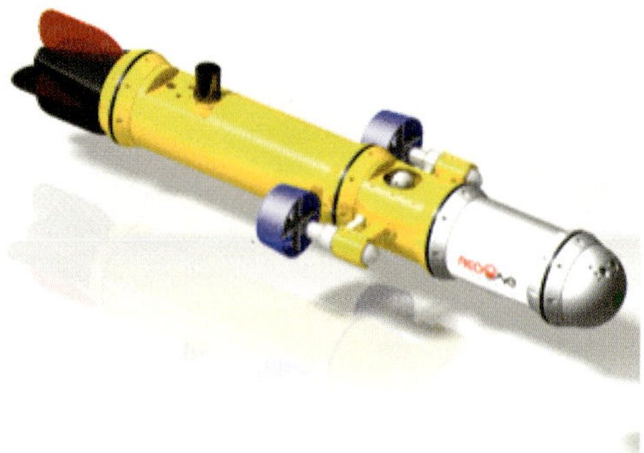

그림 4-84 기뢰 제거용 AUV

SEACOP은 해양 모니터링 및 탐사, 불법 어선 감시, 해양 방사능 측정 및 관리를 위한 용도로 개발된 AUV이다(그림 4-85). 상세 제원은 길이 2.6 m, 폭 0.6 m, 높이 0.6 m이고 공기 중 중량은 120 kg이다. 리튬폴리머 배터리를 장착하여 3자유도의 운동 형태에 따라 3~5시간 운용할 수 있다. 최대 수심 300 m에서 운용 가능하고, 주 추진기 1대를 탑재하고 있으며, 최대 속도는 7노트이다. DVL, 광학센서, 소나센서, GPS, 통신장치 등을 장착하여 자율운항 및 데이터 통신이 가능하다.

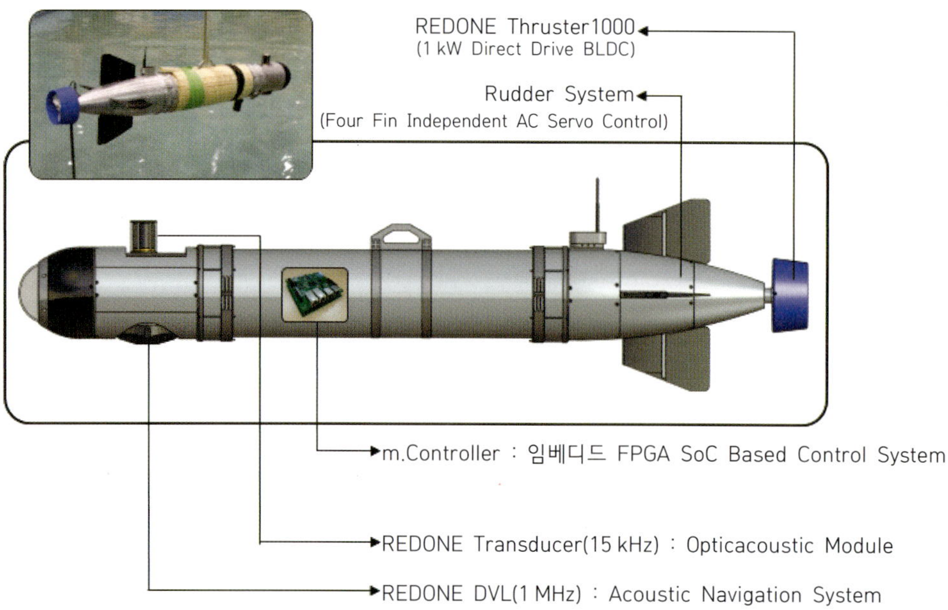

그림 4-85 SEACOP AUV

Reference

1. Issledovanie i razrabotka neobitaemyh podvodnyh robototekhnicheskih sistem i kompleksov (Research and development of unmanned underwater robotics) [online] Available at : http://www.imtp.febras.ru/podvodnaya-robototexnika.html?showall=1 [accessed 20 Aug. 2019]
2. Alekseev Yu.K., Uryvaev K.P., Inzartsev A.V., Kostenko V.V. Stanovlenie i razvitie podvodnoj robototekhniki (The formation and development of underwater robotics) / Osvoenie morskih glubin (Mastering of the deep sea). - Moscow: Publishing House «Oruzhie i tekhnologii» ("Weapons and technology"), 2018, C. 267-276. ISBN 978-5-93799-070-9
3. Klavesin-2R-PM [online] Available at:http://militaryrussia.ru/blog/topic-871.html [accessed 20 Aug. 2019]
4. Deep-sea autonomous underwater vehicle "Vityaz-D". [online] Available at : http://bastion-karpenko.ru/underwater-vityaz-d/ [accessed 20 Aug. 2019]
5. Autonomous underwater vehicle "Junona". [online] Available at : http://bastion-karpenko.ru/junona/ [accessed 20 Aug. 2019]
6. NPO "Avrora" predstavilo avtonomnyj neobitaemyj podvodnyj apparat (SPA "Aurora" presented an autonomous underwater vehicle). [online] Available at : https://sudostroenie.info/novosti/20542.html [accessed 20 Aug. 2019]
7. "Oceanos" : services. Available at : https://en.oceanos.ru/services [accessed 20 Aug. 2019]
8. 김현우, 김병훈 외, 반도체와 디스플레이공학을 위한 센서기술, 내하출판사, 2009.
9. 성굉모, 차일환 외, 음향 용어 사전, 교학사, 2003.
10. Basic turbidimeter design and concept, EPA guidance manual turbidity provisions, 1999.
11. F. B. Jensen, W. A. Kuperman et al., Computational ocean acoustics, 2nd ed., Springer, 2011.
12. L. E. Kinsler, A. R. Frey et al., Fundamentals of acoustics, 4th ed., Wiley, 2000.
13. Shengli Zhou, Zhaohui Wang, OFDM for underwater acoustic communications, Wiley, 2014.

14. W. A. Kuperman, P. Roux, Underwater acoustics, In: T. D. Rossing(eds), Springer handbook of acoustics, Springer, 2014.
15. 김민상, 조대영 외, 수중 채널 환경에서 전송량 증대를 위한 다중반송파 시스템에 관한 연구, 한국통신학회논문지 40(6), pp. 1193-1199, 2015.
16. 김태우, 다중 전달 경로 채널에서의 수중 디지털 통신을 위한 pre-coding 기법, 서울대학교 석사학위 논문, 2008.
17. 박성준, 박수현 외, 수중통신과 해양센서네트워크 기술, 정보과학회지 28(7), 한국정보과학회, pp. 79-88, 2010.
18. Camila M. G. Gussen, Paulo S. R. Diniz et al., A survey underwater wireless communication technologies, Journal of Communication and Information Systems 31(1), pp. 242-255, 2016.
19. Gordon M. Wrez, Acoustic ambient noise in the ocean : spectra and sources, Journal of the acoustical society of america 34(12), pp.1936-1956, 1962.
20. Mari Carmen Domingo, Overview of channel models for underwater wireless communication networks, Physical Communication, Elsevier, Vol. 1, pp. 163-182, 2008.
21. https://commons.wikimedia.org/w/index.php?curid=29515479 (검색일 : 2019. 6.21.)
22. https://www.scienceall.com/%EC%97%BC%EB%B6%84%EA%B3%84salinometer/ (검색일 : 2019. 6.28.)
23. https://blog.naver.com/jmsin30/80156427209

5장

미래의 수중로봇

5.1 생체 모방형 수중로봇

전통적인 방식으로 설계된 수중로봇이 하기 어려운 임무를 수행하거나 효율적으로 기능을 개선하기 위하여 다양한 형태의 수중로봇이 개발되고 있다.

그 중 해답을 자연으로부터 찾아 수중 생물의 운동 및 생존 방식을 분석하고 이를 로봇의 설계에 적용하는 시도가 다수 진행되고 있는데, 이러한 로봇을 생체 모방형 수중로봇(Biomimetic/Bio-Inspired Underwater Robot)이라고 한다. 이와 같은 생체 모방형 수중로봇은 대체로 어류와 포유류를 포함한 수중 동물들이 헤엄치는 메커니즘을 분석하여 기계적으로 구현한 것들이다.

그림 5-1 생체 모방형 수중로봇의 예시

그림 5-1의 두 로봇은 스위스 취리히연방공대(ETH Zurich)의 Naro 프로젝트에서 제작한 생체 모방형 수중로봇의 예시다. 왼쪽의 로봇은 참치의 형태를 모방한 로봇이며 지느러미(Fin)와 유연한 몸체를 이용하여 추진한다. 오른쪽의 로봇은 바다거북을 본뜬 로봇으로, 네 개의 지느러미를 위아래로 흔들어 추진하는 방식을 택하고 있다.

일반적으로 이러한 생체 모방형 수중로봇들은 기존의 프로펠러를 이용하여 추진하는 방식과 비교하여 3차원 수중에서 자유롭고 부드러운 곡선 주행이 가능하기 때문에 난파선이나 해양 동굴과 같은 좁고 복잡한 공간을 탐사하는 곳에 유용하게 이용될 수 있다. 또한 날카로운 프로펠러를 사용하지 않아 구동부가 안전하고 해초나 줄 등에 꼬일 위험이 적으며 진동 속도가 느린 지느러미를 사용하기 때문에 소음이 비교적 적어 장애물이 많은 지역이나 수중 생물들의 서식지를 탐사하기에 유리하다. 이외에도 수륙 양용으로 운용하거나 수중 동물의 헤엄치는 방식 자체를 연구하고자 생체 모방형 수중로봇이 개발되기도 한다.

그러나 이 같은 지느러미나 물갈퀴 등을 이용한 생체 모방형 추진 방식은 전통적으로 연구되고 사용되어 온 프로펠러 추진기에 비해 사용 전력 대비 추진력이 보통 작은 편이다. 따라서 이를 보완할 만한 장치나 낮은 효율을 감안하여 로봇에 적용될 수 있는 특수 방안이 고안되어야 한다. 또한, 프로펠러 추진기를 중심으로 이루어진 추진력 계산 방식과 기존의 수중로봇 모델링 및 제어 방법을 그대로 적용하기 어려우므로 해당 로봇에 적합한 방식을 연구해야 한다.

현재 연구되고 있는 대부분의 생체 모방형 시스템들이 물속에서 움직이기 위한 추진력을 낼 수 있는 단계와 약간의 제어가 가능한 수준까지 도달하였다. 해양 생물처럼 3차원 수중에서 특정 위치로 이동하기 위한 정교한 유영이나 자세 유지, 고속이동, 순간 방향 전환 등의 움직임 제어는 향후에 많은 연구가 필요한 부분이다. 또한, 이러한 수중로봇에 카메라와 소나 등의 센서를 탑재하고 해양 탐사 임무를 수행하기 위해서는 보다 안정적으로 데이터를 취득하기 위한 로봇의 운동 방법이나 하드웨어의 개선이 필요할 것이다.

5.1.1 생체 모방형 수중로봇의 분류

수중에 수많은 형태의 생물이 존재하는 것처럼 생체 모방형 수중로봇 또한 각기 다른 설계와 운동 방식으로 설계되고 있다. 생체 모방형 수중로봇은 물고기형(Fish), 가오리형(Ray-Like), 거북이형(Turtle-Like) 등으로 모방하고 있는 수중 생물의 형태에 따라 구분할 수 있으며, 이 밖에도 언급하지 않은 수중 생물을 모방하거나 특정 추진 부분만을 흉내 낸 생체 모방형 수중로봇 또한 존재한다.

생체 모방형 수중로봇을 연구하는 연구자들은 시스템이 추진을 하기 위해 움직이는 부위와 운동하는 방식에 따라 아래의 그림과 같이 분류하기도 한다. 이는 기존에 어류를 분류하는 방식과도 흡사하다.

우선 추진 시 움직이는 부위에 따라 BCA(Body/Caudal fin Actuation)와 MPA(Median /Paired fin Actuation)로 나눌 수 있다. BCA는 몸체 또는 꼬리지느러미(Caudal Fin)를 구부려 움직여 추진하는 방식이며, 참치와 장어와 같은 어류가 이 방식을 이용하여 수영한다. MPA는 몸체의 정중지느러미(Median Fin) 또는 쌍지느러미(Paired Fin)을 이용하여 추진하는 방식이며 어류 중에서는 가오리가 이 방식으로 수영한다.

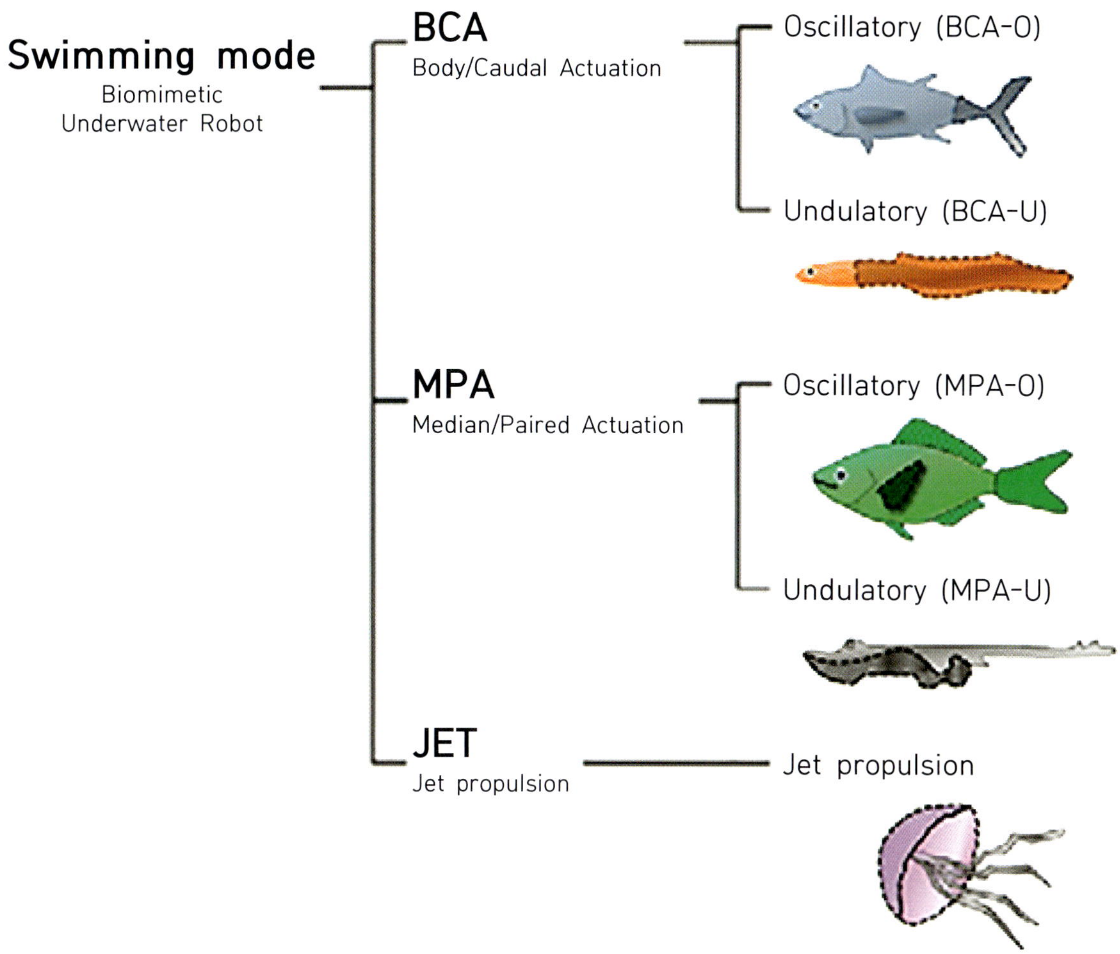

그림 5-2 구동 부위와 운동 방식에 따른 생체 모방형 수중로봇의 분류

한편, 추진 부분이 움직이는 방법에 따라 진동식(Oscillatory)과 파도식(Undulatory)으로 나눌 수 있다. 진동식 운동은 추진 부위를 위아래 또는 좌우로 진동하며 추진하는 방식의 운동이고, 파도식 운동은 추진 부위가 한 주기에 한 파장보다 많은 파동을 가지며 물결치는 방식으로 움직이는 운동이다.

이외에 몸체로부터 액체나 기체를 분사하여 추진하는 분사식(Jet) 수영 방식이 존재하며, 해파리를 모방한 로봇이 이에 속한다.

5.1.2 물고기형 수중로봇

그림 5-3 물고기형 수중로봇 BIOswimmer

물고기형 수중로봇 BIOswimmer는 Boston Engineering에서 개발한 1.52 m 길이, 40.8 kg 무게의 로봇으로, 생물학자들과 함께 참치가 수영하기 위해 사용하는 근육과 추진하는 방식을 분석하였고 이를 모방하여 제작하였다. 지형지물이 많은 난파선의 조사나 복잡하고 접근이 어려운 해안이나 부둣가를 정찰하는 임무에서 기존의 수중로봇에 비해 높은 기동성을 보인다.

참치는 물속에서 앞부분과 중간부분의 몸체는 목적 방향에 따라 고정된 상태로, 뒷부분인 꼬리 부분만 움직여 수영한다고 한다. BIOswimmer 또한 이를 모방하여 몸체가 세 부분으로 나누어진다. 앞부분은 소나(Sonar)와 같은 제어 및 항법을 위한 장치가, 중간부분은 각종 센서가 탑재되어 있고, 유연한 뒷부분의 꼬리는 하나의 액추에이터(Actuator)를 통해 휘어져 로봇을 앞으로 추진시킨다. 또한 꼬리와 가슴지느러미를 포함한 여러 개의 지느러미가 부착되어 있어 추진을 도우며, 좌우 지느러미의 각도를 조정하여 로봇의 심도를 조절할 수 있다.

내부 구성요소와 외부에 부착된 각종 센서들의 경우 수중에서 좁은 공간이나 높은 점성을 가지는 유체 환경에서도 로봇의 운용이 가능하도록 설계되었다. 그림 5-3과 같이, 로봇에 탑재된 측면주사음파탐지기를 통해 지형이나 구조물의 표면을 조사하고, 벽을 따라 움직이며 물체를 탐지하는 방식으로 운용된다.

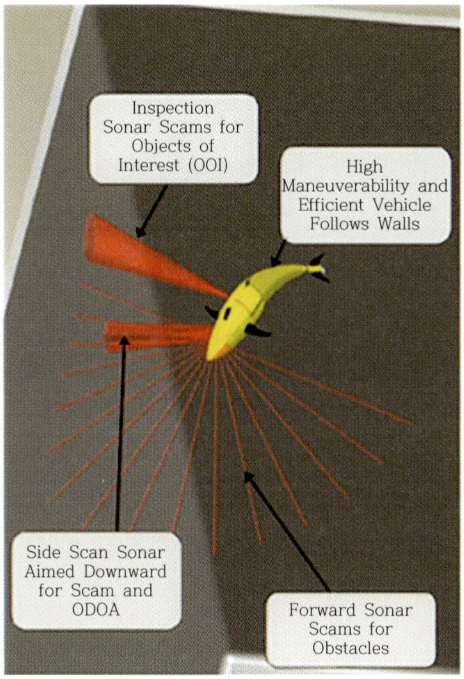

그림 5-4 전면과 측면에 소나가 장애물을 인식하는 BIOswimmer

그림 5-5 MIT의 물고기형 AUV인 Sofi

MIT의 CSAIL(Computer Science and Artificial Intelligence Laboratory)에서 제작된 물고기형 수중로봇 SoFi는 수중에서 3차원 경로를 따라 수영할 수 있도록 설계되었으며, 정량적인 성능 검증을 위해 약 7 m 깊이의 실제 바다에서 수중 탐사 실험을 진행하였다. SoFi는 0.47 m 길이, 1.6 kg 무게의 소형 로봇이며, 앞에서 언급한 BIOswimmer와 같이 꼬리 부분을 흔드는 간단한 움직임을 통해 수중에서 앞으로 추진하거나 방향을 전환한다.

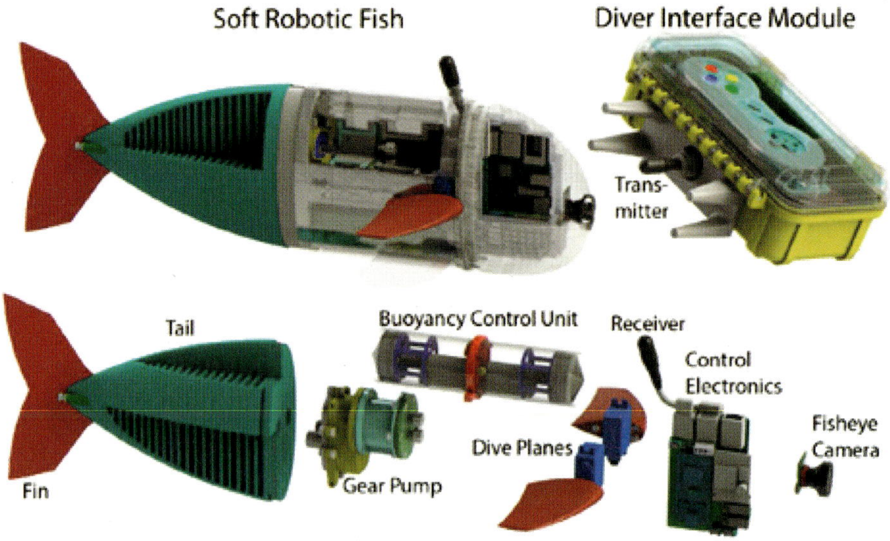

그림 5-6 SoFi의 시스템 구성

그림 5-6에서 확인할 수 있듯이, 시스템 내부에 피스톤식 부력 제어 장치(Buoyancy Control Unit, BCU)를 탑재하고 있다는 것이 이 로봇의 특징이다. 자동으로 부력을 제어함으로써 로봇이 자신의 수중 심도를 조절할 수 있으며, 이를 통해 3차원 경로 추종이 가능하다. 또한, 수중에서 다이버가 SoFi에 명령을 내릴 수 있도록 인터페이스 모듈을 개발하였고 이로써 바다 속에서 다이버가 로봇의 동작을 확인하고 로봇과 상호작용을 할 수 있도록 하였다. 로봇의 전방에는 어안 카메라(Fisheye Camera)가 탑재되어 있어 넓은 바다 속을 탐사할 수 있다.

5.1.3 가오리형 수중로봇

Sepios는 갑오징어의 지느러미에서 영감을 받아 스위스 취리히연방공대에서 제작된 로봇이다. 다른 수중로봇들과 달리 독특한 디자인을 가지고 있는데 독립적으로 제어 가능한 4개의 지느러미를 이용한 높은 기동성을 갖추었으며 어떤 방향으로도 이동이 용이할 뿐만 아니라 모든 축에 대한 회전도 가능하다.

그림 5-7 AUV Sepios

로봇의 디자인을 보면 겉으로 보기엔 천과 비슷해 보이는 매우 유연한 소재를 지느러미로 사용한다. 하나의 지느러미에 여러 개의 대(Mast)가 있고 각각의 대는 서보모터(Servo Motor)를 통해 개별적으로 움직일 수 있어 사인곡선을 그리는 움직임을 보여준다.

이러한 특징들 때문에 Sepios는 해초가 많은 지역에서 큰 장점이 드러난다. 기존에 프로펠러를 사용하는 AUV의 경우 프로펠러에 해초나 수중 부유물들이 쉽게 끼어 기능을 마비시키기 때문에 해초가 많은 지역은 굉장히 위험하다. 반면 Sepios는 추진 역할을 하는 부분에 해초가 낄 일이 없으며 프로펠러보다 추진으로 인해 생기는 난류(Turbulence)가 굉장히 적어 탐사에 매우 유리하다.

MantaDroid는 싱가포르국립대(National University of Singapore, NUS)에서 개발한 가오리를 모방한 로봇이다. 35 cm 길이에 63 cm의 폭, 0.7 kg의 무게로 굉장히 가볍고 작은 사이즈로 제작됐다. 10시간 동안 작동할 수 있으며 BL/s(Body Length per second)의 2배의 스피드로 헤엄칠 수 있다.

그림 5-8 AUV MantaDroid

가오리를 생체 모방한 이유로는 가오리만의 특유한 수영 방식을 주목한 결과라고 할 수 있는데, 다른 바다 생물들과 달리 가오리는 가슴의 지느러미를 이용한 독특한 추진방식을 가지고 있어 큰 에너지 소모 없이 난류층에서 쉽게 이동이 가능하다.

이러한 점에 영감을 받아 가오리를 모방한 많은 로봇들이 개발되어 왔는데 이 NUS에서 개발한 MantaDroid의 경우 다른 로봇들과 차별화된 장점을 가지고 있다. 다른 지느러미를 사용하는 가오리형 로봇들이 핀을 움직이기 위해 여러 개의 모터를 사용하는 데 반해 MantaDroid는 각 핀 당 하나의 모터만을 사용한다. 이때 MantaDroid는 지느러미의 소재를 이용해 자연스럽게 수중 유체 역학적인 움직임을 구현함으로써 모터를 적게 써서 생기는 움직임 차이를 해결한다. NUS 연구진은 40개가량의 다른 디자인의 지느러미들을 테스트한 결과 지느러미 부분을 유연한 PVC 판으로 제작하여 실제 가오리의 지느러미처럼 유연한 움직임을 구현하였다.

이와 같이 MantaDroid는 외형적인 면에서나 움직임 면에서 최대한 가오리를 모방함으로써 실제 상황에 투입되었을 때 해양생물이나 해양구조물 등의 환경 속에서 로봇이 적응되기 쉽도록 도와준다. 이는 여러 임무에서 굉장히 중요한데 물고기 같은 해양 생물들을 촬영하거나 다른 탐사 및 수집 임무에서 로봇이 위화감이 덜 들게 제작됨으로써 임무 수행에 있어 해양 생물들이 로봇을 피할 수 있다는 등의 문제를 해결할 수 있다.

5.1.4 거북이형 수중로봇

그림 5-9 AUV U-CAT

U-CAT은 4개의 핀을 이용하여 거북이의 움직임을 모방한 Tallinn University of Technology의 Centre for Biorobotics에서 개발한 로봇이다. U-CAT을 제작할 때 여러 조건들이 고려되었는데, 로봇이 난파선 안에 들어가 영상을 찍으면서 흥미로운 사실들, 난파 상태 그리고 다이버들에게 위험한 요소들이 있는지 파악하는 것이 주된 목적이다. 좁은 지역들을 진입할 수 있어야 하므로 가능한 작고 쉽게 조작할 수 있도록 제작되었으며 줄이나 그물 등에 걸리지 않도록 프로펠러 대신 핀을 이용해 움직인다. 사이즈가 작아지면서 로봇의 움직임을 외부 요인들이 방해하지 않도록 테더(Tether)선을 사용하지 않지만 난파선의 구멍 등 특정한 장소를 조사하는 다양한 상황에서 빠르게 적용할 수 있도록 때에 따라 ROV처럼 조종할 수도 있도록 설계되었다.

지금까지 최종적으로 수중로봇을 사용하는 소비자들(End-Users)의 경우 기름이나 가스 산업과 관련된 사람들이 대상이었는데 U-CAT은 대상 소비자가 고고학자인 점이 특이하다. 그렇기에 U-CAT은 제작에 들어간 비용이 고고학자들이 제한된 예산으로도 사용할 수 있을 만큼 저렴하고 로봇에 대한 깊은 지식이 없어도 조작할 수 있도록 설계되었다.

U-CAT의 기본적인 사양을 살펴보면 사용 수심은 최대 100 m, 지중해의 빠른 유속을 고려해 최대 속력은 1 m/s 이상이며 효율적인 탐사를 위해 2시간 이상 작동할 수 있다. 로봇 디자인을 살펴보면 4개의 핀이 독립적으로 움직이고 이 핀들이 6 자유도의 움직임을 가져서 모든 방향으로의 전환을 가능하게 해준다. 하지만 제어에 있어 안정성과 간편성을 높이기 위해 첫 프로토타입을 제작할 때 질량중심(Center of Mass)을 부력중심(Center of Buoyancy)보다 아래에 위치시켜 Roll, Pitch, Yaw 중에 Roll과 Pitch Motion을 제한했다고 한다.

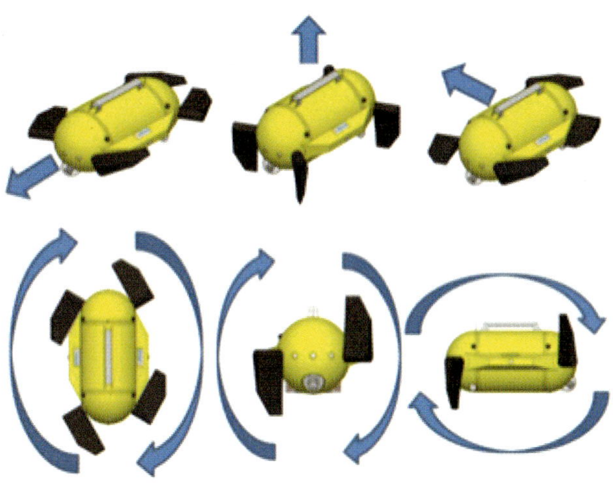

그림 5-10 U-CAT의 6 자유도 제어

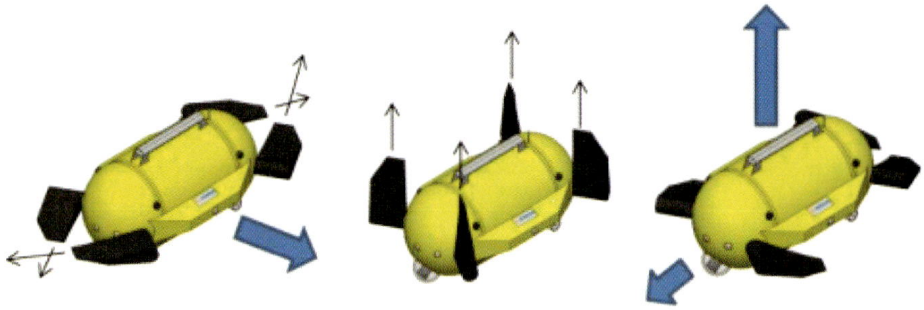

(a) 호버링 모드 (b) 정밀제어 모드 (c) 글라이딩 모드

그림 5-11 부력조절을 통해 U-CAT이 취할 수 있는 작동모드

부력을 조절함으로써 U-CAT은 3가지 모드로 작동할 수 있다. 호버링 모드는 핀이 방향을 바꾸지 않고 움직여 비디오 촬영같이 안정적인 움직임이 필요하거나 한 곳에 멈춰 있어야 할 경우에 사용된다. 정밀제어 모드에서는 로봇의 부력을 양성으로 만들고 핀들을 이용해 부력을 제어한다. 이 과정에서 로봇에 작용하는 힘 벡터의 합이 약간씩 바뀌면서 로봇을 홀로노믹(Holonomic, 이동로봇이 가진 자유도가 현재 로봇이 구동되는 공간의 자유도를 충분히 만족시킬 때를 말한다.)한 상태로 만들어준다. 비록 에너지 효율은 낮지만 정밀한 제어가 가능해진다. 마지막으로 글라이딩 모드에선 기존의 다른 글라이더 AUV들처럼 작동하여 적은 에너지 소모로 먼 거리를 움직일 수 있다.

센서의 경우 로봇의 사이즈를 고려해 0.1 lux의 소형 USB 카메라를 사용하며 전방을 비춰주는 조명이 달려있다. 탐색 임무에 있어 장애물을 인식하고 회피하기 위해 8개의 초음파 거리 측정기(Ultrasonic Range Finder)가 탑재되어 있으며 4개의 하이드로폰(Hydrophone)이 위치 인식 장비로 사용된다. 이외에도 더 정밀한 제어를 위해 MEMS(Micro Electro Mechanical System) 기반의 IMU(Inertial Measurement Unit)와 심도 센서가 사용된다.

RoboTerp는 University of Maryland Robotics Center에서 개발한 거북이형 생체 모방 로봇이다. 4개의 다리를 가지고 보행법(Gait)을 변화시켜 육지와 수중에서 이동이 가능한 수륙양용 로봇이다. 다른 다리 혹은 다리와 바퀴를 같이 사용하여 움직이는 수륙양용 로봇의 경우 회전을 이용해 수중에서 추진력을 얻지만 물 표면에서 수영을 할 경우 다리가 회전하면서 공기 중으로 나왔다가 다시 물로 들어가는 과정에서 이동에 있어 큰 지장이 되는 불필요한 난류를 생성해낸다. 이에 반해 RoboTerp는 다리가 회전 운동(Rotational Motion)이 아닌 진동 운동(Oscillatory Motion)을 하게 설계되어 수중에서 앞으로 향하는

그림 5-12 RoboTerp1, 2, 3

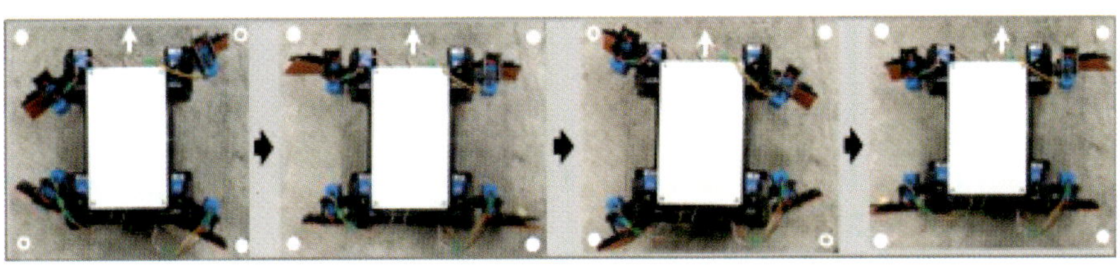

그림 5-13 지상에서 RoboTerp의 Trot Gait (트롯보행)

추진력을 만드는 것과 동시에 Splash-Free Swimming (헤엄칠 때 공기 중에서 물로 다리가 들어갔다 나오는 것을 반복하면서 생기는 찰박거리는 현상이 없는 수영)을 할 수 있게 만들어 기존의 문제점을 해결했다.

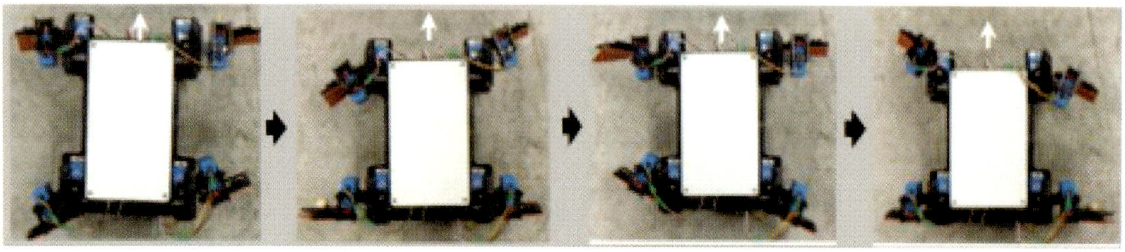

그림 5-14 얕은 물에서 RoboTerp의 Walking Gait

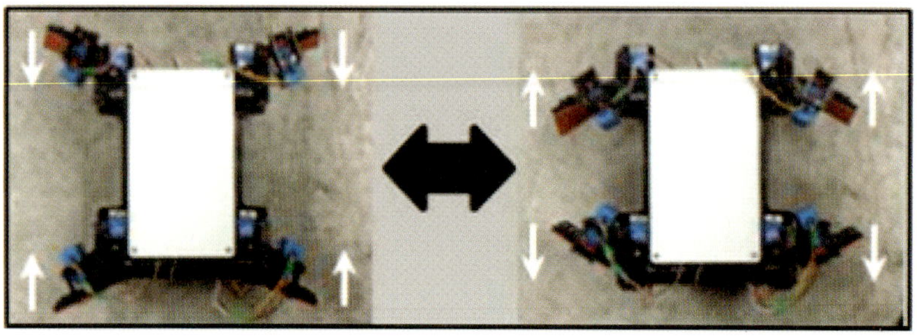

그림 5-15 깊은 물에서 RoboTerp의 Swimming Gait

3가지의 보행법이 있는데 각각 지상, 얕은 물, 깊은 물에서 적용된다. 지상에서는 Trotting이란 보행법이 적용되는데 말이 이동하는 것처럼 모든 스텝에서 2개 혹은 4개의 다리가 땅에 닿는 경우만 존재한다. 얕은 물에서 이동은 Trotting과 비슷하지만 대칭으로 다리가 배치되는 단계가 없다는 차이점이 있다. 마지막으로 깊은 물에서 수영할 때에는 좌우 방향의 불필요한 움직임을 막기 위해 앞다리와 뒷다리가 대칭으로 움직인다.

RoboTerp의 첫 번째 버전에는 지느러미보다는 물갈퀴(Flap)를 이용해 물살을 가르는 방식으로 운동 방식이 연구되었고 버전이 발전됨에 따라 점점 거북이를 닮게 제작되었다. 외부로 노출된 Electrical Contacts가 지상에서 물로, 혹은 물에서 지상으로 이동하는 것을 감지하며 3개의 Bump-Activated Switches로 상황에 따른 로봇의 보행법을 바꾼다. 8개의 방수 서보모터가 다리에 2개씩 장착되어 로봇을 움직이게 하며 아두이노 메가 2560(Arduino Mega 2560)을 사용한다. 때문에 로봇이 복잡한 제어나 임무를 할 수 없고 배터리 역시 20분가량밖에 사용할 수 없지만 전체 무게가 1.72 kg으로 가볍고 굉장히 값싼 비용으로 로봇을 만들어 쉽게 실험을 할 수 있다는 장점이 있다.

Shell Ocean Discovery XPRIZE GEBCO-NF Alumni Team과 Ocean Floor Geophysics (OFG)사는 USV 수상 지원 선박과 AUV의 융합 운용 시스템을 이용하여 해저를 탐험, 발견, 초고화질 녹화 임무를 수행하였다. 2018년 1월 25일, Team은 USV 수상 지원 선박과

AUV를 이용하여 자율적으로 수상 지원 선박이 AUV를 투입, 탐험 중 수상 지원 선박과 AUV의 동시 통신, 탐험 후 수상 지원 선박이 AUV를 회수하고 돌아오는 등의 임무를 성공적으로 수행하였다. 수상 지원 선박으로는 Hushcraft사의 SEA-KIT Maxlimer 모델이 사용되었다. 이 모델은 닻을 내리는 등 충격에 안정적으로 대응할 수 있어 2.5톤 무게의 AUV를 운반, 투입, 회수할 수 있다. AUV로는 HUGIN AUV Chercheur가 사용되었고, 여러 종류의 소나 센서, 광학 카메라, 화학 센서, 위치 추정 센서 등이 탑재되어 해저 지형을 파악하고 고화질의 정보를 기록하였다. 목표 조사 지역을 설정하면 수상 지원 선이 AUV를 운반하여 목표 지역으로 이동, AUV를 투입하여 탐험, AUV 회수 후 복귀하였다. 탐험 중, AUV는 GPS를 사용하는 수상 지원 선박과 지속적으로 통신하여 자신의 위치를 파악하였고 2~4 cm 해상도의 해저 지형도를 제작하였다.

그림 5-16 영국 Hushcraft사가 제작한 USV Maxlimer

5.2 장기 운용 AUV

현재 수중로봇의 가장 큰 단점 중 하나는 수중에서 장기간 운용이 어렵다는 것이다. 현재 수중로봇은 대다수가 리튬이온이나 리튬폴리머와 같은 2차 전지를 사용하고 있고 이들을 사용하는 소형 수중로봇은 운용시간이 최대 8시간 내외이다. 이러한 문제를 해결하기 위한 방법으로는 크게 두 가지가 있다. 첫째는 배터리의 적재 용량을 늘리기 위해 수중로봇의 부피를 키우는 것이다. 둘째로는 수중로봇이 소모하는 전력을 최소화하여 더욱 장시간 동안 운용할 수 있도록 하는 것이다.

장시간 운용이 가능한 대형급 수중로봇은 주로 미국에서 개발하였으며 대표적인 것으로는 미국 보잉사가 개발한 장거리 기뢰 탐색 시스템(Long-term Mine Reconnaissance System, LMRS)이 있는데 이는 40시간을 사용할 수 있다. 이 LMRS보다 기능을 향상시키고 50시간까지 사용할 수 있는 수중로봇인 MRUUV는 Lockheed Martin사에 의해 군용으로 개발되었다. 이들의 제원은 표 5-1과 같다.

표 5-1 미 해군용 대형 AUV형 수중로봇

모델	LMRS (AN/BLQ-11)	MRUUV	RMMV (AN-WLD-1)

제작기관	• Boeing	• Lockheed Martin	• Lockheed Martin
제원	• 6 m(L)×0.54 m(d) • 1244 kg in air	• 6 m(L)×0.54 m(d) • 1361 kg in air	• 7 m(L)×1.2 m(d) • 6360 kg in air
성능	• 최대속도 : 7 kts w/pump jet propulsion • 최대수심 : 300 m • 운용시간 : 40시간 이상	• 최대속도 : 8 kts • 최대수심 : 300 m • 운용시간 : 40~50시간(주 배터리) 10~20시간(보조 배터리)	• 운용수심 : 4.3 m • 운용시간 : 14시간@12kts (60시간) • 355마력 디젤 엔진
특징과 임무	• 잠수함 어뢰관 진수 • MCM • NMRS 대체	• LMRS 대체 • 잠수함 어뢰관 진수 • MCM, ASW, ISR	• 반잠수 AUV, 소형 AUV 수상 지원 선박 • 항법 : INS, DVL, LBL, WAAS GPS • 내장센서 : GPS, OAS, DVL, VHF Camera • 예인센서 : SSS, OAS, Laser Scanner, MCM Sonar • MCM, ASW

수중로봇이 소모하는 전력을 최소화하여 더욱 장시간 동안 운용하는 장거리용 AUV로는 미국의 MBARI(Monterey Bay Aquarium Research Institute) 연구소에서 개발한 Tethys가 있다. 이는 해양의 화학적 혹은 생물학 현상을 감지하는 성능을 갖고 1,000 km 이상의 운항이 가능하도록 개발되었다. 주된 전력 시스템들이 최소로 전력을 소모하도록 설계되었고 추진체도 감속기 없이 설계하여 추진 전력도 최소화되도록 설계하였다. 또한, 수중로봇의 형상도 저항을 적게 하는 구조로 설계되었다. 이의 사진은 그림 5-17과 같다.

그림 5-17 미국 MBARI 연구소의 AUV Tethys

5.3 융합형 운용 시스템

무인 해양 로봇(Unmanned Maritime Vehicle, UMV)은 활동 공간에 따라 무인수상정(Unmanned Surface Vehicle, USV)과 무인잠수정(Unmanned Underwater Vehicle, UUV)으로 구분된다. 무인잠수정은 또한 잠수정의 자율성 유무에 따라 ROV와 AUV로 구분된다. USV는 수상에 있어 GPS와 같은 통신이 가능하지만 UUV는 GPS 신호가 로봇에 도달하기 전에 물에 산란되어 GPS 통신이 불가능하다. ROV는 선박이나 다른 로봇에 케이블로 연결되어 수중에서 획득한 정보를 조종사에 전달할 수 있고, 조종사로부터 섬세한 명령을 받을 수 있으며, 케이블을 통해 전력을 공급받을 수 있다는 장점이 있다. 하지만 연결된 케이블 때문에 여러 문제가 발생할 수 있고 조종사의 인력이 투입된다는 단점이

그림 5-18 USV 지원 선박과 지원 선박을 따라다니는 USV

있다. 반면, AUV는 자율적으로 주어진 임무를 수행할 수 있지만, 그 임무의 복잡함이 AUV의 능력을 벗어난다면 사용할 수 없다는 단점이 있다. 현재 기술로 수중에서 진행되는 모든 임무를 로봇이 자율적으로 해결할 수 없기 때문에 USV, ROV, AUV 등을 융합 운용하여 효율적인 시스템을 갖추기 위한 연구가 진행되고 있다.

미국의 MBARI에서는 수중 탐색에서 AUV를 이용하여 해저 지도를 생성하고, 생성된 지도를 바탕으로 ROV를 투입하여 전문가가 자세한 검사를 진행하는 시스템을 이용하고 있다. 탐색 과정은 다음과 같다. 우선 오후 늦은 시간에 탐색을 하고 싶은 지역에 AUV를 실은 배를 타고 이동하여 AUV를 풀어 놓는다. AUV는 밤새 지정된 범위 안을 돌아다니며 해저 지도를 생성한다. 다음 날 아침, 연구원들은 배에 ROV를 싣고 AUV를 풀어 놓았던 장소로 이동한 후 AUV를 회수한다. 그리고 AUV가 제공한 해저 지도를 바탕으로 어떤 곳을 조사할지 결정한 후 ROV (MiniROV와 OsmoSampler 등)을 투입하여 자세한 검사를 진행한다. 연구팀은 사람이 작업하기 힘든 야간에 AUV를 이용하여 정보를 얻고 주간에 ROV를 이용하여 정밀검사를 진행하는 효율적인 작업 시스템을 개발하고 있다.

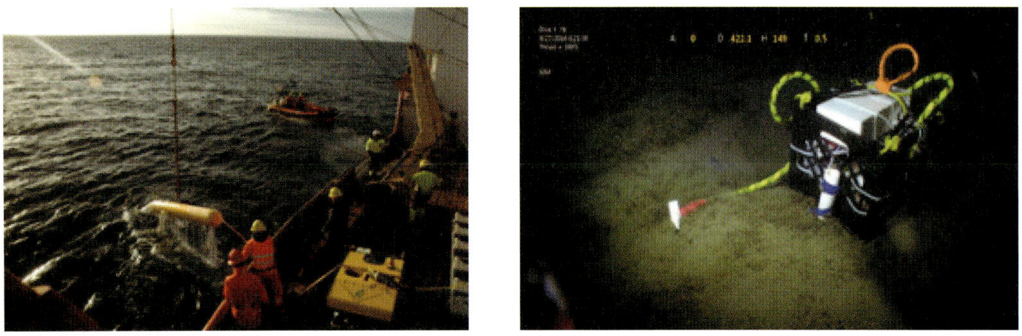

그림 5-19 (좌) 아침에 AUV 회수, (우) OsmoSampler를 이용한 정밀 조사

한국해양대학교에서는 USV를 이용하여 ROV의 정확한 위치를 통신하는 통합 운용 시스템을 연구하고 있다. AUV와 ROV같이 수중에서 활동하는 로봇은 GPS 신호가 닿지 않아 자신의 위치를 추정하는 데 어려움을 겪는다. 이를 해결하기 위해 한국해양대학교에서는, 수상의 USV는 GPS를 통해 자신의 위치를 전송받고 USV와 ROV 사이의 상대 위치는 초단폭 수중 측위 시스템 USBL 센서를 통해 계산하여 ROV의 위치를 알아내고 실시간으로 ROV의 위치와 자세를 제어하는 연구를 하였다.

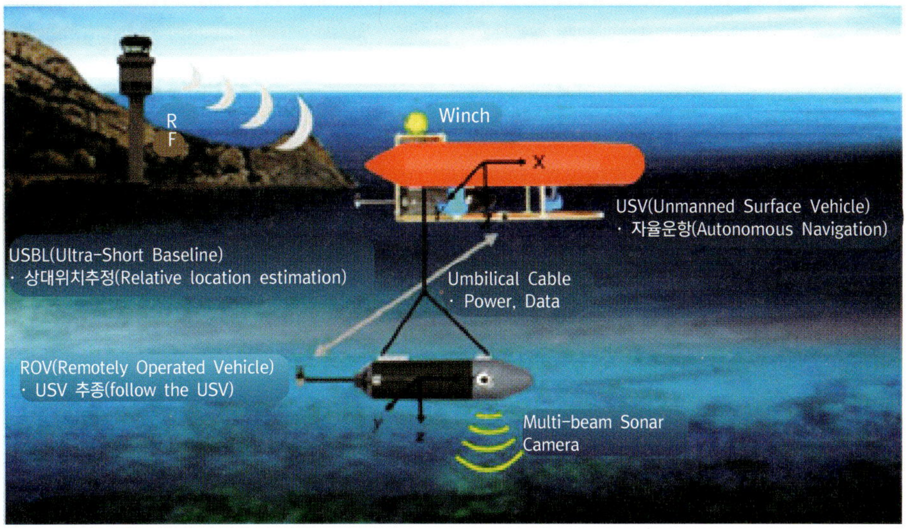

그림 5-20 USV-UUV 통신 시스템

수중로봇 전문 기업 Aquabotix는 2017년 케이블을 연결/제거하여 ROV와 AUV를 겸할 수 있는 하이브리드 수중로봇 Integra를 개발하였다. 로봇의 무게는 2.3 kg이고 크기도 작아 성인 한 명이 들어서 투입할 수 있다. 그럼에도 불구하고 5개의 모터로 5 자유도의 움직임이 가능하고, 카메라, LED, GPS 등을 갖추어 수중 탐색이 가능하다. 케이블이 제거된 AUV 모드에서는 좌표를 지정하여 넓은 범위를 격자 형태로 탐색할 수 있으며, 케이블이 연결된 ROV 모드에서는 AUV 모드에서 탐색한 정보를 이용하여 조종사가 정밀한 조작을 할 수 있다. ROV 모드에서 케이블을 지상에 있는 와이파이 장치에 연결하면 세계 어느 장소에서도 인터넷으로 로봇을 제어할 수 있다.

그림 5-21 Integra 탐색 예시

그림 5-22 (좌) Reef Explorer, (중) REX II, (우) 암초 탐사 장면

MIT의 Sea Grant AUV 연구소에서는 매우 저가의 ROV/AUV 하이브리드 로봇, Reef Explorer를 개발하였다. Reef Explorer는 두 개의 카메라가 장착된 호버링 로봇으로 가격이 5만 달러 이하이다. 또한 이를 발전시켜 수심 20 m 이내의 얕은 바다에서 암초와 사주 등을 탐색할 수 있는 Rex II를 개발하였다. 이 로봇들은 모두 케이블에 연결되어 전문가의 조종을 받을 수 있고, 케이블을 제거하여 자율적인 탐사, 감시, 자원 탐색 등을 할 수 있는 하이브리드 로봇이다.

Saab사의 Double Eagle SAROV Hybrid는 효율적인 수중 기뢰의 탐색과 제거 작업을 위해 개발되었다. 이 로봇은 선박의 진행 경로를 먼저 탐색하여 기뢰의 유무를 확인해 안전한 항해를 돕고, 기뢰를 제거하기도 한다. 탐색은 ROV와 AUV 두 개의 모드로 진행할 수 있고, 제거는 ROV 모드에서 전문가의 조종으로 이루어진다. 탐색이 불필요할 때는 자율적으로 선박에 도킹하는 기능도 가지고 있다. 이 로봇은 크기가 2.9 x 1.3 x 1 m이고 무게가 540 kg으로 고화질 카메라와 최첨단 항법 센서 등이 탑재되어 있어 기뢰 탐색과 제거 외에 수중 탐색, 물체 인식, 감시 등의 작업도 가능하다.

그림 5-23 Double Eagle SAROV 기뢰 탐색 작업 예시

군사적 목적으로도 미래에는 다양한 작전을 효율적으로 전개할 수 있는 다수의 임무계획, 다수의 자율운항, 다수의 장애물 회피 및 제어 등에 관한 기술 개발이 필요하다. 인공지능 기술과 수중통신 기술의 진보는 다개체(군집) AUV 운용을 보다 효율적으로 할 수 있을 것이다. 그림 5-24는 다개체 AUV의 운용 개념도이고 일정 탐지 구역에서 다수개체 AUV의 탐지 확률 계산도를 나타내는 그림이다.

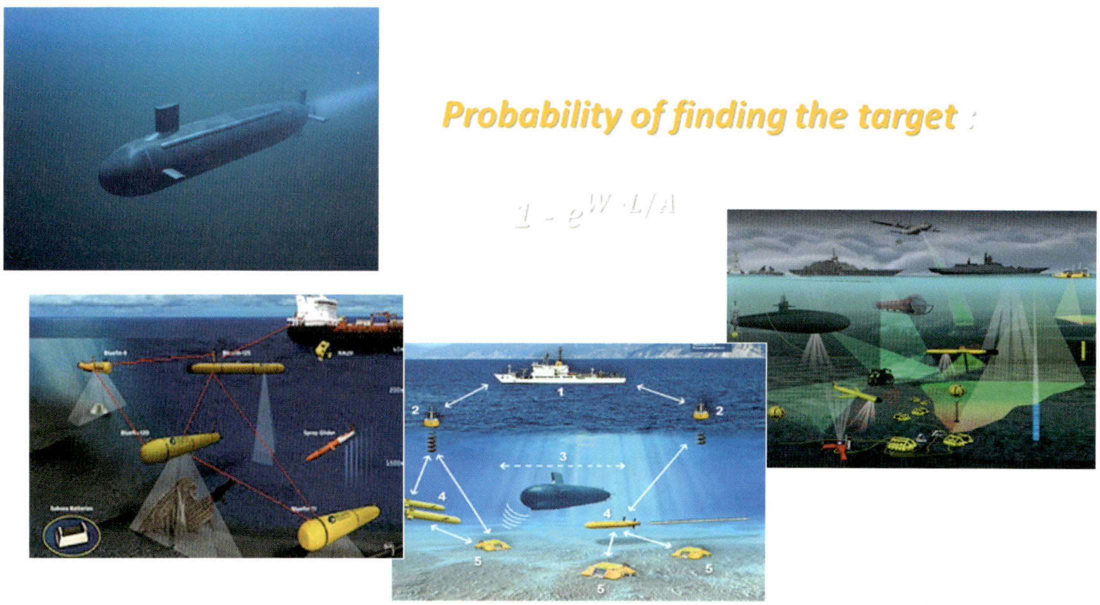

그림 5-24 다개체(군집) AUV의 운용 개념도 및 탐지 확률의 계산도

5.4 AI 기반 수중드론

Artificial Intelligence(AI), 인공지능이란 사람이 가진 지적 능력을 컴퓨터나 시스템에 구현한 것을 의미한다, 기존의 알고리즘들은 보통 낮은 복잡도의 규칙에 따라 정해진 입력 값에 대해서만 출력 값을 계산할 수 있었다. 따라서 이미지에서 원하는 물체를 찾아내거나 목소리를 듣고 누구인지 알아내는 것과 같은 작업을 사람은 쉽게 해결할 수 있지만, 컴퓨터는 이런 작업 구현이 어렵고 정확도에서도 한계가 드러난다. 하지만 AI는 입력 값에 대해 스스로 추론, 판단을 하여 출력 값을 계산해낸다. 결과적으로 알파고와 같이 바둑을 두거나, 사람의 얼굴을 인식하는 등 몇몇 작업에서는 사람보다 뛰어난 성능을 보이는 AI가 등장하고 있다.

인공지능의 개발은 17~18세기부터 시작되었지만 개발 기술의 한계로 인해 괄목할 만한 발전이 이루어지지는 않고 있었다. 하지만 최근 들어 그래픽 연상 장치(Graphic Processing Unit, GPU)의 발전과 함께 하드웨어들의 연산 능력의 향상이 이루어졌고, 데이터의 양이 증가하고 접근성이 향상됨에 따라 인공지능 연구가 각광을 받고 있다. 이에 따라 수중로봇 분야에서도 인공지능을 활용하여 여러 임무를 수행하도록 하려는 연구가 활발하게 진행되기 시작하였다.

그림 5-25 Artificial Intelligence

5.4.1 수중드론의 AI

AUV의 경우 외부에서 전력을 공급할 수 있는 방법이 제한적이므로 자체적으로 탑재한 배터리를 이용하여 주어진 임무를 수행하여야 한다. 제한된 전력을 가지고 장시간 미션을 수행하기 위해서는 전력의 소비를 줄이는 것이 필수적이다. 또한 AUV는 해류로 인한 영향 및 물의 저항을 최소화하고, 부력 조정, 일정 심도 이상에서의 방수 처리, AUV 운용 시의 발열 처리 등을 고려하여 설계하여야 하는데, 이러한 조건 아래에서는 탑재할 수 있는 장비의 크기나 모양도 제한적이다. 이러한 이유로 인해 수중로봇에 탑재되는 연산 장치의 경우 육상의 컴퓨터에 비해서는 연산 능력이 제한적이다.

이러한 요인으로 인해 현재까지는 Deep learning 기법들이 수중로봇에 많이 응용되고 있지는 않았다. 하지만, 최근에는 다양한 기술이 개발되면서 기술의 개발과 함께 연산 장치의 소형화, 배터리의 소형화, 전력 대비 연산 능력의 향상 등이 구현되고 있다. 이러한 기술과 함께 AUV가 더 고도화된 임무를 수행할 수 있도록 하도록 하기 위해 AUV에도 몇몇 Deep learning 기술들이 적용되고 있다. AUV에서의 인공 지능은 광학이나 소나 등 주변 환경을 감지하는 센서 데이터의 처리나 AUV 자체의 효율적인 움직임을 위한 제어를 위해 두 가지로 주로 사용되고 있다.

5.4.2 AI를 활용한 물체 탐지 및 인식

그림 5-26 AUV "AQUA"

그림 5-26에 보이는 수중로봇 "AQUA"는 6개의 핀을 진동시켜 움직이는 로봇이다. 전통적으로 무인잠수정의 경우 전력 대비 큰 추진력을 얻기 위하여 프로펠러를 회전시켜 추진하는 방식을 사용한다. 반면, 이 수중로봇은 더 높은 기동성을 위해 다른 추진 방법을 사용하였다. 사람이 오리발을 착용하고 수영을 하는 것과 비슷하게 6개의 물갈퀴를 아래위로 진동시키며 움직인다.

연구팀은 이 로봇을 이용하여 수중 환경을 보다 효율적으로 탐사하기 위하여 ROST (Realtime Online Spatiotemporal Topic modeling)라는 AI를 개발하였다. 이 AI는 로봇의 광학 카메라가 촬영한 사진을 입력받아 어떤 종류의 물체가 촬영되었는지를 분석한다. 로봇은 이 AI를 이용하여 수중에 투입된 시점부터 현재까지 촬영된 사진을 분석하고 물체의 분포를 저장한다. 로봇이 이동하여 새로운 장면을 촬영하면 지금까지 촬영된 분포를 기반으로 이미 많이 촬영된 물체인지, 새로운 형태의 물체인지를 판단할 수 있다. 결과적으로 새로운 형태의 물체가 촬영되면 로봇이 높은 호기심을 갖게 되고 수중에서 특이한 물체를 검출할 수 있다.

그림 5-27은 AQUA가 보고 있는 장면에 ROST AI를 적용한 사진이다. 그림에서 왼쪽에 물고기 떼가 나타났음을 알 수 있다. 해저면의 경우 돌이나 산호 등이 분포되어 있어 로봇이 움직여도 형태가 비슷한 데 비해, 물고기 떼는 로봇이 지금까지 관측한 경험이 적은 새로운 정보이다. 따라서 로봇의 관심이 물고기 떼에 집중되었고, 사진에서 빨간색 원으로 표시된다. 그림 5-28에서는 로봇 앞에 잠수부가 헤엄치고 있다. 해저 바닥의 경우에는 정적인 데 비해, 잠수부의 다리는 계속 움직이기 때문에 새로운 형태를 만들게 된다. 따라서 로봇의 관심이 잠수부의 발끝에 집중된 것을 볼 수 있다.

연구팀은 이 AI를 이용하여 로봇이 스스로 자신의 속도와 진행 방향을 결정하도록 하였다. 현재 보고 있는 장면에 대한 호기심을 기반으로 로봇의 속도를 제어하도록 한 결과, AQUA가 특정 지역을 탐사할 때 모래 위를 탐사할 때에는 단조로운 배경이기 때문에 빠른 속도로 넘어가고, 산호초가 자생하는 영역을 탐사할 때에는 천천히 움직이며 자세히 관측하도록 할 수 있었다. 또한 가장 관심 있는 부분이 카메라의 가운데로 오도록 진행 방향을 조절하도록 하여, 다른 로봇을 따라가거나 앞에서 헤엄치고 있는 다이버를 따라가는 등의 움직임 제어가 가능했다.

그림 5-27 호기심 기반의 물체 탐지 알고리즘 ROST

그림 5-28 잠수부를 따라가고 있는 로봇 AQUA

5.4.3 강화 학습을 활용한 움직임 제어

주변 환경을 감지하고 데이터를 처리하는데 뿐만 아니라 무인잠수정의 움직임을 제어하는 데 AI가 적용된 사례도 있다. 앞서 소개한 AQUA 로봇의 경우, 강화 학습을 이용하여 로봇에게 헤엄치는 법을 학습시켰다.

강화 학습이란 로봇이 주어진 환경 안에서 어떤 행동을 하는데, 행동에 대한 피드백을 주어 여러 번의 시행이 반복된 이후에 선택 가능한 행동들 중 피드백 혹은 보상을 최대화할 수 있는 행동을 선택하도록 만드는 방법이다. 연구팀은 강화 학습을 이용하여 6개의 핀을 각 시점에 어떤 진폭으로 얼마나 빠르게 진동시켜야 로봇을 원하는 자세와 위치로 보낼 수 있는지를 학습시켰다. 강화 학습은 수많은 시행착오가 필요하기 때문에 연구팀은 시뮬레이터를 만들어 우선 학습을 시킨 후, 학습된 모델을 로봇에 이식하고 실제 로봇을 가지고 추가적인 학습을 진행하였다. 결과적으로 로봇은 핀을 효율적으로 움직여 U-Turn을 하는 법, 몸의 위아래를 뒤집는 법, 로봇의 Roll을 시계방향 혹은 반시계방향으로 회전시키는 법 등을 학습하였다.

그림 5-29는 로봇이 몸체를 90도 세우면서 U-Turn을 하는 방법을 학습하는 과정이다. 처음의 시행에서는 로봇이 핀을 임의로 조작하기 때문에 원하는 움직임을 만들어 낼 수 없었다. 하지만 시행착오를 겪음에 따라 원하는 자세, 원하는 움직임을 점점 더 정확하게 해내는 핀의 움직임을 배우게 된다. 강화 학습은 최적화 방법의 일종으로 원하는 움직임을 만들어 내는 최적의 핀의 움직임을 찾을 수 있다. 왼쪽으로 U-Turn을 하기 위해서는 왼쪽 핀은 가만히 두고 오른쪽 핀만 아래위로 움직여줘도 되지만 강화 학습은 보다 급격한 방향 전환을 만들기 위해 왼쪽 핀들을 수직 아래로 내려 물의 저항을 만들며 오른쪽 핀들을 아래위로 진동시키는 더 효율적인 방법을 찾아냈다.

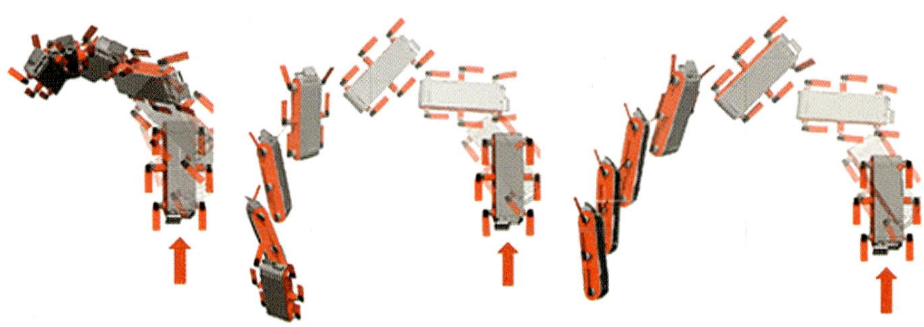

(a) Episode 1 (b) Episode 5 (c) Episode 10

그림 5-29 강화 학습을 통해 학습한 방향 전환

그림 5-30 AUV "HATTORI"

그림 5-30에 보이는 무인잠수정은 동경대학교에서 개발한 AUV HATTORI이다. HATTORI는 빠르고 효율적으로 해저를 탐사하기 위해 로봇의 소형화, 경량화, 저가 화에 초점을 맞춰 개발되었다. HATTORI에도 AI가 활용되었는데 로봇의 효율적인 항법을 위해 강화 학습이 사용되었다.

HATTORI는 빠른 속도로 해저면의 사진을 촬영하는 것이 목적이기 때문에 일정 고도를 유지하며 영역을 스캔하는 것이 중요하다. 항법 알고리즘을 위해 HATTORI는 매 순간 방향을 위쪽으로 틀어야 하는지, 아래쪽으로 틀어야 하는지, 그대로 유지하면 되는지를 결정한다. 그리고 세 가지 행동 중 어떤 행동을 선택했을 때 해저면이나 해저면에 존재하는 장애물에 부딪히지는 않는지, 좋은 품질의 해저 사진을 촬영할 수 있는지에 따라 보상을 받게 된다. 만약 로봇이 잘못된 선택을 하여 해저면과 충돌한다면 로봇은 페널티를 받게 되고, 어떤 행동을 한 이후에 더 좋은 품질의 사진을 얻을 수 있다면 보상을 얻게 된다. 이러한 규칙을 가지고 로봇을 학습시키면 로봇이 여러 상태에서 여러 행동을 선택해 보면서 시행착오를 거치고, 결국 어떤 상태일 때는 어떤 행동을 해야 가장 큰 보상을 얻을 수 있는지 학습할 수 있다. 학습 결과, HATTORI는 최적의 품질의 해저 사진을 얻을 수 있는 해저면으로부터 2 m의 고도를 유지하며 항해할 수 있었고, 음파 센서로 감지한 해저면의 굴곡을 따라 충돌을 피하며 위로 혹은 아래로 효과적으로 움직일 수 있었다.

현재에도 다양한 목적을 위한 인공 지능이 활발하게 개발되고 있다. 무인잠수정의 경우에도 앞서 제시한 사례 이외에도 위치 추정, 광학과 소나 센서의 퓨전과 같은 다양한 딥 러닝 기반의 알고리즘이 개발되고 있다. 또한, 더 작고 강력한 연산 능력을 가진 하드웨어가 점차 개발되고 있고, 수많은 매트릭스 연산을 요구하는 딥 러닝에서 연산량을 줄여 더 효율적으로 연산하기 위한 기술, 딥 러닝의 연산에 최적화된 회로 등도 개발되고 있다. 따라서 미래에는 더욱 고도화된 미션을 수행할 수 있는 무인잠수정을 기대할 수 있을 것이다.

Reference

1. http://www.naro.ethz.ch/p2/narooriginal.html,l http://www.naro.ethz.ch/p2/tartaruga.html
2. "Review of Biomimetic Underwater Robots UsingSmart Actuators", W. Chu et al., SNU
3. https://auvac.org/people-organizations/view/344
4. "BIOSwimmer: Enabling Technology for PortSecurity", M. Conry et al., Boston Engineering
5. http://news.mit.edu/2018/soft-robotic-fish-swims-alongside-real-ones-coral-reefs-0321
6. Exploration of underwater life with anacoustically controlled soft robotic fish, R. K. Katzschmann et al., MIT
7. http://sepios.org
8. https://dornob.com/mantadroid-the-graceful-new-underwater-robot/
9. https://www.youtube.com/watch?v=HnSp7mo22gw, https://www.youtube.com/watch? v=wkt4SN09des&t=6s
10. "Design principle of a biomimeticunderwater robot U-CAT", T. Salumäe et al., 2014 Oceans - St. John's, St.John's, NL, 2014, pp. 1-5.doi: 10.1109/OCEANS.2014.7003126
11. https://www.youtube.com/watch?v=mo4hs287His, https://www.youtube.com/watch?v=X9IV7QDcJRg, https://www.youtube.com/watch?v=6azdMwUKo7w
12. "Design of a compliance assistedquadrupedal amphibious robot", A. R. Vogel et al. 2014 IEEE InternationalConference on Robotics and Automation (ICRA), Hong Kong, 2014, pp. 2378-2383.doi: 10.1109/ICRA.2014.6907189
13. OFG supports successful project combining AUV and USVmothership - Full Version, https://www.youtube.com/watch?v=3ge4KwcgkSY
14. https://www.mbari.org/canadian-arctic-2016-sep-27/

15. D.-W.Jung et al., "A study on unmanned surface vehicle combined with remotel yoperated vehicle system," Proceedings ofEngineering and Technology Innovatio n, vol: 9, pp. 17-24, 2018. https://www.researchgate.net/publication/328900907_A_study_on_unmanned_surface_vehicle_combined_with_remotely_operated_vehicle_system
16. http://www.irobotnews.com/news/articleView.html?idxno=12504, https://www.youtube.com/watch?v=viqimGq9eqU
17. https://auvlab.mit.edu/vehicles/vehicle_pdfs/RexIIflyer.pdf, https://auvlab.mit.edu/vehicles/vehicle_pdfs/Hawaii_Reef_explorer_spec_sheet.pdf
18. https://saab.com/naval/underwater-systems/autonomous-underwater-vehicles/double_eagle_sarov/
19. https://pixabay.com/illustrations/artificial-intelligence-robot-4117035/
20. http://warp.whoi.edu/robot-systems/
21. Girdhar, Yogesh, and Gregory Dudek."Exploring underwater environments with c uriosity." 2014 CanadianConference on Computer and Robot Vision. IEEE, 2014.
22. http://epitome.cim.mcgill.ca:8080/AQUA/
23. Meger, David, et al. "Learning leggedswimming gaits from experience." 2015 IE EE International Conference onRobotics and Automation (ICRA). IEEE, 2015.
24. Noguchi, Yukiyasu, Yoshinori Kuranaga, andToshihiro Maki. "Adaptive navigation of a high speed autonomous underwatervehicle using low cost sensors for low -altitude survey." 2017 IEEEUnderwater Technology (UT). IEEE, 2017.

약어

A	
ACTD	Advanced Concept Technology Demonstration, 신개념 기술시범 사업
ADC	Analog to Digital Converter, A-D 변환기
ADCP	Acoustic Doppler Current Profiler, 초음파 해류계
AHRS	Attitude and Heading Reference System, 자세방위측정시스템
AUV	Autonomous Underwater Vehicle, 자율무인잠수정

B	
BCA	Body/Caudal fin Actuation, 몸체 또는 꼬리지느러미 추진 방식
BOD	Biochemical Oxygen Demand, 생화학적 산소요구량

C	
CAP	Charge Antimine for PLUTO, 폭약
C-C Zone	Clarion-Clipperton Zone, 클라리온-클리퍼톤 해저 지역
Cell Decomposition Algorithm	경로 계획 방법
CFRP	Carbon Fiber Reinforced Plastic, 탄소섬유강화플라스틱
COD	chemical oxygen demand, 화학적 산소요구량
CTD	Conductivity, Temperature and Depth, 전도도, 수온, 수심 일체형 센서

D	
D* 알고리즘	경로 계획 방법
DAC	Digital to Analog Converter, D-A 변환기
DGPS	Differential Global Positioning System, 고급형 GPS
DVL	Doppler Velocity Log, 도플러 유속계

E	
ECP	Explosive Cutter for PLUTO, 기뢰삭 절단폭약

F	
FDM	Frequency-Division-Multiplexing, 다중반송파 방식
FRM	Free Running Model, 자유항주모델
FSK	Frequency Shift Keying, 데이터 수중전송기술

G	
GPS	Global Positioning System, 범지구위성항법시스템
Gyro Compass	자이로 컴파스
Gyroscope Sensor	자이로 센서

H	
Heave	상하동요운동
Hydrothermal Vent	열수분출공

I	
IMU	Inertial Measurement Unit, 관성측정장치
INS	Inertial Navigation System, 관성항법시스템
ISI	Inter-Symbol Interference, 기호 간 통신 간섭
ISR	Intelligence, Surveillance and Reconnaissance, 정보감시정찰

J	
Junction Box	배전함

L	
Launching	진수
LBL APS	Long BaseLine Acoustic Positioning System, 장기선 위치추적 방식
LMRS	Long-term Mine Reconnaissance System, 장거리 기뢰 탐색 시스템
LOPC	Laser Optical Plankton Counter, 레이저 영상 플랑크톤 계수기

M	
Magnetic Compass	마그네틱 컴파스
MBES	Multi-Beam Echo Sounder, 다중빔 음향 측심기
MCM	Mine Counter Measure, 기뢰 소해
MCU	Micro-Control Unit, 마이크로 제어장치
MDV	Mine Disposal Vehicle, 소해잠수정
MEMS	Micro-Electro-Mechanical System, 미세전자기계시스템
MFSK	Multiple Frequency Shift Keying, 데이터 수중전송기술
MPA	Median/Paired fin Actuation, 정중지느러미 또는 쌍지느러미 추진 방식
MRUUV	Mission Reconfigurable Unmanned Underwater Vehicle, 임무 재설정 무인잠수정

N	
NMRS	Near-term Mine Reconnaissance System, 단거리 기뢰 탐색 시스템
NOAA	National Oceanic and Atmospheric Administration, 미국 국립해양대기청

O	
OAS	Obstacle Avoidance Sonar, 장애물 회피 소나
Odometer	프로펠러식 유속계
OFDM	Orthogonal Frequency- Division-Multiplexing, 다중반송파 방식
O-ring	방수용 고리형 탄성체(오링)

P	
PCB	Printed Circuit Board, 전자기판
PEM Fuel Cell	Proton-Exchange Membrane Fuel Cell, 양성자교환박막형 연료전지
pH Meter	pH 측정기
Pitch	키놀이 회전운동
Potential Field Algorithm	경로 계획 방법
PSK 변조	Phase Shift Keying, 위상편이변조

Q	
QAM	Quadrature Amplitude Modulation, 동기 위상 방식

R	
Ranging Sonar	거리측정 소나
RDF	Radio Direction Finder, 전파방향 탐지기
REA	Rapid Environment Assessment, 신속 해양환경 평가
Recovery	회수
Roll	옆놀이 회전운동
ROST	Realtime Online Spatiotemporal Topic, 실시간 온라인 시공간적 주제
ROV	Remotely Operated Vehicle, 원격무인잠수정

S	
SAS	Synthetic Aperture Sonar, 예인형 합성 개구면 소나
SBL APS	Short BaseLine Acoustic Positioning System, 단기선 위치추적 방식
SBP	Sub-Bottom Profiler, 천부지층탐사기
SSP	Sound Speed Profile, 음속 구조
SSS	Side Scan Sonar, 측면주사음파탐지기
STD	Salinity, Temperature and Depth, 염도, 수온, 수심
Strobe	스트로보(간헐 조명)
Surge	전후동요운동
SVP	Surface Velocity Program, 수면 표류식 염도측정
Sway	좌우동요운동

T	
TerrNav	노르웨이 콩스버그사의 HUGIN AUV 항법 시스템
Tether Cable	테더 케이블(탯줄)
Thruster	추진기
Transceiver	트랜시버(수중 다중음향 수신기)
Transponder	트랜스폰더(수중 음향 수발신기)

U	
USBL APS	Ultra-Short BaseLine Acoustic Positioning System,초단기선 위치추적 방식
USV	Unmanned Surface Vehicle, 무인수상정
UUV	Unmanned Underwater Vehicle, 무인잠수정

W	
Watch-dog Timer	안정적 운영을 위한 CPU 감시 장치
Water Leak Sensor	누수 센서
WHOI	Woods Hole Oceanography Institute, 우즈홀해양연구소

Y	
Yaw	빗놀이(선수동요) 회전운동

ㄱ	
고체 폴리머 연료전지	Solid Polymer Fuel Cell, SPFC
공해	공공의 바다라는 뜻으로 배타적 경제수역(해안선에서 200해리) 외곽에 있는 바다 영역
광학카메라	Optical Camera
그래픽 연상 장치	Graphic Processing Unit, GPU

ㄴ	
노드 시스템	해양 활동의 중간 목표점
니켈-수소 합금 배터리	Nickel-Metal Hydride Battery
니켈-카드뮴 배터리	Nickel-Cadmium Battery

ㄷ	
다이나믹 프로그래밍	큰 문제를 작은 문제로 나누어 푸는 방법, 경로 계획 방법 등에 사용됨
대륙붕단	대륙붕이 끝나고 대륙사면이 시작되는 부분(Shelf Break)
덕트 프로펠러형 추진기	원통형 덕트(duct) 내에 프로펠러를 설치하여 추진효율을 높인 추진기
데시벨 스케일	dB Scale

ㄹ	
리튬이온 배터리	Lithium Ion Battery
리튬폴리머 배터리	Lithium Polymer Battery

ㅁ	
메탄 용해도	Solubility of Methane

ㅂ	
배타적 경제수역	자국의 경제적인 주권이 미치는 수역으로 연안으로부터 200해리까지의 바다 영역(Exclusive Economic Zone, EEZ)

ㅅ	
사전점검리스트	Pre-Diving Checklist
사후점검리스트	Post-Diving Checklist
산소용존도	Dissolubility of Oxygen, DO
생체 모방형 수중로봇	Biomimetic/Bio-Inspired Underwater Robot
생체 모방형 추진 시스템	Biomimetic Propulsion System
수직면 경계추종	Terrain-following
수평면 경계추종	Wall-following

ㅇ	
알루미늄-산소 배터리	Aluminum-Oxygen Battery
알카라인 배터리	Alkaline Battery
압력 챔버	Pressure Chamber, 높은 수압을 만들 수 있는 시험장비
압전소자	Piezoelectric Ceramic
압전형 트랜스듀서	Piezoelectric Transducer, 압전체의 압전 효과를 이용
액체금속 고속반응로	Liquid Metal Fast Reactor, LMFR
연료전지	Fuel Cell
염분계	Salinometer
엽록소형광	Chlorophyll Fluorescence, 식물이 광합성 작용 후 여분의 불필요한 광 에너지 형태
영해	한 나라의 주권이 미치는 바다 영역으로 기점이 되는 기선으로부터 12해리까지 설정됨
웨이포인트	Way Point
유광층	태양광의 1%까지 투과되는 해양 표층 영역
유엔해양법협약	United Nations Convention on the Law of the Sea
은-아연 배터리	Silver-Zinc Battery
음향 강도	Acoustic Intensity

음압 레벨	Sound Pressure Level, SPL
음원 레벨	Source Level, SL
음향 반사계수	μ_r
음향 반사손실	L_r
음향 전달손실	Transmission Loss, TL
음향 출력레벨	Power Level, LW
음향 투과계수	μ_t
인공어초	Artificial Fish Reef

ㅈ	
자기변형 트랜스듀서	Magnetostrictive Transducer, 자성체의 자기변형 현상을 이용
자력계	Magnetometer
자이로스코프	Fiberoptic Gyroscope
전방주사소나	Forward Looking Sonar
전역 경로계획	Global Path Planning
지역 경로계획	Local Path Planning
지원 선박	Mother Ship
지형대조항법	Geophysical Navigation

ㅊ	
측면주사소나	Side Scan Sonar

ㅌ	
탁도	Turbidity
탁도계	Turbidity Meter

ㅎ	
하우징	Housing

찾아보기

※ 이 도서는 국방과학연구소(ADD)에서 검열 받았습니다.

수중드론이라 불리는

자율 무인 잠수정

2020년 7월 10일 초판 인쇄

2020년 7월 15일 인쇄 발행

저 자	우종식, 김준영, 문재운, 서주노, 성우제, 유선철, 전봉환, 최형식
발 행 인	송기수
발 행 처	도서출판 GS인터비전
편 집 처	도서출판 GS인터비전
편 집 인	김명신, 공예서
표지디자인	디자인붐
인 쇄 처	더블비
등록번호	제 25100-2016-000050호
I S B N	979-11-5576-319-3(93530)

주 소 서울 은평구 증산로 15길 69 2층

전 화 02-976-7898, 02-3272-7898

팩 스 02-6468-7898

홈페이지 gsintervision.co.kr

E-Mail gsinter7@gmail.com

정 가 27,000원